普通高等院校“十三五”规划教材

普通高等院校机械类精品教材

编审委员会

顾　问： 杨叔子　华中科技大学

李培根　华中科技大学

总主编： 吴昌林　华中科技大学

委　员： （按姓氏拼音顺序排列）

崔洪斌　河北科技大学

冯　浩　景德镇陶瓷大学

高为国　湖南工程学院

郭钟宁　广东工业大学

韩建海　河南科技大学

孔建益　武汉科技大学

李光布　上海师范大学

李　军　重庆交通大学

黎秋萍　华中科技大学出版社

刘成俊　重庆科技学院

柳舟通　湖北理工学院

卢道华　江苏科技大学

鲁屏宇　江南大学

梅顺齐　武汉纺织大学

孟　逵　河南工业大学

芮执元　兰州理工大学

汪建新　内蒙古科技大学

王生泽　东华大学

杨振中　华北水利水电大学

易际明　湖南工程学院

尹明富　天津工业大学

张　华　南昌大学

张建钢　武汉纺织大学

赵大兴　湖北工业大学

赵天婵　江汉大学

赵雪松　安徽工程大学

郑清春　天津理工大学

周广林　黑龙江科技大学

普通高等院校“十三五”规划教材
普通高等院校“十二五”规划教材
普通高等院校机械类精品教材

顾　问　杨叔子　李培根

现代设计方法

主　编　梅顺齐　何雪明
主　审　吴昌林

华中科技大学出版社
http://www.hustp.com
中国　武汉

内 容 提 要

本书是根据教育部面向21世纪课程体系和教学内容改革计划项目的指导思想，为普通高等院校培养基础扎实、知识面宽、具有创新实践能力的新世纪应用型人才而编写的，是普通高等院校"十一五"规划教材和机械类精品教材。

本书从适用性较强的角度来选择讲授内容，在"重基础、宽面向、重能力、新知识、少学时、低重心"的改革思路指导下，重点介绍了现代设计方法学、计算机辅助设计CAD、优化设计、有限元方法、可靠性设计的基本原理和方法。在此基础上，为反映现代设计方法的发展前沿，还简要介绍了创新设计、快速响应设计、绿色设计、并行设计、虚拟设计和协同设计等几种前沿的设计理念和方法。各章后均配有适量的习题。

本书可作为高等院校机械类各专业及近机类专业的教学用书，同时也可供工程技术人员参考。

序

“爆竹一声除旧，桃符万户更新。”在新年伊始，春节伊始，“十一五规划”伊始，来为“普通高等院校机械类精品教材”这套丛书写这个“序”，我感到很有意义。

近十年来，我国高等教育取得了历史性的突破，实现了跨越式的发展，毛入学率由低于10%达到了高于20%，高等教育由精英教育而跨入了大众化教育。显然，教育观念必须与时俱进而更新，教育质量观也必须与时俱进而改变，从而教育模式也必须与时俱进而多样化。

以国家需求与社会发展为导向，走多样化人才培养之路是今后高等教育教学改革的一项重要任务。在前几年，教育部高等学校机械学科教学指导委员会对全国高校机械专业提出了机械专业人才培养模式的多样化原则，各有关高校的机械专业都在积极探索适应国家需求与社会发展的办学途径，有的已制定了新的人才培养计划，有的正在考虑深刻变革的培养方案，人才培养模式已呈现百花齐放、各得其所的繁荣局面。精英教育时代规划教材、一致模式、雷同要求的一统天下的局面，显然无法适应大众化教育形势的发展。事实上，多年来许多普通院校采用规划教材就十分勉强，而又苦于无合适教材可用。

“百年大计，教育为本；教育大计，教师为本；教师大计，教学为本；教学大计，教材为本。”有好的教材，就有章可循，有规可依，有鉴可借，有道可走。师资、设备、资料（首先是教材）是高校的三大教学基本建设。

“山不在高，有仙则名。水不在深，有龙则灵。”教材不在厚薄，内容不在深浅，能切合学生培养目标，能抓住学生应掌握的要言，能做到彼此呼应、相互配套，就行，此即教材要精、课程要精，能精则名、能精则灵、能精则行。

华中科技大学出版社主动邀请了一大批专家，联合了全国几十个应用型机械专业，在全国高校机械学科教学指导委员会的指导下，保证了当前形势下机械学科教学改革的发展方向，交流了各校的教改经验与教材建设计划，确定了一批面向普通高等院校机械学科精品课程的教材编写计划。特别要提出的，教育质量观、教材质量观必须随高等教育大众化而更新。大众化、多样化决不是降低质量，而是要面向、适应与满足人才市场的多样化需求，面向、符合、激活学生个性与能力的多样化特点。“和而不同”，才能生动活泼地繁荣与发展。脱离市场实际的、脱离学生实际的一刀切的质量不仅不是“万应灵丹”，而是“千篇一律”的桎梏。正因为如此，为了真正确保高等教育大众化时代的教学质量，教育主管部门正在对高校进行教学质量评估，各高校正在积极进行教材建设、特别是精品课程、精品教材建设。也因为如此，华中科技大学出版社组织出版普通高等院校应用型机械学科的精品教材，可谓正得其时。

我感谢参与这批精品教材编写的专家们！我感谢出版这批精品教材的华中科技大学出版社的有关同志！我感谢关心、支持与帮助这批精品教材编写与出版的单位与同志们！我深信编写者与出版者一定会同使用者沟通，听取他们的意见与建议，不断提高教材的水平！

特为之序。

中国科学院院士

教育部高等学校机械学科指导委员会主任

杨叔子

2006.1

前　言

本书是教育部面向21世纪课程体系和教学内容改革计划项目的内容之一，是为普通高等院校培养基础扎实、知识面宽、具有创新实践能力的新世纪应用型人才而编写的，是普通高等院校“十一五”规划教材和机械类精品教材。

今天，我国已成为公认的世界制造业大国，但尚未成为真正的世界制造业强国，很重要的一个原因就是缺乏自主创新设计的技术和产品，要真正成为世界制造业强国，不仅要让“中国制造”(made in China)走向世界，同时更应让世界认同“中国设计”(designed in China)。现代设计方法是先进制造技术领域不可分割的重要组成部分，是进行产品创新设计、提升产品综合性能和市场竞争力的重要工具，世界发达国家历来十分重视现代设计方法的研究和应用。掌握现代设计方法的基本理论、方法与技术，对于制造业领域的工程技术人员以及机电类专业的本科生、研究生来说十分重要，因而，现代设计方法这门课程越来越受到人们的重视。

现代设计方法种类繁多，且是一门正在不断发展的新兴学科。本书编写时主要考虑了两个方面：一个是主要从工程适用的角度，有选择性地介绍几种典型的、应用广泛的设计方法，如优化设计、有限元法、计算机辅助设计、可靠性设计等，同时，对现代设计方法的发展前沿做了简要介绍；另一个是限于课时，着重介绍每种设计方法的基本原理和应用方法，而对于其数学理论推导不作重点介绍。

本书由梅顺齐、何雪明担任主编，俞经虎、徐巧、韩文担任副主编，主要编写成员还有李玉龙、杨绿云、张链、周晔、张智明、肖志权等，梅顺齐、何雪明、徐巧负责全书的统稿工作。全书由华中科技大学吴昌林教授主审。在本书的编写过程中，参考了其他版本的同类教材以及不少专家学者的文献资料，在此向其编著者表示衷心的感谢！

由于编者水平所限，书中错漏之处在所难免，敬请广大读者批评指正。

编　者

2009年4月

目　　录

绪　论

0.1　设计的基本概念

0.1.1　设计的概念与内涵

设计(dcsign)是人类改造自然的一种重要创新活动。可以说，人类在改造自然的历史长河中一直从事着设计活动，一直生活在大自然和自身“设计”的世界中。机械设计、建筑设计、服装设计等设计活动都有着十分悠久的历史，人类通过这些设计活动创造了历史上丰富而又伟大的物质文明。从某种意义上讲，人类文明的历史，就是不断进行设计活动的历史。人类自觉的设计活动开始于15世纪欧洲文艺复兴时期，但直到20世纪中期，设计仍被限定在比较狭窄的专业范围内。

“设计”一词有广义和狭义两种概念。从广义上讲，设计就是将人类的理想变为现实的实践活动。从狭义上讲，设计是指完成满足一定客观需求的技术系统的活动，该技术系统包括图纸、软件程序、其他技术文档等。从一般意义上讲，技术系统是指完成某个特定功能或职能的各个事物的集合，产品就是人造技术系统。产品设计即属于“设计”狭义概念的范畴。关于设计的含义，可以综合理解为：为了满足人类与社会的要求，将预定的目标通过人们的创造性思维，经过一系列规划、分析和决策，产生载有相应的文字、数据、图形等信息的技术文件，以取得最满意的社会与经济效益。然后，或通过实践将设计转化为某项工程，或通过制造将设计转化为产品，造福于人类。产品设计过程从本质上说就是创造性的思维与活动过程，是将创新构思转化为有竞争力的产品的过程。

随着科学技术和生产力的不断发展，设计和设计科学也在不断地向更深更广的层次发展，其内容、要求、理论和手段等都在不断更新，设计的内涵和外延也都在扩大。设计不再仅仅是考虑构成产品的物质条件和能够满足的功能需求，而是综合了经济、社会、环境、人机工程学、人的心理、文化层次等多种因素的系统设计。从设计内容上看，设计贯穿了产品从孕育到消亡的整个生命周期，涵盖了需求获取、概念设计、技术设计、详细设计、工艺设计、营销设计及回收设计等设计活动，并把实验、研究、设计、制造、安装、使用、维修作为一个整体来进行规划。

现代设计方法是随着当代科学技术的飞速发展和计算机技术的广泛应用而在设计领域发展起来的一门新兴的多元交叉学科，是以设计产品为目标的一个知识群体的统称。它是为了适应市场剧烈竞争的需要，提高设计质量和缩短设计周期，以及推动计算机在设计中的广泛应用，于20世纪60年代在设计领域相继诞生与发展起来的一系列新兴学科的集成。随着网络经济时代的到来，全球化经济进程的加速，迫使企业面对全球化的大市场，参与国际市场的竞争，企业间的合作越来越广泛，为了整合资源，需要形成超越空间约束的分散网络设计开发系统，以进行动态联盟组织的设计及制造活动，支持企业实施异地协同设计，形成跨地区的联合设计。从目前的发展趋势看，21 世纪的市场需求瞬息万变且竞争将愈来愈激烈，而且市场竞争具有国际化、动态化和多元化特征。企业要在市场中占有一席之地，就必须以最快的速度率先推出功能满足要求、质量上乘、价格合理、服务完善而且符合环保要求的产品，即在满足功能的前提下综合考虑 Time（时间）、Quality（质量）、Cost（成本）、Service（服务）、Environment（环境）的要求。

在当今世界，由于科学技术的飞速发展，新的领域不断被开辟出来，新技术不断涌现，促进了经济的高速发展。同时，也使企业间的竞争日益激烈，而且这种竞争已成为世界范围内技术水平、经济实力的全面竞争。随着对客观世界的认识深化和生活水平的提高，人们对产品的要求也愈来愈高。所有这些使人们对设计的要求发展到了一个新的阶段，具体表现为以下几个方面：

（1）设计对象由单机走向系统；

（2）设计要求由单目标走向多目标；

（3）设计所涉及的领域由单一领域走向多个领域；

（4）承担设计工作的人员从单人走向小组；

（5）产品更新速度加快，使设计周期缩短；

（6）产品设计由自由发展走向有计划的发展；

（7）设计的发展要适应科学技术的发展，特别是适应计算机技术的发展。

因此为了满足人们的需求，现代产品的设计不仅依赖于自然科学技术，而且还受到社会科学和社会因素的支配与影响。这就是说，现代产品的设计，除了要求考虑技术方面的因素外，它还要求设计者应将“产品—人—环境—社会”视为一个完整的系统。设计时，必须从系统角度来全面考虑各方面的问题，既要考虑产品本身，还要考虑其对系统和环境的影响；不仅要考虑技术领域，还要考虑经济、社会效益；不但要考虑当前，还需考虑长远发展。例如汽车设计，不仅要考虑汽车本身的技术问题，还要考虑使用者的安全、舒适、操作方便等；另外，还需考虑汽车的燃料供应、车辆存放、环境污染、道路发展以及国家能源政策、资源条件、道路建设、城市规划等政策及社会条件限制等问题。因此，现代产品设计要求设计者把自然科学、社会科学、人类工程学，以及各种艺术、实际经验和聪明才智融合在一起，用于设计中。

0.1.2 传统设计与现代设计

设计的思想、理论和方法一方面不断地影响着人类的生产与生活，推动社会进步，另一方面又受社会发展的反作用，不断变化与更新。为了反映设计思想、理论和方法随社会发展的变化，人们常用“传统设计”和“现代设计”这两个术语。显然，“传统”和“现代”是相对的，人们只是把当前认为较先进的那部分设计理论与方法称为“现代设计”，而其余的则称为“传统设计”。

传统设计是以经验总结为基础，以长期设计实践和理论计算形成的经验、公式、图表、设计手册等作为设计的依据，通过经验公式、近似系数或类比等方法进行设计。传统设计在长期运用中得到了不断完善和提高，许多设计方法直到现在仍被广泛地采用着，因此“传统设计”又称为“常规设计”。

机械产品传统设计的过程可以用图 0-1 表示。分析传统的设计过程，可以看出传统设计的每一个环节都是依靠设计者用人工方式来完成的。首先凭借设计者直接的或间接的经验，通过类比分析或经验公式来确定方案，由于方案的拟订在很大程度上取决于设计人员的个人经验，即使同时拟订几个方案，也难以获得最优方案。而分析计算受人工计算条件的限制，只能用静态的、近似的方法，参考数据偏重于经验的概括和总结，往往忽略了一些难解或非主要的因素，因而造成设计结果的近似性较大，有时不符合客观实际。

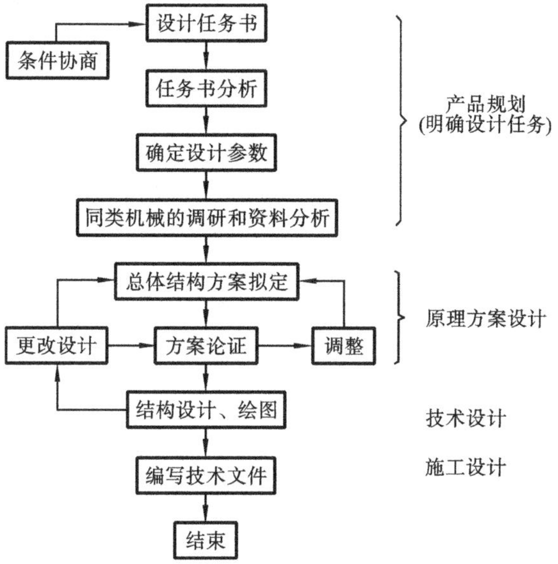

图 0-1 机械产品传统设计过程

此外，在信息处理、经验和知识的存储和重复使用方面还没有一个理想而又有效的方法，解算和绘图也多用手工完成，这不仅影响设计速度和设计质量的提高，也难以达到精确和优化的效果。传统设计对技术与经济、技术与美学也未能做到很好的统一，使设计带有一定的局限性。传统设计的缺陷和局限性主要表现在：

（1）设计方案的拟订在很大程度上取决于设计者的个人经验，即使同时拟订了有限的几个方案，也难以获得最优方案；

(2) 在分析计算过程中，由于受人工计算条件的限制，只能采用静态或近似的方法而难以按动态的方法精确计算，计算结果未能完全反映零部件的真正工作状态，影响了设计质量；

(3) 设计工作周期长，效率低，成本高。

总之，传统设计方法是一种以静态分析、近似计算、经验设计、手工劳动为特征的设计方法。显然，随着现代科学技术的飞速发展、生产技术的需要和市场的激烈竞争以及先进设计手段的出现，这种传统设计方法已难以满足当今时代的要求，从而迫使人们不断研究和发展新的设计方法和技术。

现代设计是过去长期的传统设计活动的延伸和发展，是传统设计的深入、丰富和完善。随着设计实践经验的积累、设计理论的发展以及科学技术的进步，特别是计算机技术的高速发展，设计工作包括机械产品的设计过程产生了质的飞跃。为区别于过去常用的传统设计理论与方法，人们把这些新兴理论与方法称为现代设计。"现代设计方法"就是以满足产品的质量、性能、时间、成本、价格等综合效益最优为目的，以计算机辅助设计技术为主体，以知识为依托，以多种科学方法及技术为手段，研究、改进、创造产品活动过程所用到的技术群体的总称。

现代设计不仅指设计方法的更新，也包含了新技术的引入和产品的创新。目前现代设计方法所指的新兴理论与方法主要包括优化设计、可靠性设计、设计方法学、计算机辅助设计、动态设计、有限元法、工业艺术造型设计、人机工程、并行工程、价值工程、反求工程设计、模块化设计、相似性设计、虚拟设计、疲劳设计、三次设计、摩擦学设计、绿色设计等。

由传统设计方法与现代设计方法的比较可以看出，现代设计方法的基本特点如下：

(1) 程式性——研究设计的全过程，要求设计者从产品规划、方案设计、技术设计、施工设计到试验、试制进行全面考虑，按步骤有计划地进行设计；

(2) 创造性——突出人的创造性，发挥集体智慧，力求探询更多突破性方案，开发创新产品；

(3) 系统性——强调用系统工程处理技术系统问题，设计时应分析各部分的有机关系，力求使系统整体最优。同时考虑技术系统与外界的联系，即人—机—环境的大系统关系；

(4) 最优化——设计的目的是得到功能全、性能好、成本低的价值最优的产品，设计中不仅考虑零部件参数、性能的最优，更重要的是争取产品的技术系统整体最优；

(5) 综合性——现代设计方法是建立在系统工程、创造工程基础上，综合运用信息论、优化论、相似论、模糊论、可靠性理论等自然科学理论和价值工程、决策论、预测论等社会科学理论，同时采用集合、矩阵、图论等数学工具和电子计算机技术，总结设计规律，提供多种解决设计问题的科学途径；

(6) 计算机化——将计算机全面地引入设计，通过设计者和计算机的密切配合，采用先进的设计方法，提高设计质量和速度，计算机不仅用于设计计算和绘图，同时在信息储存、评价决策、动态模拟、人工智能等方面将发挥更大作用。

与人们对设计的要求相比，我国现阶段的设计工作相对而言是比较落后的。面对这种形势，唯一的出路就是：设计必须科学化、现代化。也就是要求设计人员不仅要有丰富的专业知识，而且还需要掌握先进的设计理论、设计方法和设计手段及工具，科学地进行设计工作，这样才能设计出符合时代要求的新产品。

最后，应该指出，设计是一项涉及多门学科、多种技术的交叉工程。它既需要方法论的指导，也依赖于各种专业理论和专业技术，更离不开技术人员的经验和实践。现代设计方法是在继承和发展传统设计方法的基础上融合新的科学理论和新的科学技术成果而形成的。因此，学习使用现代设计方法，并不是要完全抛弃传统的方法和经验，而是要让广大设计人员在传统方法和实践经验的基础上掌握一把新的思想钥匙。设计方法具有时序性和继承性，之所以冠以“现代”二字是为了强调其科学性和前沿性以引起重视，其实有些方法也并非是现代的，当前传统设计与现代设计正处在共存性阶段。图 0-2 所示为现代

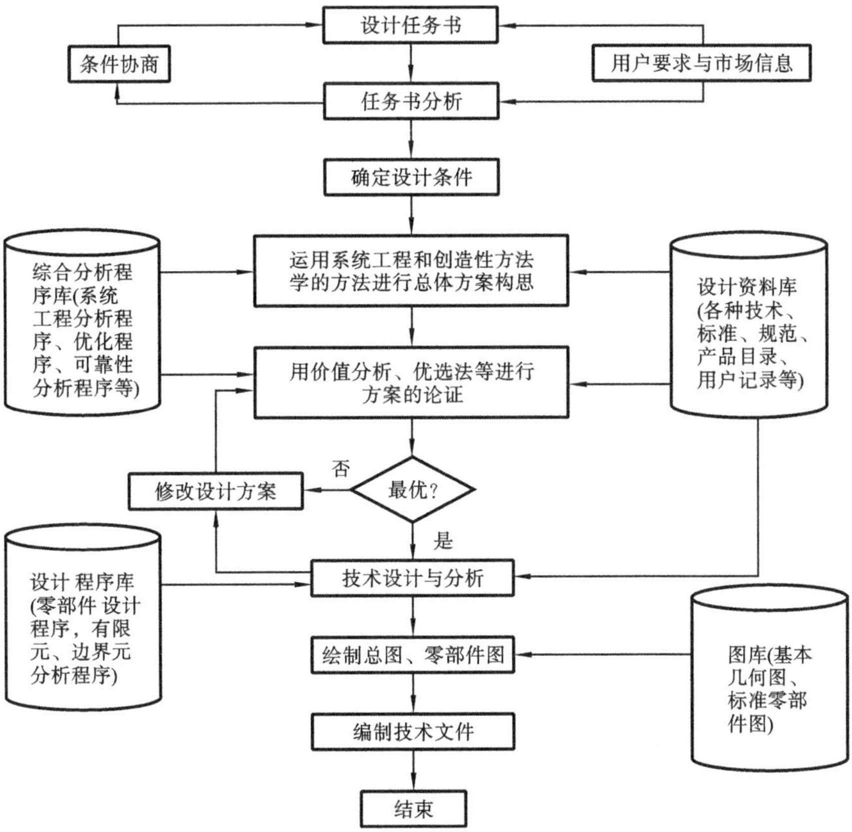

图 0-2　现代设计基本作业过程

设计基本作业过程，与传统设计方法相比，它是一种以动态分析，精确计算、优化设计为特征的设计方法。所以，不能把现代设计与传统设计截然分开，传统设计方法在一些适合的工业产品设计中还在应用。当然，现代设计方法也并非万能良药，现代设计中各种方法都有其特定的作用和应用场合，如优化设计，目前只能在指定方案下进行参数优化，不可能自行创造最优设计方案。而计算机辅助设计也只能在“寻找”方面帮助人的脑和手工作，而不能代替人脑进行“创造性思维”。这就是现代设计与传统设计方法上的继承与革新的辩证关系。

现代设计方法是种类繁多、知识面广的学科群，它所涉及的内容十分广泛，而且随着科学技术的飞速发展，必将有许多新的设计方法不断涌现，因此它的内容还会不断发展。

0.2 现代设计方法的分类及主要现代设计方法简介

0.2.1 现代机械设计理论与方法的分类及简介

在产品设计领域，机械产品的设计最有代表性和典型性，这里主要以机械产品的现代设计方法为主进行介绍。目前，科学技术工作者已提出并研究了数十种设计方法，但还缺乏对这些方法进行系统的分类。从科学研究的角度出发，对它们进行分类是十分必要的。具体分类见图 0-3。

在科学技术工作者提出的各种各样的设计方法中，较有代表性的方法有：优化设计、计算机辅助设计、可靠性设计、创新设计、概念设计、动态设计、智能设计、虚拟设计和可视化设计、网络设计与并行设计、数字化设计等。有限元法是现代设计中经常用到的数值分析和计算方法，也被视为一种现代设计方法。

1. 优化设计

优化设计(optimal design)包括全生命周期优化设计、广义优化设计、集成优化与综合优化等。

全生命周期优化设计是在产品的生命周期内对产品进行优化设计，这是一种综合优化的方法，具有重要的实际意义。

广义优化设计指的是包括各种优化方法(如以数学规划为基础的优化方法、通过专家系统进行优化的方法、通过对获取的信息进行综合分析的优化方法及类比法等)在内的产品的优化设计。

集成优化与综合优化指的是对产品的整个系统、产品的全部结构、产品的生产和使用的全部过程(包括产品的全生命周期)、产品的全部功能和性能的优化等。显然这是多目标和多约束的复杂系统，具有相当大的难度，从现有的条件来看，几乎是很难完成的，只有在限定范围的情况下才有可能实施。

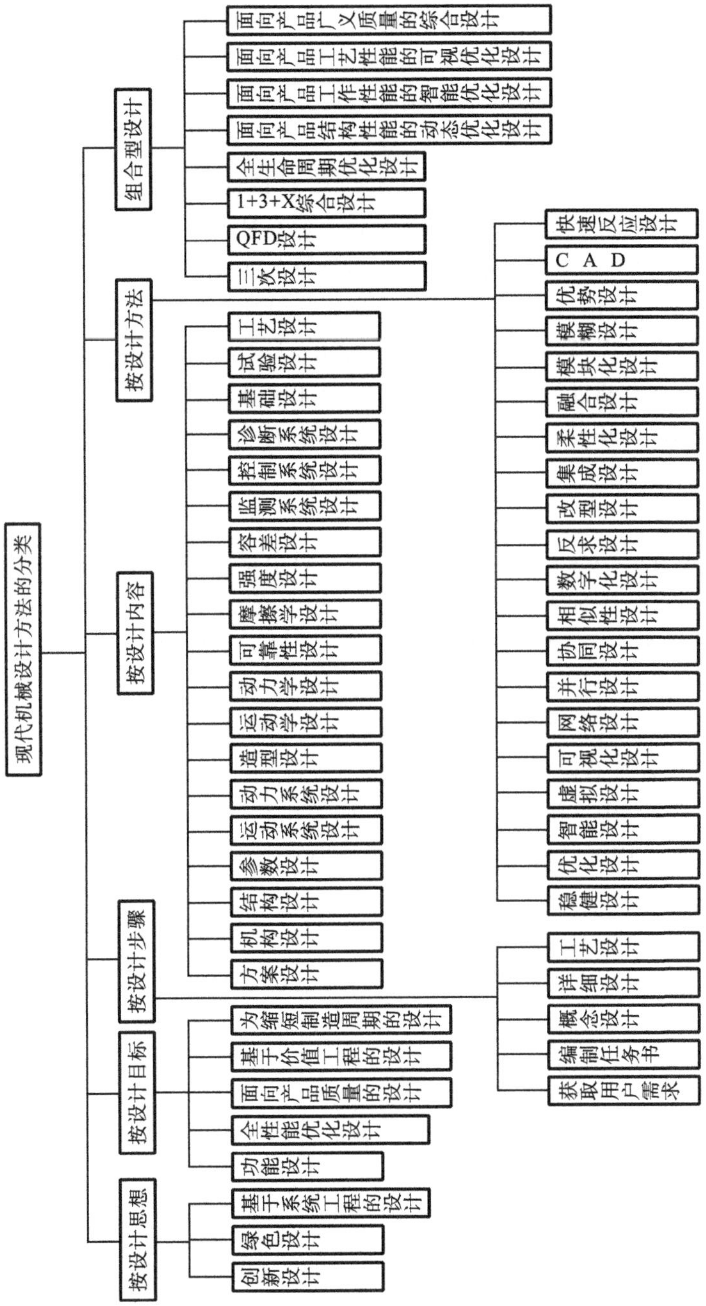

图 0-3　现代机械设计方法的分类

实际上,产品的优化设计在任何产品设计过程中都在不同程度上得到了应用。作为一位设计师,在产品设计时不是一定要求设计者采用数学规划方法对结构或系统进行优化,而利用已积累的知识、经验和掌握的设计资料,对产品的多种方案、结构和参数进行对比,选择出较为理想的一种,这也是常常采用的一种有效的优化方法。

2. 计算机辅助设计(CAD)

计算机辅助设计(CAD, computer aided design)是设计人员借助于计算机进行设计的方法。其特点是将人的创造能力和计算机的高速运算能力,巨大存储能力和逻辑判断能力很好地结合起来。在工程、产品设计中,许多繁重的工作,例如非常复杂的数学和力学计算,多种设计方案的提出、综合分析比较与优化,工程图样及生产管理信息的输出等,均可由计算机完成。设计人员则可对计算、处理的中间结果作出判断、修改,以便更有效地完成设计工作。计算机辅助设计能极大地提高设计质量,减轻设计人员的劳动,缩短设计周期,降低产品成本,为开发新产品和新工艺创造了有利条件。目前,计算机辅助设计在我国正受到企业的欢迎和重视,逐步获得推广应用。

3. 有限元法

有限元法(FEM,finite element method)是用有限个单元将连续体离散化,通过对有限个单元作分片插值求解各种力学、物理问题的一种数值方法。

有限元法是20世纪60年代出现的一种数值计算方法。最初用于固体力学问题的数值计算,20世纪70年代在英国科学家O. C. Zienkiewicz等人的努力下,将它推广到各类场问题的数值求解,如温度场、电磁场,也包括流场。有限元法已被广泛用于求解线性和非线性问题,并建立了各种有限元模型,如协调、不协调、混合、杂交、拟协调元等。有限元法十分有效、通用性强、应用广泛,已有许多大型或专用程序系统供工程设计使用。结合计算机辅助设计技术,有限元法也被用于计算机辅助制造中。

4. 可靠性设计

可靠性设计(reliability design)就是事先考虑可靠性的一种设计方法。可靠性表示系统、设备、元器件的功能在规定条件和规定时间内的稳定程度的特性,它是衡量产品质量的一个重要指标。"可靠性"作为产品质量和技术措施的一个最重要的指标早已受到世界各工业国家的高度重视,因为任何产品和技术,尤其是高科技产品、大型设备及超大型设备的制造,尖端技术的发展,都要以可靠性技术为基础,科学技术的发展又要求高可靠性。在现代生产中可靠性技术已贯穿到产品的开发研制、设计、制造、试验、使用、运输、保管及维护保养等各个环节,统称为可靠性工程。可靠性设计是可靠性工程的一个重要分支,因为产品的可靠性在很大程度上取决于设计的正确性。机械可靠性设计是近些年发展起来并得到推广应用的一门现代设计理论和方法,它是以提高产品可靠性为目的、以概率论与数理统计理论为基础,综合运用数学、物理、工程力学、机械工程学、人机工程学、系统工程学、运筹学等多方面的知识来研究机械工程的最佳设计问题。

5. 创新设计

在知识经济时代，创新在设计中的地位与作用显得十分重要，特别在概念设计过程中更是不可缺少。创新包括原始创新、集成创新和引进消化吸收后再创新，这些不同形式的创新都会在产品设计过程中发挥积极作用。在创新设计(creation design)中提倡的是设计的创造性，一旦设计工作者提出的新原理是可行的和合理的，它可以根本改变产品的结构，进而可以提高产品质量、降低生产成本、缩短生产周期、改善产品对环境的影响等。所以说，产品创新设计是一种设计思想或设计观念。但是，产品设计的创新应该具有科学性，即在科学发展观指导下进行设计的创新，创新者除了要掌握有关基础理论与知识外，还要掌握科学的方法，即掌握事物发展的内在规律，通过理论研究、实践和使用，才能完成创新的全部过程。

6. 概念设计

概念设计(conceptual design)是产品设计过程的关键环节，是根据产品生命周期各个阶段的要求，进行产品的功能创造、功能分解和功能集成；要对能满足工作原理要求的结构进行求解，对实现功能结构的工作原理方案进行构思和系统化设计。概念设计是运用发散思维和创新思想整合梳理的过程，是一个研究和求解能实现功能要求和满足各种技术、经济指标的各种方案并最终确定最优方案的过程。创新在产品概念设计中具有十分重要的地位和作用。

7. 动态设计

不论是国内还是国外，动态设计(dynamic design)都还处在初级阶段，许多深层次动态设计问题正处于研究过程中。目前大型高速旋转机械屡屡发生毁机事故，而这些事故多数是在强非线性、强耦合、非稳态的条件下发生的。近年来国内外科技工作者对这些机械的动态设计十分重视，这就促使动态设计从一般的动态设计向更深层次的方向发展，即向非稳态(慢变、参变、时滞等)、非线性、不确定、强耦合、高维、多参数的研究方向发展。由此需要采用更高深的理论、方法与技术进行更深层次的动态设计，这对设计者而言难度更大。

8. 智能设计

智能设计(intelligent design)有两层含义，一是用智能方法进行设计，二是使设计的对象智能化。这是国内外产品设计的主导方向，也是现代机械设备所应该体现的基本内容。对于智能设计，国内外都十分重视，因为实现智能化会在较大程度上提高产品的性能和质量，增强产品在国际市场上的竞争力。本书所指的智能设计是对产品的性能参数及其工作过程进行智能控制与优化，使产品具有优良的工作性能，进而给产品带来经济效益和社会效益，甚至是重大的经济效益和社会效益的设计，这是任何一种产品设计都不可缺少的，也是机械设计中首先要考虑的问题。

9. 虚拟设计

美国已将虚拟设计(virtual design)制造技术应用于波音777飞机的设计与制造上，这种方法对某些产品具有重要意义。通过对设备工况的模拟，使用者可以直接从外观上或从功能上较全面地了解所需设备的情况，在很多情况下甚至可以通过虚拟技术来代替真实情况，从而大大降低产品研究与开发的成本。

目前，虚拟设计已经在许多国家的研究、设计和开发部门得到应用。由于虚拟设计的内容可由设计者自行确定，它的内涵十分丰富，几乎可以包括所有设计内容，但也可以将它限制在一定的范围内。

10. 可视化设计

可视化设计(visual design，局部范围内的虚拟设计)对检查产品结构上的合理性、可制造性或可装配性等具有重要意义。通过可视化检查可以了解产品在设计中存在的不足，并及时进行修改，以避免设计过程中时常出现的重新设计与返工现象的发生，从而加快设计进度，缩短生产周期。此外，对机器的工作参数和工作过程进行动态模拟或仿真，在某种程度上可以代替试验，以减少试验的次数和时间。当然，新产品试制后的试验工作也是不可缺少的，通过试验，对机器合理的工况或不合理的工况进行反馈，从而肯定或否定原有的设计，或对原有的设计进行改进，使产品的设计质量向更高的层次上发展。

11. 网络设计和并行设计

利用网络设计(network design)和并行设计(concurred design)可以加快产品的设计进度，方便各设计部门间的联系，缩短设计周期。这些方法虽然并不明确包含设计的具体内容，但对保证与提高产品设计质量和缩短设计周期仍具有重要意义。

12. 数字化设计

数字化设计(digital design)实际上是CAD、CAE或CAX的扩展，它是通过基于产品描述的数字化平台来实现的。首先要建立基于计算机的数字化产品模型，在产品开发全过程中予以使用，以达到减少使用实物模型的目的。数字化设计是通过建立数字化产品模型，利用数字模拟、仿真、干涉检查、CAE分析等技术，改进和完善设计方案，提高产品开发效率和产品可靠性，并最终为基于网络的全球制造提供数字化产品模型。数字化设计应用了现代设计技术的最新成果。尽管数字化设计有诸多优点，在产品设计中还是必须事先对设计思想、设计环境、设计目标、设计步骤、设计内容、设计方法和产品设计检验方法等进行具体的规划。

13. 综合设计与设计工作一体化

综合设计(integrated design)就是将对产品质量有决定性影响的几种设计方法有机地结合在一起，通过设定明确的设计目标、具体的设计步骤和内容，并采取可执行的、有效的设计方法，来完成产品的全部设计工作。

产品设计工作一体化除了包括材料与结构设计的一体化之外，还可以进一步扩展到多个方面，例如，材料、结构和环境设计工作的一体化；在生命周期内产品动态设计与控制系统设计的一体化；产品结构、系统与参数设计工作的一体化等。实际上产品设计工作的一体化也是一种综合设计方法。综合设计包含了设计工作的全部内容，即设计思想、设计目标、设计步骤、设计内容、设计方法和产品设计检验方法等，因此，这一设计方法中也包含有虚拟设计方法或数字化设计方法。

以上几种设计方法，可以从不同角度来实现产品综合设计质量的要求，每一种方法都会在实现机器的功能和性能（包括主辅功能和结构性能、工作性能及制造性能）的一个或一些方面发挥一定的作用。但是如果在设计中全面考虑并采用所有这些方法，需要花费很大的精力和较长的设计时间，也是很难做到的，因此，应该根据具体情况，侧重选择不同的设计方法，如将三种或四种主要设计方法有机地结合在一起，对产品进行设计。

0.2.2　现代机械设计理论与方法的发展趋势

为了提高产品的设计质量，科技工作者深入研究了各种设计方法，获得了许多有重大应用价值的成果，这些成果在诸多产品的设计中发挥了良好的作用。如果在这个基础上，将宏观研究与微观研究很好地结合起来，我国将在设计理论与方法的研究上有更大的突破。

就目前国内外的研究状况来看，现代机械产品的设计理论与方法正在向图 0-4 中所示的几个主导方向发展：①在科学发展观和自主创新思想指导下的设计理论与方法；②面

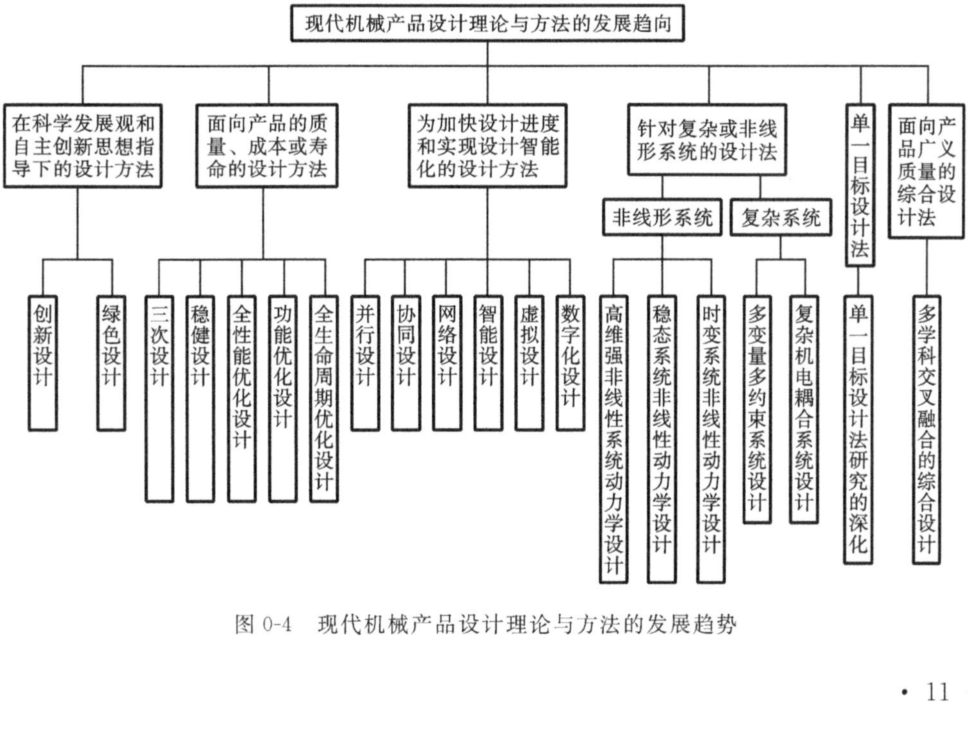

图 0-4　现代机械产品设计理论与方法的发展趋势

向产品质量、成本或寿命的设计理论与方法；③为加快设计进度及实施设计智能化的设计理论与方法；④面向复杂系统和高难度（非线性、非稳态、高维、强耦合、不稳定、多变量等）问题的设计理论与方法；⑤面向产品广义质量的综合设计理论与方法。产品广义质量是指人们对产品设计工作提出的所有质量要求，包括产品的全部功能和性能。这些设计方法各有其特点和适用范围。综合设计理论与方法通常是以单一设计理论方法为基础的，所以对单一设计方法研究工作的深化是搞好综合设计的基础。

在现有研究成果的基础上，设计理论与方法应该更加突出科学发展观的基本要求；应该更有效地提高产品质量、降低成本和保证使用寿命；应考虑如何缩短设计和制造周期，更广泛地采用信息化技术；应该针对更复杂机械系统和更高难度（如非线性系统）的问题开展研究工作；应该在最大范围内满足用户对产品广义质量的要求。

0.3 学习现代设计方法的意义与任务

1. 学习现代设计方法的意义

产品设计是决定产品性能、质量、水平和经济效益的重要一环。产品的竞争能力，在很大程度上取决于产品的设计。为此，在产品设计中就必须大力推广目前在国际上已经广泛应用并取得显著效果的先进设计方法，以提高我国的设计水平，缩短产品的设计周期并提高产品的质量。因此，作为面向21世纪的设计工程师，学习和掌握现代设计方法及技术就具有特别重要的意义。

设计人员是新产品的重要创造者，对产品的发展有重大影响。为了适应现代科学技术发展的要求和市场经济体制对设计人才的需要，必须加强设计人员的创新能力和设计素质的培养，现代设计方法课程就是为达此目的而开设的。通过对这门课程的学习与研究，可以提高未来从事设计工作人员的设计水平，增强其设计创新能力。应该指出，现代设计是传统设计的延伸和发展，现代设计方法也是在继承传统设计方法基础上不断吸收现代理论、方法和技术以及相关学科最新成就后发展起来的。所以，今天学习现代设计方法，并不是要完全抛弃传统设计方法和经验，而是要在掌握传统设计方法和经验的基础上再掌握一些新的设计理论和技术手段。

2. 学习现代设计方法的任务

(1) 了解现代设计方法的基本原理和主要内容，掌握各种设计方法的设计思想、设计步骤及相关软件应用要领，提高自身的设计素质，增强设计创新能力。

(2) 充分掌握现代设计方法，并力求在未来产品设计实践的过程中，能够应用和不断地发展现代设计理论与方法，甚至发明和创造出新的设计方法和手段。

本章重难点及知识拓展

本章重难点：掌握设计的基本概念和内涵，了解传统设计与现代设计的联系与区别，了解传统设计方法的主要缺陷，掌握现代设计方法的基本特点，了解现代设计方法的分类方法，对各种现代设计方法有一个初步的了解和认识，同时对学习现代设计方法的意义和任务应有明确的认识。

现代设计方法发展到今天，出现了数十种理论和方法，对其进行科学分类，既有学术意义，又便于工程应用，这方面深入的论述可参阅闻邦椿院士和张国忠、柳洪义的著作《面向产品广义质量的综合设计理论与方法》。本章与后续各章有着密切的联系，随着教材的逐渐展开，对几种主要的现代设计方法将进行详细的介绍。

思考与练习

0-1 试述设计的含义，简述现代设计方法的基本特点。

0-2 传统设计的缺陷和局限性表现在哪几个方面？说明现代设计与传统设计之间的关系。

0-3 简述现代设计方法的分类方法。

0-4 简述现代机械设计理论与方法的发展趋势。

0-5 简述学习现代设计方法的意义与任务。

第1章　现代设计方法学

案例：废水泵装置的原理方案设计

废水泵是污水处理过程中的重要装置之一，根据市场调研知道旧产品有堵塞的可能，并要求新产品工作可靠性高、噪声小、可避免气味扩散，按标准系列开发能覆盖全部使用范围的废水泵系列产品，销售前景最好的是具有如下规格的泵：流量 40 L/s，压力升高 1.6 MPa，根据现代设计方法学基本原理，按这些参数开发和试制废水泵。

1.1　设计方法学概述

1.1.1　设计方法学的含义

方法是人类思维的宝贵财富，是打开科学真理宝库的钥匙。认识事物、解决问题都需要正确的方法。培根说过："没有正确的方法，犹如在黑暗中摸索行走"。巴甫洛夫也曾指出："好的方法将为人们展开更广阔的前景，使人们认识更深层次的规律，从而更有效地改造世界。"设计方法学(Design Methodology)是现代设计方法的重要组成部分。

设计方法学是一门新兴学科，人们对它的定义、研究对象和范畴等，尚无确切的、统一的认识，近年来设计方法学的发展极快，受到各国有关学者的广泛关注。例如，工业产品设计是一种创造性活动，设计的结果直接影响产品性能、质量、成本。由于在产品开发和提高产品设计水平的工作中，科学的设计方法起着重要的作用，因此，加强对产品设计方法的研究有着十分重要的意义。

自20世纪60年代以来，由于各国经济的高速发展，特别是竞争的加剧，促使一些主要工业国家采取措施推动设计工作，开展设计方法学研究，使得设计方法学研究在这一时期取得了飞速发展。许多国家的专家、学者都在设计方法学方面有所贡献，他们或出版专著、或从事专题研究。例如，设计目录的制定；有关设计和经济性问题的设计方法研究；产品功能结构及其算法化、设计方法学与CAD；设计方法学内涵的探讨等。慕尼黑大学的Rodenacker是德国第一个被任命为从事设计方法学研究的教授，有人称他为"设计方法学之父"。由于经济文化背景的不同，各国学者的研究有各自的特点和侧重面，已形成了各自的研究体系和风格。德国的学者和工程技术人员着重研究设计的进程、步骤和规律，进行系统化的逻辑分析，并将成熟的设计模式、解法等编成规范和资料供设计人员参考，如德国工程师协会制定的有关设计方法学的技术准则 VDI2222。英美学派偏重分析创造性开发和计算机在设计中的应用，1985 年 9 月美国国家科学基金会提出了“设计理论和设计方法研究的目标和优化的项目”的报告，该报告拟定了设计理论与方法的五个重要研究领域：①设计中的定量方法和系统方法；②方案设计（概念设计）和创新；③智能系统和以知识为基础的系统；④信息、综合和管理；⑤设计学的人类学接口问题。日本则充分利用其电子技术和计算机技术上的优势，在创造工程学、自动设计、价值工程方面做了不少工作。苏联学者则研究提出了“发明创造方法学”。

虽然各国在设计方法的研究内容上各有侧重，但都有一个共同的特点，即注重总结设计规律、启发创造性，采用现代化的先进理论和方法使设计过程自动化、合理化，其目的都是为了提高设计水平和质量，设计出更多功能全、性能好、成本低、外形美的产品，以满足社会的需求和适应日趋尖锐的市场竞争。

我国 20 世纪 80 年代前后在不断吸收、引进国外研究成果的基础上，开展了设计方法学的理论和应用研究，并取得了一系列成果。

1.1.2 设计方法学的研究内容

各国在设计方法研究过程中共同推进和发展了“设计方法学”这门学科，使它成为了现代设计方法的一个重要组成部分。设计方法学是以系统的观点来研究产品的设计程序、设计规律和设计中的思维与工作方法的一门综合性学科。它所研究的内容如下。

(1) 设计对象。设计对象是一个能实现一定技术过程的技术系统。能满足一定需要的技术过程不是唯一的，能实现某个一定的技术过程的技术系统也不是唯一的。影响技术过程和技术系统的因素很多，设计人员应该全面系统地考虑、研究、确定最优技术系统即设计对象。

(2) 设计过程及程序。设计方法学从系统观点出发来研究产品的设计过程。它将产品（即设计对象）视为由输入、转换、输出三要素组成的系统，重点研究将功能要求转化为产品结构图纸的这一设计过程，并分析设计过程的特点，总结设计过程的思维规律，寻求合理的设计程序。

(3) 设计思维。设计是一种创造性活动，设计思维应该是创造性思维。设计方法学通过研究设计中的思维规律，总结设计人员科学的创造性的思维方法和创造习惯及技法。

(4) 设计评价。设计方案的优劣评价，其核心取决于设计评价指标体系。设计方法学研究和总结评价指标体系的建立，应用价值工程和多目标优化技术进行各种定性、定量的综合评价方法的研究。

(5) 设计信息管理。设计方法学研究设计信息库的建立和应用，即探讨如何挖掘分散在不同学科领域的大量设计知识、信息并将它们集中起来，建立各种设计信息库，使之可通过计算机等先进设备方便快速地被调出来以做参考。

（6）现代设计理论与方法的应用。为了改善设计质量，加快设计进度，设计方法学研究如何把不断涌现出的各种现代设计理论和方法应用到设计过程中，以进一步提高设计质量和设计效率。

1.2 产品设计过程与设计原则

1.2.1 产品设计的一般过程

从新产品研究开发的角度出发，产品开发的过程可以分为市场需求获取、概念设计、详细设计、工艺制定、生产制造及上市等几个阶段。产品研究与开发的全过程是以市场需求为驱动，以功能和性能优化（FCO，function and characteristics optimum）为基本内容，系统地考虑产品开发与生产的全过程和主要因素，实现市场需求驱动的产品设计与制造。

从某一具体产品设计的角度出发，产品设计的过程一般可分为产品规划（决策）、原理方案设计、技术设计和施工设计四个阶段。下面对这四个阶段进行简要说明。

1. 产品规划阶段

产品规划就是确定开发新产品的设计任务，为新产品技术系统设定技术过程和边界，是一项创造性的工作。要在集约信息、调研预测的基础上，辨识社会的真正需求，进行可行性分析，提出可行性报告、合理的设计要求和设计参数项目表。

集约信息应该是生产单位中包括从情报、设计、制造到社会服务等所有业务部门的任务。调研要从市场、技术和社会三个方面进行。预测要按科学的方法进行。辨别需求的可行性分析和可行性报告，应由所有业务部门参加的并行设计组和用户共同完成，而不是仅由设计部门或少数部门完成。

2. 原理方案设计阶段

原理方案设计就是新产品的功能原理设计。用系统化设计法将确定了的新产品总功能按层次分解为分功能直到功能元。用形态学矩阵组合按不同方法求得的各功能元的多个解，得到技术系统的多个功能原理解。经过必要的原理实验，通过评价决策，寻求其中的最优解即新产品的最优原理方案，列表给出原理参数，并作出新产品的功能原理方案图。

3. 技术设计阶段

技术设计是把新产品的最优原理方案具体化。首先是总体设计，按照人—机—环境—社会的合理要求，对产品各部分的位置、运动、控制等进行布局；然后分为同时进行的实用化设计和商品化设计两条设计路线，分别经过结构设计（材料、尺寸等）和造型设计（美感、宜人性等）得到若干个结构方案和外观方案，并分别经过试验和评价，得到最优结构方案和最优造型方案；最后分别得出结构设计技术文件、总体布置草图、结构装配草图和造型设计技术文件、总体效果草图、外观构思模型。以上两条设计路线的每一步骤，都要经过交流互补，而不是完成了结构设计再进行造型设计，最后完成的图纸和文件所表示的是统一的新产品。

4. 施工设计阶段

施工设计是把技术设计的结果变成施工的技术文件。一般来说，要完成零件加工图、部件装配图、造型效果图、设计和使用说明书、设计和工艺文件等。

以上产品设计进程的四个阶段，应尽可能地实现CAD/CAM一体化，从而提高设计效率，加快设计进度。各阶段中的具体设计内容要在各种设计理论指导下，用不同设计方法完成。

1.2.2 产品设计的类型和一般原则

1. 设计类型

为便于分析理解，一般将产品设计分为以下几种类型。

(1) 开发性设计。在设计原理、设计方案全部未知的情况下，根据产品总功能和约束条件，进行全新的创造。这种设计是在国内外无类似产品情况下的创新，如专利产品、发明性产品都属于开发性设计。

(2) 适应型设计。在总的方案和原理不变的条件下，根据生产技术的发展和使用部门的要求，对产品结构和性能进行更新改造，使它适应某种附加要求，如电冰箱从单开门变双开门，洗衣机由单缸变双缸再到全自动等。

(3) 变参数设计。在功能、原理、方案不变的情况下，只是对结构设置和尺寸加以改变，使之满足功率、速比等不同要求，如不同中心距的减速器系列设计，中心高不同的车床设计、排量不同的发动机设计等。

(4) 测绘和仿制。按照国内外产品实物进行测绘，变成图纸文件，其结构性能不改变，只进行统一标准和工艺性改动。仿制是按照外单位图纸生产，一般只作工艺性变更，以符合工厂的生产特点与技术装备要求。

2. 设计原则

一般来说，产品设计必须遵循以下四个基本原则。

(1) 创新原则。设计本身就是创造性思维活动，只有大胆创新才能有所发明，有所创造。但是，今天的科学技术已经高度发展，创新往往是在已有技术基础上的综合。有的新产品是根据别人研究试验结果而设计，有的是博采众长，加以巧妙的组合。因此，在继承的基础上创新是一条重要原则。

(2) 可靠原则。产品设计力求技术上先进，但更要保证使用中的可靠性。无故障运行时间的长短，是评价产品质量优劣的一个重要指标。

(3) 效益原则。在可靠的前提下，力求做到经济合理，使产品“价廉物美”，才有较大的竞争能力,创造较高的技术经济效益和社会效益。也就是说,要在满足用户提出的功能要求的前提下,有效地节约能源,降低成本。

(4) 审核原则。为减少设计失误,实现高效、优质、经济的设计,必须对每一设计程序的信息随时进行审核,决不许有错误的信息流入下一道工序。实践证明,产品设计质量不好,其原因往往是审核不严造成的。因此,适时而严谨的审核是确保设计质量的一项重要原则。

1.3 技术系统及其确定

1.3.1 技术系统

设计的目的是为满足一定的功能需求。完成某个特定功能或职能的各个事物的集合,简称为技术系统。技术系统可以由子系统组成,也可以由超系统组成。例如,一辆汽车、一本书、一个公司或者一座建筑物等都可以视作一个技术系统。子系统本身也是系统,是由元件和操作构成的。系统的更高级系统称为超系统。汽车作为一个技术系统,轮胎、发动机、方向盘等是汽车的子系统。而每辆汽车都是整个交通系统的组成部分,因此对于汽车而言,交通系统就是汽车的超系统。

又如,在机械制造领域为得到某种复杂形状的金属零件,可通过编程在加工中心上对坯料进行加工。坯料是作业对象,加工中心是技术系统,所完成的加工过程是技术过程。设计是对作业对象完成某种技术过程,产品就是人造技术系统。

作业对象一般可分为三大类:物料、能量和信息。例如,加工过程的坯料、发电过程中的电量、控制过程中的电子信号等。只有在技术过程中转换了状态,满足了需求,才是作业对象。

满足一定需求的技术过程不是唯一的,因而相对应的技术系统也是不同的。例如,某种形状的金属零件可以用切削、铸造、锻造、轧制、激光成型等不同的技术过程来完成,相对应的技术系统有切削机床、精密铸机、精密锻机、冷轧机、激光成型机等。

技术过程的确定,对设计技术系统是非常重要的,一般步骤如下:

(1) 根据信息集约和调研预测的资料,分析确定作业对象及其主要转换要求;

(2) 分析比较传统理论、现代理论和实践,确定实现主要转换的工作原理;

(3) 明确实现技术过程的环境和约束条件,环境是与技术系统发生联系的外界的总和,约束条件包括经济条件、生产条件、技术条件、社会条件等;

(4) 确定主要技术过程和其他辅助过程;

(5) 根据高效、经济、可靠、美观、使用方便等原则,初步划定技术系统的边界即工作范围。

技术过程是在人—技术系统—环境这一大系统中完成的。划定技术系统与人这一方的边界，主要确定哪些功能由人完成，哪些功能由技术系统完成；而划定技术系统与环境这一方的边界，主要确定环境对技术系统有哪些干扰，技术系统对环境有哪些影响。这样划定了技术系统的两方边界，就确定了技术系统应实现的功能。

技术系统所具有的功能，是完成技术过程的根本特性。从功能的角度分析，技术系统应具有下列能完成不同分功能的单元：

(1) 作业单元，完成转换工作；

(2) 动力单元，完成能量的转换、传递与分配；

(3) 控制单元，接受、处理和输出控制信息；

(4) 检测单元，检测技术系统各种功能的完成情况并反馈给控制单元；

(5) 结构单元，实现系统各部分的连接与支承。

图 1-1 所示为技术系统的框图，除了设计任务所期望的物料、能量和信号的转变外，还不可避免地存在不期望发生的伴生输入和伴生输出，如振动、温度、噪声、灰尘、边角料等。

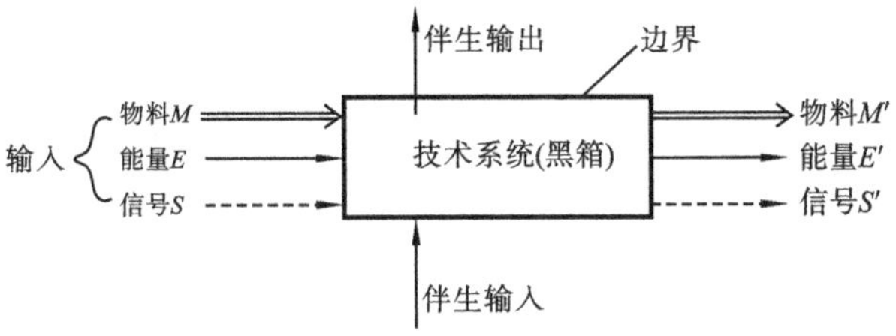

图 1-1 技术系统与环境

图 1-1 中，主要传递信号流的技术系统称为仪器，主要传递能量流与物料流的技术系统称为机器。机器又分为机械和器械，其中机械以能量流和能量变换为主，如电动机、汽轮机；器械以物料流和物料变换为主，如加工中心、管道运输系统等。

确定技术系统的主要方法包括信息集约、调研预测、可行性分析等。

1.3.2 信息集约

信息集约旨在对产品相关信息进行搜集整理、分析加工，一般应由企业各部门共同完成，各部门分工如下：

(1) 情报部门负责产品的技术资料及发展趋势，专利情报，行业技术经济情报等；

(2) 开发部门负责产品性能试验，新材料、新工艺、新技术，产品性能、规格、造型，各种标准法规、设计方法等；

(3) 制造部门负责提供生产能力，制造工艺设备、工时及其他相关技术数据等信息；

(4) 营销部门负责国家产业政策、产品寿命周期分析，市场调查，需求预测，经营销售分析，材料和外购件价格与供应情况，质量与供货能力，老产品用户意见分析，事故与维修情况分析等；

(5) 公关部门负责产品和企业的社会形象，与同行的竞争与联合情况分析等；

(6) 社会部门负责产品与环境污染、节能、资源、动力供应等的关系，产品进入社会和退出社会、报废、升级换代等的效应分析等。

1.3.3 调研预测

调研预测一般从市场、技术、社会环境及企业环境四个方面进行。

1. 市场调研的内容

(1) 用户对象，如市场、用户分类、购买力、采购特点等。

(2) 用户需求，如品种规格、数量、质量、价格、交货期、心理与生理特点等。

(3) 产品的市场位置，如质量、品种、规格统计对比，新老产品情况，市场满足率，产品寿命周期等。

(4) 同行状况，如竞争对手分析，销售情况与方法，市场占有率等。

(5) 外购件供应，如原材料、元器件供应质量、价格、期限等。

2. 技术调研的内容

(1) 现有产品的水平、特点、系列、结构、造型、使用情况、存在问题和解决方案等。

(2) 有关的新材料、新工艺、新技术的发展水平、动态与趋势。

(3) 适用的相关科技成果。

(4) 标准、法规、专利、情报。

3. 社会环境调研的内容

(1) 国家的计划与政策。

(2) 产品使用环境。

(3) 用户的社会心理与需求。

4. 企业环境调研的内容

(1) 开发能力，如各级管理人员的素质与管理方法，已开发产品的水平与经验教训，技术人员的开发能力，开发的组织管理方法与经验教训，掌握情报资料的能力和手段，情报、试验、研究、设计人员的素质与质量。

(2) 生产能力，如制造工艺水平与经验，动力、设备能力、生产协作能力。

(3) 供应能力，如开辟资源与供货条件的能力，选择材料、外购件和协作单位的能力，信息收集能力，存储与运输手段。

(4) 营销能力，如宣传和开辟市场的能力与经验，联系与服务用户的能力，信息收集能力，存储与运输能力。

1.3.4 可行性报告

在信息集约、调研预测的基础上，由企业内所有业务部门参加的并行设计组和用户共同进行可行性分析，提出可行性报告。可行性报告一般包括下列内容：

(1) 产品开发的必要性和可能性；

(2) 目前国内外该产品的现状及发展水平；

(3) 确定产品的技术规格、性能参数和约束条件；

(4) 提出该产品的技术关键和解决途径；

(5) 预期达到的技术、经济、社会效益；

(6) 预算投资费用及项目进度、期限。

在作为可行性报告附件的设计要求表中，应列出尽可能定量的、符合使用需求的设计要求与设计参数，包括保证产品基本功能的要求与参数，以及希望达到的附加要求与参数。

拟订设计要求表(设计任务书)的原则是详细而明确，先进而合理。所谓详细，就是针对具体设计项目应尽可能列出全部设计要求，特别是不能遗漏重要的设计要求；所谓明确，就是对设计要求尽可能定量化；所谓先进，就是与国内外同类产品相比，在产品功能、技术性能、经济指标等方面都具有先进性；所谓合理，就是设计要求提得适度，实事求是。

产品设计要求是制造、试验和鉴定的依据，一项成功的产品设计，应该满足许多方面的要求，要在技术性能、经济指标、整体造型、使用维护等方面做到统筹兼顾、协调一致。在产品设计中，通用的主要要求有：产品功能要求、适应性要求、性能要求、生产能力要求、制造工艺要求、可靠性要求、使用寿命要求、降低成本要求、人机工程要求、安全性要求、包装运输要求等，所有这些要求都是对整机而言的，在设计时，应针对不同产品加以具体化、定量化。

1.4　方案的系统化设计

方案的系统化设计是把设计对象看做一个完整的技术系统，然后用系统工程的方法对系统各要素进行分析和综合，使系统内部协调一致，并使系统与环境相互协调，以获得整体最优设计方案。

功能分析设计法是系统化设计中探寻功能原理方案的主要方法。方案设计阶段的主要任务是根据计划书，并经调研进一步确定设计要求后，通过创造性思维和试验研究，克服技术困难，经过分析、综合与技术经济评价，使构思和目标完善，从而确定产品的工作原理和总体设计方案。应用这种方法的原理方案设计步骤如图 1-2 所示。

1.4.1　明确设计要求

在确定产品开发任务书的基础上，进一步收集来自市场、用户、政府法令、政策等外部的要求和限制，明确对产品的技术性、经济性和社会性的具体要求及设计开发的具体期限，并以设计要求表的形式予以确认。在表格中，设计要求可分为“必达”和“期望”两类。必达要求对产品给出严格的约束，只有满足这些要求的方案才是可行方案。期望要求体现了对产品的追求和目标，只有较好地满足这些要求的方案才是最优的方案。

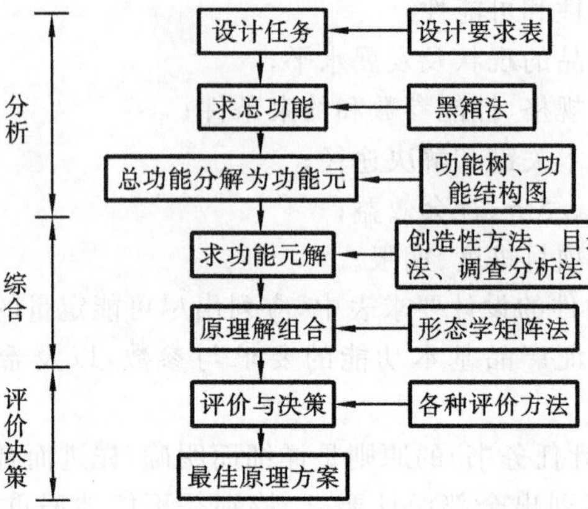

图 1-2　功能分析设计法原理方案设计步骤

设计要求表所包括的内容如表 1-1 所示。

表 1-1　主要设计要求

设计要求	主要内容
功能要求	功能是系统的用途或完成的任务，包括主要功能、辅助功能和人机功能的分配
使用性能要求	精度、效率、生产能力、可靠性等
工况适应性要求	指工况在预定范围内变化时，产品适应的程度和范围，包括作业对象特征和工作状况等的变化，如物料的形状、尺寸、理化性质、温度、负载速度等，提出为适应这些变化的设计要求
宜人性要求	系统符合人机工程学要求，适应人的生理和心理特点，操作简单、准确、方便、安全、可靠。须根据具体情况提出诸如显示和操作装置的选择和布局，防止偶发事故的装置和布局等要求
外观要求	包括外观质量和产品造型要求、产品形体结构、材料质感和色彩的总和
环境适应性要求	指环境在预定的范围内变化时，产品适应程度和范围，如温度、粉尘、电磁干扰、振动等在指定范围内变动时，产品应保持正常运行
工艺性要求	为保证产品适应企业的生产条件，应对毛坯和零件加工、处理和装配工艺性提出要求
法规和标准化要求	对应遵守的法规（如安全保护法规、环境保护法等）和采用的标准以及系列化、通用化、模块化等提出要求
经济性要求	对研究开发费用、生产成本以及使用经济性提出要求
包装和运输要求	包括产品的保护、装潢以及起重、运输方面的要求
供货计划要求	包括研制时间、交货时间

1.4.2 功能分析

技术系统由构造体系和功能体系构成。建立构造体系是为了实现功能要求。对技术系统从功能体系入手进行分析，有利于摆脱现有结构的束缚，形成新的更好的方案。功能分析阶段的目标是通过分析，建立对象系统的功能结构，通过局部功能的联系，实现系统的总功能。

1. 功能的含义

功能是对于某一产品的特定工作能力的抽象化描述。每一件产品均具有不同的功能，对于工业产品，使用者购买的主要是其实用功能。当人们把机械、设备、仪器看做是一个系统时，功能就是一个技术系统在以实现某种任务为目标时，其输入输出量之间的关系。输入和输出可以抽象为能量、物料和信息三要素。其中，能量包括机械能、热能、电能、光能、化学能、核能、生物能等；物料可分为材料、毛坯、半成品、固体、气体、液体等；而信息往往表现为数据、控制脉冲及测量值等。能量、物料和信息三要素在系统中形成能量流、物料流和信息流。系统的输入量和输出量的出现，说明在系统内部物理量发生了转换。实现预定的能量、物料和信息的转换就体现了机械系统的功能。

一种产品中必然有一种转换是该产品主要使用目的所直接要求的，它就构成了该产品的主要功能，简称主功能。为实现产品主功能服务的、由产品主功能决定的一种手段功能称辅助功能。主功能和辅助功能合称为总功能。

2. 功能分析

确定总功能，将总功能分解为分功能，并用功能结构来表达分功能之间的相互关系，这一过程称为功能分析。功能分析过程是设计人员初步酝酿功能设计原理设计方案的过程。这个过程往往不是一次能够完成的，而是需要随着设计工作的深入不断地修改、完善。

1) 总功能分析

将设计的对象系统看成一个不透明的、不知其内部结构的“黑箱”，只集中分析比较系统中三个基本要素（能量、物料和信息）的输入输出关系，就能突出地表达系统的核心问题——系统的总功能。

图 1-3(a)所示为一般黑箱示意图，方框内部为待设计的技术系统，方框即为系统边界，通过系统的输入和输出，使系统和环境联系起来。图 1-3(b)所示为自走式谷物联合收割机的黑箱示意图，图中，左边为输入量，右边为输出量，都有能量、物料和信息三种形式；图下方为外部环境，如土壤、湿度、温度、风力等对收割机工作性能的各种干扰因素；图上方为收割机对外部环境的各种影响因素，如噪声、废气、振动等。

2) 功能分解

总功能可以分解为分功能，分功能可继续分解，直至功能元。功能元是不能再分解的

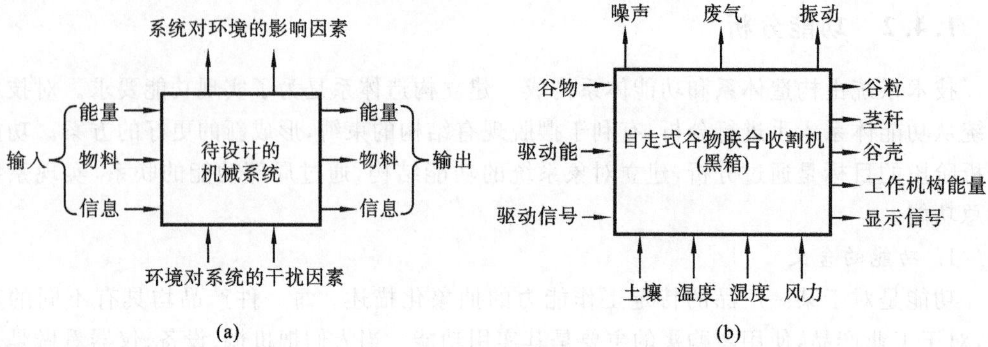

图 1-3 黑箱模型

最小功能单位，是能直接从物理效应、逻辑关系等方面找到解决方案的基本功能。功能分解状况的树状结构表示，称为功能树（或树状功能图）。功能树起于总功能，分为一级功能、二级功能……直至能直接求解的功能元。前级功能是后级功能的目的功能，后级功能是前级功能的手段功能。图 1-4 所示为功能树示例，采用功能树法对陆地运输工具进行功能分解。

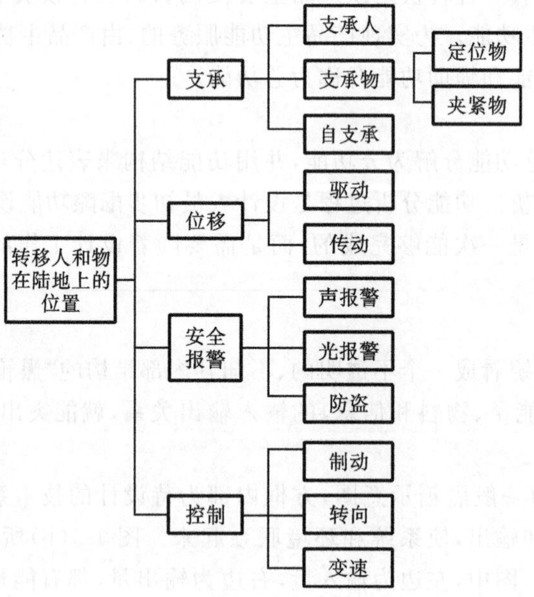

图 1-4 功能树示例

功能树不能充分表达各分功能之间的分界和有序性关系，功能结构图则正好弥补了功能树的这一缺陷。功能结构图可用来表示各分功能之间的关系，其中各功能之间用向量连接，向量尾端所在功能块的输出正是向量头端所在功能块的输入。功能结构图表明了总功能要求的转换是如何逐步得以最终实现的，它反映了设计师实现产品总功能的基本思路和策略。建立功能结构图对于复杂产品的开发十分必要，图 1-5 所示为功能结构的基本形式，有以下几种。

(1) 链式结构(见图 1-5(a))，各分功能按顺序相继作用。

(2) 并列结构(见图 1-5(b))，各分功能并列作用，例如，车床需要工件与刀具共同运动来完成加工工件的任务(见图 1-6)。

(3) 循环结构(见图 1-5(c))，各分功能组成环状循环回路，体现反馈作用。

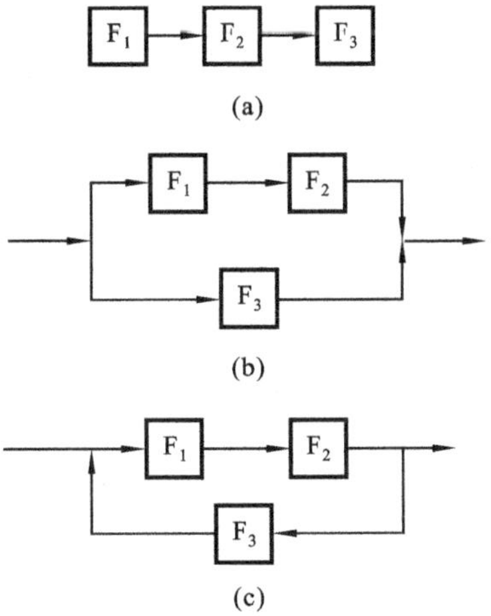

图 1-5 功能结构的基本形式

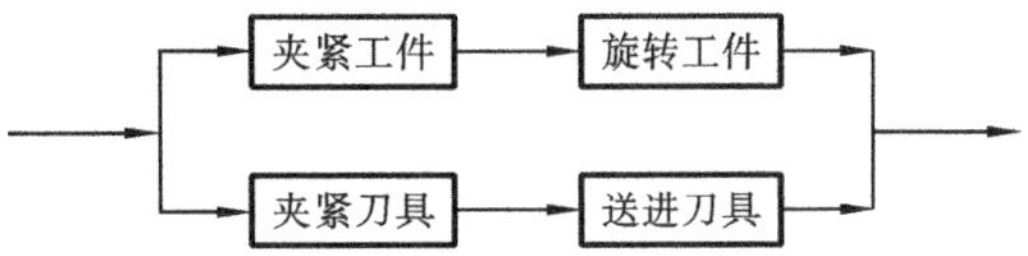

图 1-6 车床的部分功能

1.4.3 功能原理设计

把总功能分解成一系列分功能(功能元)之后，即可确定各个功能元的原理方案。在确定各功能元的原理方案时应按以下方式进行：

(1) 用(选用或创造)不同的技术过程来实现同一种功能；

(2) 选用不同的运动规律来对应不同的功能；

(3) 选用不同的工作原理、不同的机构来满足同一种功能要求；

(4) 选用、创造不同的机构及组合来实现同一种工作原理；

(5) 将以上求得的分功能(或功能元)的原理解按照功能结构组合成总功能原理解；

(6) 从多个可行总功能原理解中选出最佳原理方案。

功能原理设计的落脚点是为不同的功能、不同的工作原理、不同的运动规律匹配不同的机构，这就是通常所说的型、数综合，而且通过上述的排列组合，会出现非常多的功能原理解，产生很多的技术方案，这就为优选方案提供了基础。

机构的型、数综合是一项难度大、富于创造性的工作，包括如何选定工作原理、确定运动规律要求，如何从功能、原理、机构造型的多解方案中优化筛选出好的方案。

方案设计阶段的每一个步骤都为设计师提供了产生多解的机会，多解又为得到新解和最优解提供了机会，从而为产品创新奠定了基础。

功能元求解是方案设计中重要的"发散"、"搜索"阶段。功能元求解的方法有以下三种：

(1) 参考有关资料、专利或相似产品求解；

(2) 利用各种创造性方法开阔思路探寻解法；

(3) 利用设计目录求解。

下面具体介绍利用设计目录求解。设计目录是设计工作的一种有效工具，是设计信息的存储器和知识库。它以清晰的表格形式把设计过程中所需的大量解法进行科学的分类、排列、组合、存储，便于设计者查找和调用，给设计者以启发，有助于设计者具体构思。表 1-2 为物料运送功能元的解法目录。

表 1-2 物料运送功能元解法目录

力的种类		受力图		
机械力	推力	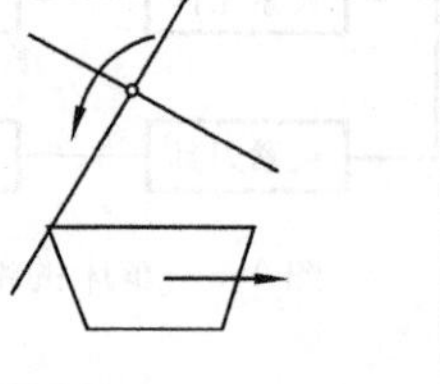	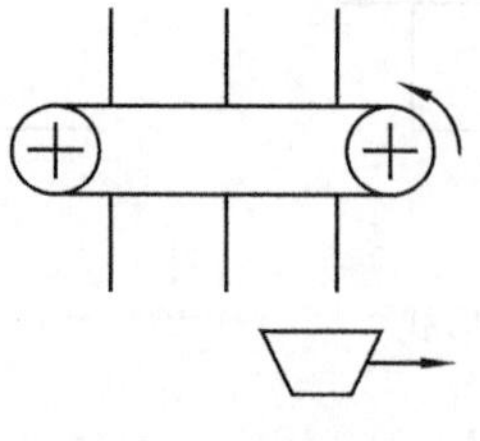	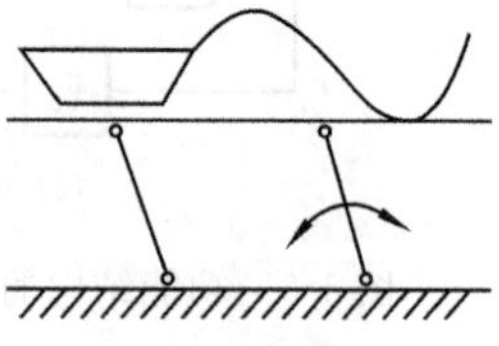
机械力	推力	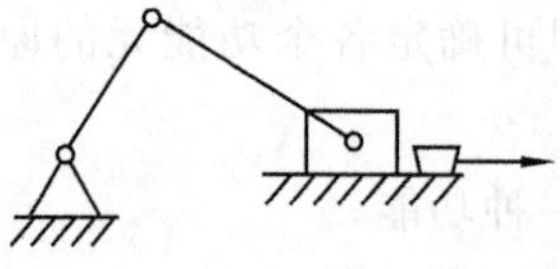	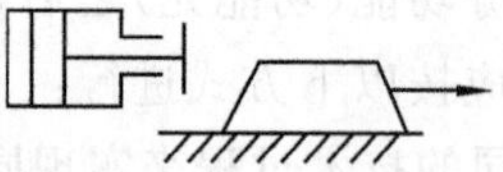	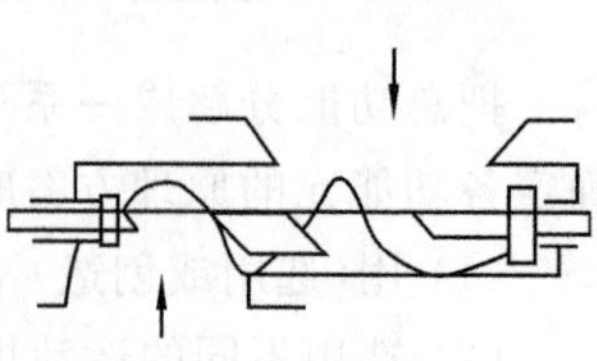
机械力	重力	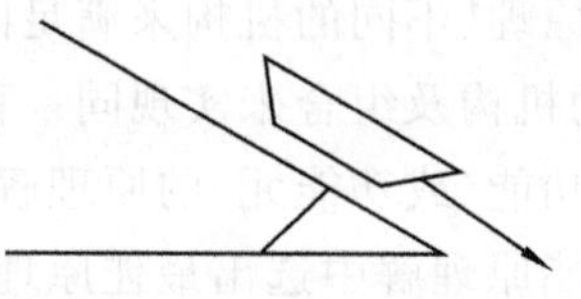		
机械力	摩擦力	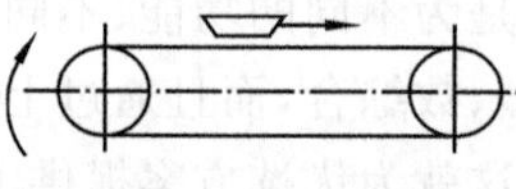		

续表 1-2

力的种类		受　力　图
液气力	负压吸力	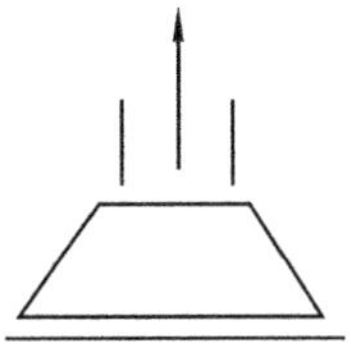
	流体摩擦	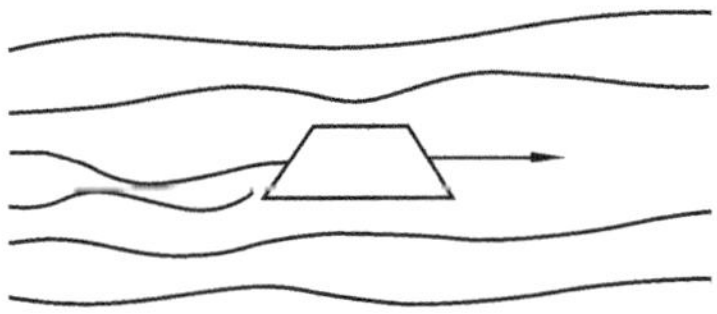
电磁力	磁吸力	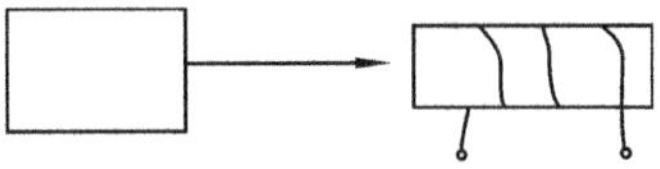

将各功能元的局部解合理组合，可以得到多个系统原理解。一般采用形态矩阵法进行组合，即将系统功能元和局部解分别作为纵、横坐标，列出形态矩阵。表 1-3 为应用形态矩阵由功能元解组合成总功能原理解的例子。

表 1-3　挖掘机的形态学矩阵

分 功 能	解 法					
	1	2	3	4	5	6
a. 动力源	电动机	汽油机	汽油机	汽轮机	液压马达	气动马达
b. 移位传动	齿轮传动	蜗杆传动	带传动	链传动	液力耦合器	
c. 移位	轨道及车轮	轮胎	履带	气垫		
d. 取物传动	拉杆	绳传动	汽缸	液压缸		
e. 取物	挖斗	抓斗	钳式斗			

从每个功能元中取出一种局部解进行有机组合，即构成一个系统解，最多可以组合出 N 个方案，$N=n_1 n_2 \cdots n_i \cdots n_n$。

一般来说，由形态学矩阵组成的方案很多，难以直接进行选优。通常根据以下原则形成少数整体方案，供评价决策使用：

（1）相容性，即分功能必须相容，否则不予组合；

（2）优先选用分功能较佳的解；

（3）剔除不满足设计要求和约束条件的解或不满意的解。

1.4.4 系统设计实例——废水泵设计

下面以废水泵装置的原理方案设计为例，说明以上系统化设计方法的步骤。

1. 明确设计要求

1）需求分析与调研

河道污染已成为严重的公害，因此有必要将工厂、家庭的污水引到积水池，再由废水泵送给净化装置。根据市场分析，对泵的工作范围要求如下：流量 10～70 L/s；压力升高 0.5～2.5 MPa。

市场对泵需求约为 600 台/年。同时，在用户访问中，人们指出旧产品有堵塞的可能，并要求新产品工作可靠性高、噪声小，避免气味扩散。

2）确定用户开发任务书

根据市场分析得到销售前景最好的产品规格，由此确定开发任务书。

按标准数系列开发能覆盖全部使用范围的废水泵系列产品，销售前景最好的是具有如下规格的泵：流量 40 L/s；压力升高 1.6 MPa。

此规格可期望销售 200 台/年。

首先按上列参数开发和试制一台初型泵，制造初型泵不用专门的工艺装备，材料、加工和试验费应分别统计。

初型泵完成日期为××年××月。

设计任务书不仅包括需要解决问题的梗概，还需要与废水处理专家、卫生专业人员、地下水道专业人员一同研究，明确有关边界条件。由于废水流量不规则，变化很大，应先将废水引入集水池，当池中水达到允许的最高水位时才需泵出水。因此要有使泵自动停启的措施。此外还应考虑断电时的应急措施，以提高运转的可靠性，并且要可靠地防止堵塞，保证噪声低，且适用于酸性废水。图 1-7 所示为废水泵基本原理图。

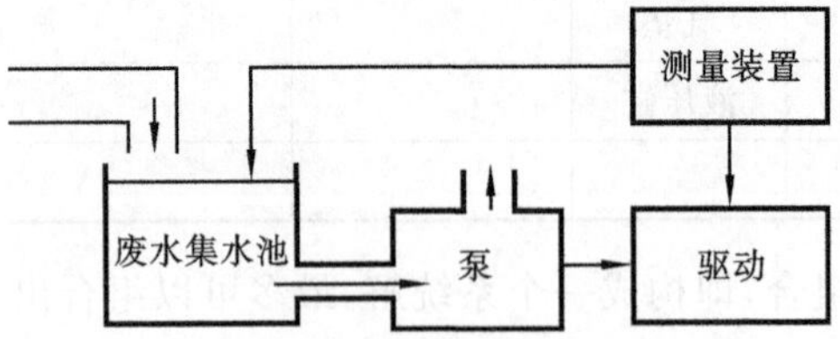

图 1-7 废水泵基本原理图

3）拟定设计要求表

略。

2. 功能分析

泵送废水是个不规则的断续过程，为保证泵送过程自动进行，必须使泵具有下列分功能：

（1）水位测量，在达到规定水位时发出信号；

（2）过程控制，根据信号控制能量转换装置的运行与停止；

（3）能量转换，将向系统输入的能量转换为可以直接作用于压差产生装置的能量；

（4）产生压差，使废水增加能量引出集水池。

将物料流、信息流、信号流分别考虑，按逻辑关系绘制功能结构图，如图 1-8 所示。

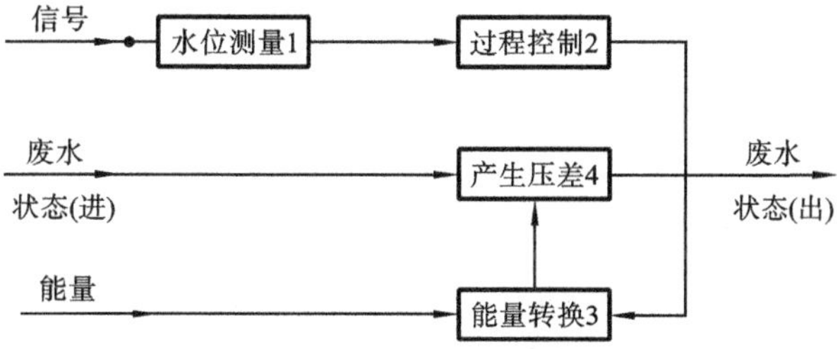

图 1-8 废水泵功能结构图

3. 确定主要分功能的解法原理

主要分功能“产生压差”问题的解决是确定整体方案的关键。日常设计虽不建立新的模型，但仍应从原理上进行认真分析。图 1-9 所示为一种泵的产生压差的解法原理，可根据该图所列原理进行选择评定。

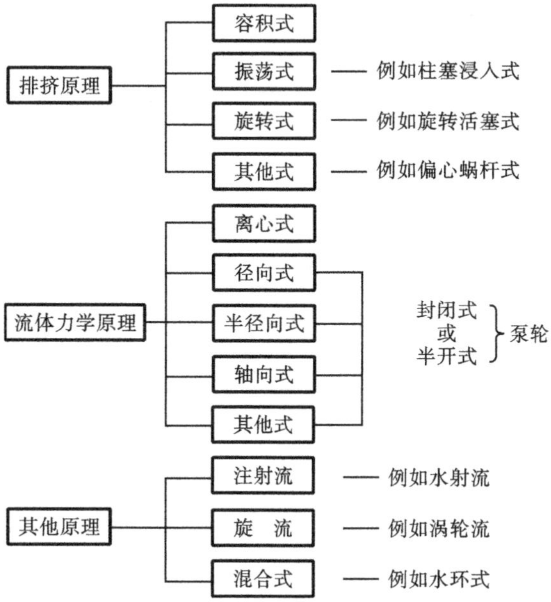

图 1-9 产生压差的解法原理

(1) 排挤原理。其中容积式泵，对异物尤其是纤维异物很敏感，不适用。

(2) 流体力学原理。离心泵在半开式或封闭式泵轮中，叶片进口处有沉积异物的危险，会导致不平衡，甚至阻塞整个通道。单通道泵是离心泵的一种变形，泵轮无叶片，只有一条呈螺旋形卷曲的通道，不易阻塞，但较昂贵。

(3) 其他原理。主要有涡流泵与射流泵。涡流泵通常采用带径向叶片的半开式转轮，在一个大截面环形空间中旋转，以产生强大的涡流，从而起到泵送作用。只有一部分流体流经转子，异物很少能沉积于其上，且流通截面大，堵塞的危险极小。虽然本装置功率小、作业率低，但这不是主要问题，与其他泵相比优点较多，宜于采用。

在没有电源或经常停电的情况下，可采用以下水为动力的射流泵（工作原理与喷雾器类似），但用水量和噪声很大，且易使洁净的自来水与废水相混合。

4. 其他分解功能求解

对于“产生压差”以外的三项分功能，可以直接通过资料、手册检索或根据经验进行功能载体的选择。值得一提的是，利用成批生产的零、部件，可以节省设计时间、降低制造成本、保证产品性能。

5. 组合分功能解以实现总功能

根据得出的分功能解列出形态学矩阵（见表 1-4），由此矩阵可得出 4×4×5×5＝400 个原理方案，把矩阵中不合适的解法删去（矩阵中加斜线者），仍有 2×2×2×3＝24 种整体方案。进一步选择相容的分功能，并根据实际经验确定了三个原理方案，在形态学矩阵中用三条不同的折线标记。

表 1-4 废水泵形态学矩阵

分功能		解决方案的原理和组成元件				
1	水位测量	浮子	联通器	流量计	测压器	
2	过程控制	转速调节器	控制阀	滑阀	开关	
3	能量变换	风车	电动机	液压马达	气动马达	内燃机
4	产生压差	离心泵（半开式）	离心泵（封闭式）	涡流泵	单通道泵	射流泵

入选的原理组合　Ⅰ　Ⅱ　Ⅲ

总功能的原理组合

（1）原理方案Ⅰ（实线）：借助浮子测量集水池中的水位，输出电信号，用开关控制电动机启停，驱动涡流泵产生压差，泵送污水。

（2）原理方案Ⅱ（虚线）：用测压器测水位，输出信号，用开关控制内燃机启停，驱动单通道泵产生压差，泵送废水。

（3）原理方案Ⅲ（点画线）：用浮子按水位推动阀门控制有一定液压能的水流（如自来水），利用喷嘴效应（负压）抽吸废水与自来水一同射出。

经过初步评价选择，确定将方案Ⅰ作为进一步设计的基础。

这个例子中的主要分功能载体选用的是现有的泵。但也可以根据需要，从工作原理出发，开发专用新产品。

1.5 设计中的评价决策

设计进程的每一个阶段都是相对独立的，每一个问题的解决过程，都存在多解，都需要评价和决策。评价过程是对各方案的价值进行比较和评定，而决策是根据目标，选定最佳方案，作出行动的决定。

1.5.1 评价目标

评价的依据是评价目标（或评价标准），评价目标制定得合理与否是保证评价的科学性的关键问题之一。评价目标一般包括三个方面的内容：

(1) 技术评价目标，即评价方案在技术上的先进性和可行性，包括工作性能指标、可靠性、使用维护等；

(2) 经济评价目标，即评价方案的经济效应，包括成本、利润、实施方案的费用以及投资回收期等；

(3) 社会评价目标，即评价方案实施以后将带来的社会效应和影响，包括是否有利于资源开发和新能源的利用等。

评价目标来源于设计所要达到的目的，它可以从设计任务书或所要求的明细表中获取。

评价目标分为定性和定量两种指标，例如，美观程度只能定性描述，属于定性指标；而成本、重量、产量等可以用数值表示，称为定量指标。在评价目标中，有时定性指标和定量指标是可以相互转化的。

工业产品设计要求有单项的，也有多项的，因此，评价指标可以是单个的，也可以是多个的。

由于实际的评价目标不止一个，其重要程度亦不相同，因此需建立评价目标系统。所谓评价目标系统，就是依据系统论观点，把评价目标看成一个系统。评价目标系统常用评价目标树来表示。评价目标树就是依据系统可以分解的原则，把总评价目标分解为一级、二级等子目标，如图 1-10 所示。图中，Z 为总目标，Z_1、Z_2 为第一级子目标；Z_{11}、Z_{12} 为 Z_1 的子目标，也就是 Z 的第二级子目标；Z_{111}、Z_{112} 是 Z_{11} 的子目标，也是 Z 的第三级子目标；最后一级的子目标即为总目标的各具体评价目标。

建立评价目标树的目的是将产品的总目标具体化，使之便于定性或定量评价。定量评价时应根据各目标的重要程度设置加权系数（重要性系数），如图 1-11 所示。以图中目标 Z_{111} 为例，其下面的数字中，左边的 0.67 表示同属上一级目标 Z_{11} 的两个子目标 Z_{111} 和

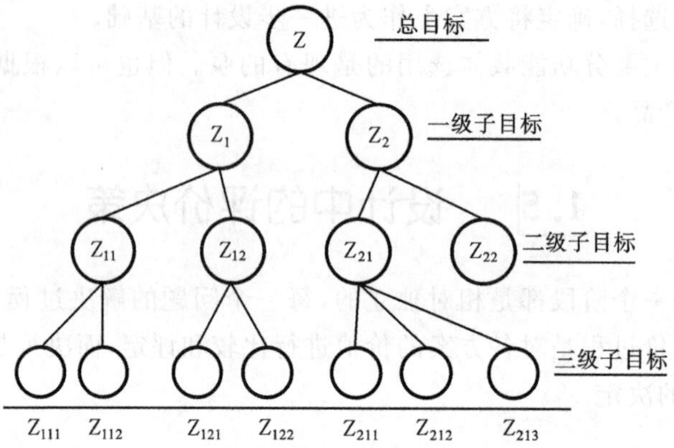

图 1-10　评价目标树

Z_{112}之中 Z_{111} 的加权系数。同级子目标的加权系数之和等于 1，如 Z_{111} 和 Z_{112} 的加权系数 0.67＋0.33＝1。目标名称下面右边的数字表示该子目标在整个目标树中所具有的重要程度，它等于该目标以上各级子目标加权系数的乘积，如 Z_{1112} 的加权系数 0.25＝1×0.5×0.67×0.75。

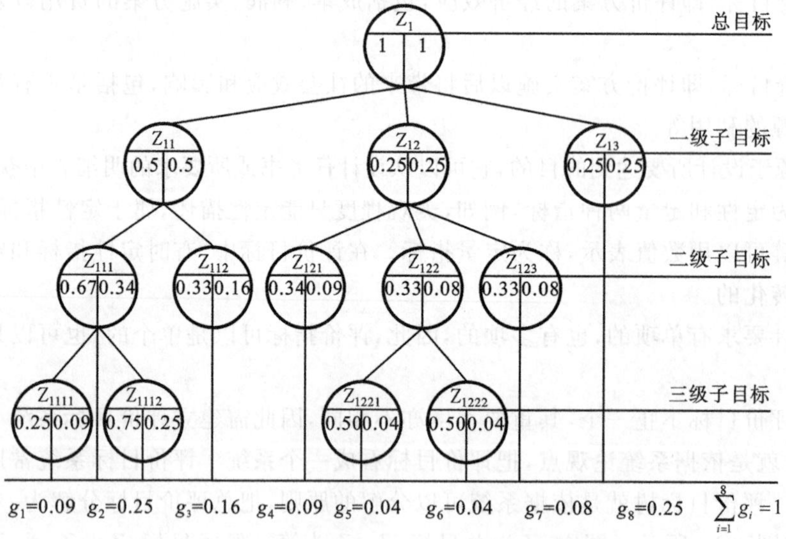

图 1-11　目标树与加权系数

对目标系统进行评价时，最末一级子目标的加权系数用 g_i 表示，并有

$$\sum_{i=1}^{n} g_i = 1, \quad g_i > 0, i = 1,2,\ldots,n$$

确定加权系数的方法有两种：经验法和计算法。经验法是根据工作经验和主观判断，

确定目标的重要程度，给出加权系数。计算法是将目标两两相比，按重要程度打分，目标同等重要时各给 2 分；某一项比另一项重要分别给 3 分和 1 分；某一项比另一项重要得多分别给 4 分和 0 分。然后按下式计算加权系数：

$$g_i = \frac{w_i}{\sum_{i=1}^{n} w_i}$$

式中：g_i——第 i 个评价目标的加权系数；

n——评价目标数；

w_i——i 个评价目标的总分。

最后比较各个子目标的加权系数，g_i 越大的子目标越重要。

1.5.2 评价方法

在设计方案评选中，最常用的评价方法包括评分法、技术经济评价法、模糊评价法、最优化方法四种。

1. 评分法

评分法是用分值作为衡量方案优劣的尺度，如有多个评价目标，则先分别对各目标进行评分，经过处理后再求得方案的总分。

方案评分可采用 10 分制或 5 分制。如果方案为理想状态取最高分，不能用则取 0 分。评分标准如表 1-5 所示。各评价目标的参数值与分值的关系可用评分系数估算。先根据评价目标的允许值、要求值和理想值分别给 0 分、8 分和 10 分（10 分制）或 0 分、4 分和 5 分（5 分制），用三点定曲线的方法求出评分函数曲线，由该曲线再求各参数值对应的分值。如果产品成本 1.6 元为理想值（10 分），2 元为要求值（8 分），4 元为极限值（0 分），可根据这三点求出产品的评分函数曲线，如图 1-12 所示。若此产品的某种方案成本价为 2.5 元，则可由该产品的评分曲线求得其分值为 6 分。

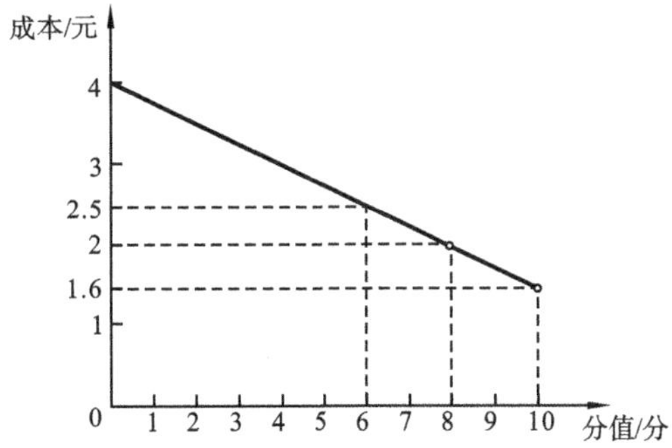

图 1-12　评分函数曲线

表 1-5　评分标准

10 分制	0	1	2	3	4	5	6	7	8	9	10
	不能用	缺陷多	较差	勉强可用	可用	基本满意	良	好	很好	超目标	理想
5 分制	0		1		2		3		4		5
	不能用		勉强可用		可用		良好		很好		理想

为了减少主观因素对评分的影响，一般都采用集体评分法，即由几个评分者以评价目标为序分别对各方案评分，取平均值或去掉最大、最小值后的平均值作为方案的分值。

对于多评价目标的方案，其总分可用分值相加法、分值连乘法或加权记分法（有效值法）等方法进行计算。其中加权记分法在总分计算中由于综合考虑了各评价目标的分值及其加权系数的影响，能使总分计算更趋合理，应用也最广泛。

加权计分法的评分计分过程如下。

（1）确定评价目标。整个设计的评价目标系统可视为一个集合，评价目标集合可表示为 $Z=\{Z_1,Z_2,\cdots,Z_n\}$。

（2）确定每个评价目标的加权系数。$g_i\leqslant 1$，$\sum\limits_{i=1}^{n} g_i=1$，$i=1,2,\cdots,n$，各评价目标的加权系数矩阵为 $\boldsymbol{G}=[g_1\,g_2\cdots g_3]$。

（3）确定评分制式（采用 10 分制或 5 分制），列出评分标准。

（4）对各评价目标评分（可用评分曲线或集体评分法），最后用矩阵形式列出 m 个方案、n 个评价目标的评分值矩阵，即

$$\boldsymbol{W}=\begin{bmatrix} w_1 \\ w_2 \\ \vdots \\ w_i \\ \vdots \\ w_m \end{bmatrix}=\begin{bmatrix} w_{11} & w_{12} & \cdots & w_{1i} & \cdots & w_{1n} \\ w_{21} & w_{22} & \cdots & w_{2i} & \cdots & w_{2n} \\ \vdots & \vdots & & \vdots & & \vdots \\ w_{i1} & w_{i2} & \cdots & w_{ii} & \cdots & w_{in} \\ \vdots & \vdots & & \vdots & & \vdots \\ w_{m1} & w_{m2} & \cdots & w_{mi} & \cdots & w_{mn} \end{bmatrix}$$

（5）求 m 个方案、n 个评价目标的加权分值（有效值）矩阵，即

$$\boldsymbol{R}=\boldsymbol{W}\boldsymbol{G}^{\mathrm{T}}=\begin{bmatrix} w_{11} & w_{12} & \cdots & w_{1i} & \cdots & w_{1n} \\ w_{21} & w_{22} & \cdots & w_{2i} & \cdots & w_{2n} \\ \vdots & \vdots & & \vdots & & \vdots \\ w_{j1} & w_{j2} & \cdots & w_{ji} & \cdots & w_{jn} \\ \vdots & \vdots & & \vdots & & \vdots \\ w_{m1} & w_{m2} & \cdots & w_{mi} & \cdots & w_{mn} \end{bmatrix}\begin{bmatrix} g_1 \\ g_2 \\ \vdots \\ g_i \\ \vdots \\ g_n \end{bmatrix}=\begin{bmatrix} R_1 \\ R_2 \\ \vdots \\ R_i \\ \vdots \\ R_n \end{bmatrix}$$

其中第 j 个设计方案的加权总分值（有效值）为

$$R_j=w_{j1}g_1+w_{j2}g_2+\cdots+w_{jn}g_n$$

（6）比较各方案的加权总分值，评选最佳方案。R_j 的数值越大，表示此方案的综合性能越好，故 R_j 值大者为最佳方案。

例 1-1 用加权计分法对某种手表的三种设计方案进行评价。

解 （1）根据设计要求建立评价目标树如图 1-13 所示。

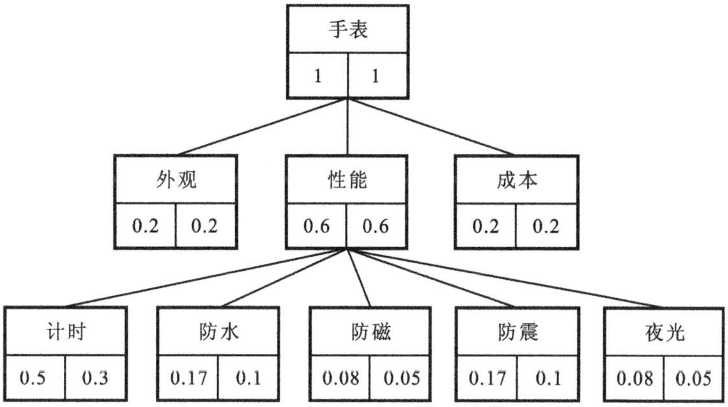

图 1-13 手表设计方案评价目标树

(2) 评分及计算总分。

①确定评价目标,建立评价目标矩阵。

$$\boldsymbol{Z}=[z_1\ z_2\ z_3\ z_4\ z_5\ z_6\ z_7]=[\text{计时 防水 防磁 防震 夜光 外观 成本}]$$

②确定各评价目标的加权系数。

$$\boldsymbol{G}=[g_1\ g_2\ g_3\ g_4\ g_5\ g_6\ g_7]=[0.3\ 0.1\ 0.05\ 0.1\ 0.05\ 0.2\ 0.2]$$

③确定计分方法及标准(10 分制)。

0	1	2	3	4	5	……	10
不能用	缺陷	较差	勉强	可用	基本满意	……	理想

④根据各评价目标的评分结果(见表 1-6)写出评价目标评分值矩阵。

$$\boldsymbol{W}=\begin{bmatrix}\boldsymbol{W}_1\\ \boldsymbol{W}_2\\ \boldsymbol{W}_3\end{bmatrix}=\begin{bmatrix}9 & 8 & 8 & 9 & 0 & 9 & 9\\ 8 & 7 & 8 & 8 & 7 & 7 & 7\\ 7 & 7 & 8 & 7 & 0 & 9 & 10\end{bmatrix}$$

表 1-6 某手表评分结果

方 案	评 价 目 标						
	计时	防水	防磁	防震	夜光	外观	成本
1	9	8	8	9	0	9	9
2	8	7	8	8	7	7	7
3	7	7	8	7	0	9	10

⑤求加权分值矩阵，计算各方案分值。

$$\boldsymbol{R}=\boldsymbol{W}\boldsymbol{G}^{\mathrm{T}}=\begin{bmatrix}9 & 8 & 8 & 9 & 0 & 9 & 9\\ 8 & 7 & 8 & 8 & 7 & 7 & 7\\ 7 & 7 & 8 & 7 & 0 & 9 & 10\end{bmatrix}\begin{bmatrix}0.3\\0.1\\0.05\\0.1\\0.05\\0.2\\0.2\end{bmatrix}=\begin{bmatrix}8.4\\7.45\\7.7\end{bmatrix}$$

⑥评选最佳方案。

$$\boldsymbol{R}^{\mathrm{T}}=[R_1\ R_2\ R_3]=[8.4\ \ 7.45\ \ 7.7]\quad(R_1>R_2>R_3)$$

所以方案1为最佳方案。

2. 技术经济法

技术经济法是将总目标分为两个子目标，即技术目标和经济目标，求出相应的技术分值 w_t 和经济分值 w_e，然后按一定的方法进行综合，求出总分值 w_0。诸方案中 w_0 最高者为最佳方案。

技术评价要求根据目标树计算确定各目标的加权系数 g_i，然后按照下式求得技术分值：

$$w_t=\frac{\sum_{i=1}^{n}w_i g_i}{w_{\max}\sum_{i=1}^{n}g_i}=\frac{\sum_{i=1}^{n}w_i g_i}{w_{\max}}$$

式中：w_i 为子目标 i 的分值；$w_{\max}$ 为最高分值(10分制的为10分，5分制的5分)。一般取可接受的技术分值 $w_t\geqslant 0.65$，最理想的技术分值为1。

经济评价要求根据理想的制造成本和实际制造成本求得方案的经济分值，经济分值的计算式为

$$w_e=\frac{H_1}{H}=\frac{0.7H_2}{H}$$

式中：H 为实际制造成本；H_1 为理想制造成本；H_2 为设计任务书允许的制造成本。一般取 $H_1=0.7\,H_2$。

经济分值 w_e 越高，表明方案的经济性越好。一般取可接受的经济分值 $w_e\geqslant 0.7$，最理想的经济分值为1。

通过计算得到技术分值和经济分值之后，可根据直线法或抛物线法求得技术经济总分值 w_0。

用直线法的计算公式为

$$w_0=\frac{1}{2}(w_t+w_e)$$

用抛物线法的计算公式为

$$w_0 = \sqrt{w_t w_e}$$

w_0越大，说明方案的技术经济综合性能越好，一般取可接受的总分值 $w_0 \geqslant 0.65$。

如用横坐标表示技术分值 w_t，用纵坐标表示经济分值 w_e，所构成的图称为优度图，如图 1-14 所示。

优度图中每一个点都代表一个设计方案，其中 S^* 对应最优设计方案，OS^* 连线可用 $w_t = w_e$ 表示，称为“开发线”。总的来说，越接近 S^* 的方案越好，越接近 OS^* 连线的方案，其综合技术经济性能越好。图中阴影线区称为允许区，只有在这一区域内的方案才是技术经济指标超过最低允许值的可行方案。

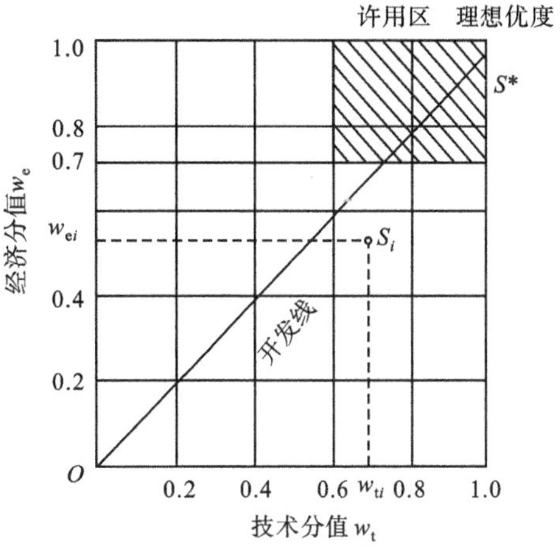

图 1-14 优度图

3. 模糊评价法

在方案评价中，有一些评价目标如外观、安全性、舒适性等，无法对其进行定量分析，只能用“好、差、受欢迎”等模糊概念来评价。模糊评价就是利用集合论和模糊数学将模糊信息数值化再进行定量评价的方法。

模糊评价的标准不是分值的大小，而是方案对某些评价概念(优、良、差)的隶属度的高低。模糊评价目标不是以简单的肯定(1)或否定(0)来衡量其符合的程度，而是用 0 和 1 之间的一个实数去度量，这个数就称为此方案对评价目标的隶属度。

隶属度可以采用统计法和已知隶属函数求得。

如评价某种自行车的外观，通过用户调查，其中 30%认为很好，55%认为好，13%认为不太好，2%认为不好，则此自行车外观对四种评价概念的隶属度分别为 0.30、0.55、0.13、0.02。

由评价目标组成的集合称为评价目标集，用 Y 表示；由评价概念组成的集合称为评价集，用 X 表示；由隶属度组成的集合称为模糊评价集，用 R 表示。

对单目标的评价问题，如对以上自行车外观的评价，则有

$$X = \{x_1, x_2, x_3, x_4\} = \{\text{很好}, \text{好}, \text{不太好}, \text{不好}\}$$

$$R = \{r_1, r_2, r_3, r_4\} = \left\{\frac{0.3}{x_1}, \frac{0.55}{x_2}, \frac{0.13}{x_3}, \frac{0.02}{x_4}\right\}$$

简写为

$$R = \{0.3, 0.55, 0.13, 0.02\}$$

对多目标的评价问题有

$$Y = \{y_1, y_2, y_3, \cdots, y_n\}$$

$$X=\{x_1,x_2,x_3,\cdots,x_m\}$$

取加权系数集合 $A=\{a_1,a_2,a_3,\cdots,a_n\}$,其中 $0<a_i<1$,$\sum_{i=1}^{n}a_i=1$,可建立方案的 n 个评价目标的模糊评价矩阵

$$\boldsymbol{R}=\begin{bmatrix}R_1\\R_2\\\vdots\\R_n\end{bmatrix}=\begin{bmatrix}r_{11}&r_{12}&\cdots&r_{1m}\\r_{21}&r_{22}&\cdots&r_{2m}\\\vdots&\vdots&\vdots&\vdots\\r_{n1}&r_{n2}&\cdots&r_{nm}\end{bmatrix}$$

和该方案的加权综合模糊评价集

$$B=A\boldsymbol{R}=\{b_1,b_2,\cdots,b_m\}$$

对于多个设计方案,可分别建立各自的综合模糊评价集 $B_1,B_2,\cdots,B_m$,然后再构造综合模糊评价集,并据此进行方案的比较和优选。比较的方法有最大隶属度原则和排序原则两种。

(1) 最大隶属度原则:按每个方案的综合评价集中的最高隶属度确定方案的优劣顺序。

(2) 排序原则:在评价矩阵中,同级(列)中按隶属度高低排序。在几个级中,按各级隶属度之和的大小排序。

例 1-2 试用模糊评价法对家用洗衣机进行评价选优。三种被评价的洗衣机分别为滚筒式洗衣机(T)、波轮式洗衣机(L)、搅拌式洗衣机(J)。

解 (1) 评价目标。

通过调研确定家用洗衣机的评价目标并用经验法确定加权系数,建立评价目标树如图 1-15 所示。

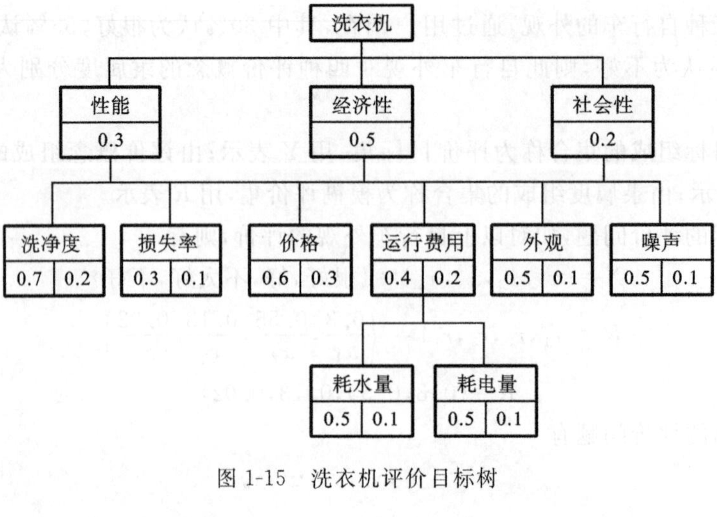

图 1-15 洗衣机评价目标树

（2）对三种洗衣机进行模糊评价。

评价目标集：

$Y=\{y_1,y_2,y_3,y_4,y_5,y_6,y_7\}$={洗净度，损衣度，价格，耗水量，耗电量，外观，噪声}

评价标准集：

$X=\{x_1,x_2,x_3,x_4\}$={优，良，中，差}

三种洗衣机的模糊评价矩阵如下：

$$滚筒式洗衣机模糊评价矩阵\ \boldsymbol{R}_{\mathrm{T}}=\begin{bmatrix}0.2 & 0.6 & 0.2 & 0\\0.7 & 0.3 & 0 & 0\\0 & 0 & 0 & 0.2\\0.8 & 0.2 & 0 & 0\\0 & 0 & 0.8 & 0.2\\0.1 & 0.8 & 0.1 & 0\\0.1 & 0.5 & 0.4 & 0\end{bmatrix}$$

$$波轮式洗衣机模糊评价矩阵\ \boldsymbol{R}_{\mathrm{L}}=\begin{bmatrix}0.7 & 0.3 & 0 & 0\\0.2 & 0.3 & 0 & 0\\0.1 & 0 & 0 & 0\\0 & 0 & 0.8 & 0.2\\0.1 & 0.6 & 0.3 & 0.2\\0.5 & 0.4 & 0.1 & 0\\0.2 & 0.6 & 0.2 & 0\end{bmatrix}$$

$$搅拌式洗衣机模糊评价矩阵\ \boldsymbol{R}_{\mathrm{J}}=\begin{bmatrix}0.5 & 0.4 & 0.1 & 0\\0.4 & 0.5 & 0.1 & 0\\0 & 0.5 & 0.5 & 0\\0 & 0.4 & 0.6 & 0\\0 & 0.6 & 0.4 & 0\\0.5 & 0.4 & 0.1 & 0\\0.2 & 0.6 & 0.2 & 0\end{bmatrix}$$

加权系数矩阵 $\boldsymbol{A}=[0.2\ \ 0.1\ \ 0.3\ \ 0.1\ \ 0.1\ \ 0.1\ \ 0.1]$

用乘法进行矩阵合成：

$$\boldsymbol{B}_{\mathrm{T}}=\boldsymbol{A}\cdot\boldsymbol{R}_{\mathrm{T}}=[0.21\ \ 0.3\ \ 0.41\ \ 0.08]$$

$$\boldsymbol{B}_{\mathrm{L}}=\boldsymbol{A}\cdot\boldsymbol{R}_{\mathrm{L}}=[0.27\ \ 0.55\ \ 0.16\ \ 0.02]$$

$$\boldsymbol{B}_{\mathrm{J}}=\boldsymbol{A}\cdot\boldsymbol{R}_{\mathrm{J}}=[0.21\ \ 0.48\ \ 0.31\ \ 0]$$

（3）决策。

方案 L、J 总评为良，方案 T 总评为中，三者排序为 L、J、T，波轮式洗衣机综合模糊评价最佳。

1.5.3 设计中的决策

根据设计工作本身的特点，要正确决策一般应遵循以下基本原则。

(1) 系统原则。从系统观点来看，任何一个设计方案都是一个系统，可用各种指标来描述，而方案本身又会与制造、检验、销售等其他系统发生关系。决策时不能只从方案本身或方案中某一性能指标出发，还应考虑以整个方案的总体目标为核心的有关系统的综合平衡，以达到企业总体最佳的决策。

(2) 可行性原则。作出的决策应该具有确定的可行性。成功的决策不仅要考虑需要，还要考虑可能；要估计有利的因素和成功的机会，也要估计不利的因素和失败的风险；要考虑当前的状态和需要，也要估计今后的变化和发展。

(3) 满意原则。设计工作比较复杂，设计要求本身已包括很多方面，更何况这些方面又无法准确评价，因而在设计中是无法获得十全十美的方案的，只能在众多方案中选取一个或几个相对满意的方案。

(4) 反馈原则。设计过程中的决策是否正确，应通过实践来检验，要根据实践过程中每个因素在发展变化中所反馈的信息，及时做出调整，正确决策。

(5) 多方案原则。随着设计过程中各设计方案的逐步具体化，人们对各方案的认识也会逐渐加深。为了保证设计质量，特别是在方案设计阶段，决策可以是多方案的。决策者可让几个选出的方案同时发展，直到确定各方案的优劣后再作出新的决策。

本章重难点及知识拓展

本章重难点：产品设计的一般过程、设计的类型、设计的一般原则；技术系统及其确定的一般方法；方案设计阶段的系统化设计方法的基本思路，功能分析设计法的基本原理、方法、步骤；评价目标的确定方法，评分法评价方法；设计决策中的基本原则等等。

设计方法学是以系统的观点来研究产品的设计程序、设计规律和设计中的思维与工作方法的一门综合性学科。它是一门正在发展和形成的新兴学科，它的定义、研究对象和范畴等，当今尚无确切的、大家公认的认识，但近年来它的发展极快，受到各国有关学者的广泛关注。

在设计方法学中，技术系统的确定是进行产品开发设计的重要一环，在信息集约、调研预测的基础上形成的可行性报告，是判断产品开发设计的必要性、可行性的重要技术文件。在设计方案的评价方法中，模糊评价法涉及模糊数学的内容，有兴趣和学有余力者可参阅有关文献进一步深入学习。

思考与练习

1-1 设计方法学研究的内容包括哪些方面?

1-2 试述产品设计过程一般可分为哪几个阶段。

1-3 简述产品设计的类型和一般原则。

1-4 什么是技术系统?试举一例说明技术系统应包含哪些分功能单元。

1-5 简述确定技术系统的一般方法。

1-6 可行性报告一般应包含哪些内容?

1-7 什么是方案的系统化设计?试述运用系统化设计方法进行原理方案设计的主要步骤。

1-8 什么是功能树和功能结构图?各有何用途?

1-9 试述“黑箱法”及其用途。

1-10 什么是设计中的评价与决策?评价目标包含哪些方面?

1-11 试述评价目标树的作用,常用的评价方法有哪些?

1-12 运用系统化设计法进行某一技术系统的原理方案设计。

1-13 应用功能分析法分析缝纫机的功能并画出其功能树图。

1-14 应用评分法对某种家用空调器的三种设计方案进行评价。

第2章 计算机辅助设计(CAD)

引入案例 CAD的应用

英国的三叉戟飞机比美国的波音747飞机早开工,却晚一年完成,其原因就是美国的波音747的设计采用了CAD技术。美国GM公司汽车设计中应用CAD技术,使新型汽车的设计周期由5年缩短为3年,新产品的可信度由20%提高到60%。

2.1 CAD概述

计算机辅助设计(CAD)是指将计算机作为主要的技术手段来生成和运用各种数字信息与图形信息,由此进行工程或产品设计的设计方法。CAD技术是信息技术(计算机、网络通信、数据管理等技术)和设计技术(工业设计、产品设计和生产过程设计等)密切结合而产生的一门高新技术,是现代设计方法中的一个重要方面,已经广泛应用于工程和产品设计领域。在制造业中,CAD技术已经成为先进制造技术群中的一项主体关键技术。

2.1.1 CAD技术的起源、发展和应用概况

CAD技术是从20世纪50年代开始,随着计算机及其外围设备和相关软件的迅速发展而形成的一项跨学科的崭新技术。CAD技术的发展起源于航空工业和汽车工业。

1950年,美国麻省理工学院(MIT)成功地研制了一种类似示波器的图形显示设备,称为"旋风Ⅰ号"(Whirlwind Ⅰ),使用这种图形显示设备可以显示简单图形。1958年,美国Calcomp公司研制出了滚筒式绘图机,Gerber公司研制出了平板绘图机。这些早期图形设备的研制成功为CAD技术的发展提供了最基本的物质基础。

1962年,美国麻省理工学院(MIT)的萨瑟兰德(I. E. Sutherland)发表了"SKETCPAD——人机对话系统"一文,这是被世界公认的第一篇关于计算机图形设计系统的论文,该论文为CAD技术的发展奠定了理论基础。1963年,萨瑟兰德在实验室里实现了该论文所提出的很多技术思想,如屏幕菜单检取、功能键操作、光电定位、图形动态修改等交互设计技术。1964年,美国IBM公司推出了商品化的绘图设备。在整个20世纪60年代,CAD技术都处于实验室研究阶段,但在这一时期计算机图形学却得到了长足的发展。

20世纪70年代,CAD技术进入早期的实用阶段。在此时期出现了廉价的固体电路

随机存储器、能产生逼真图形的光栅扫描显示器，以及光笔、图形输入板等多种形式的图形输入设备。而小型机和微型机的出现，促使了商业化的、小型成套的、面向中小企业的交钥匙系统（turnkey system）的形成。

进入20世纪80年代后，随着32位工程工作站的兴起和网络技术的发展，形成了分布式工作站系统，如Apollo、Sun、HP等。而计算机硬件性能价格比的不断提高和计算机图形显示技术的进步，使CAD技术获得了突飞猛进的发展。目前，CAD技术不仅在机械、航空、航天、汽车、造船、电子等大型企业中得到广泛应用，而且还被推广到轻工、纺织、建筑等行业的中小企业中应用。

如今，CAD技术的应用水平已经成为衡量一个国家工业生产技术现代化水平的重要标志，也是衡量一个企业技术水平的重要标志。

2.1.2 CAD技术的内涵

CAD技术包括设计、绘图、工程分析与文档制作等设计活动，它是一种新的设计方法，也是一门多学科综合应用的新技术。

传统的CAD技术涉及以下一些基础技术：

(1) 图形处理技术，如自动绘图、几何建模、图形仿真及其他图形输入、输出技术；

(2) 工程分析技术，如有限元分析、优化设计及面向各种专业的工程分析等；

(3) 数据管理与数据交换技术，如数据库管理、产品数据管理、产品数据交换规范及接口技术等；

(4) 文档处理技术，如文档制作、编辑及文字处理等；

(5) 软件设计技术，如接口界面设计、软件工具、软件工程规范等。

近十多年来，由于先进制造技术的快速发展，带动了先进设计技术的同步发展，扩展了传统CAD技术的内涵，人们将内涵扩展后的CAD技术称为“现代CAD技术”。

任何设计都表现为一个过程，每个过程都由一系列设计活动组成。这些活动既有串行的设计活动，也有并行的设计活动。目前，还有一些设计活动尚难用CAD技术来实现，如设计的需求分析、设计的可行性研究等，但设计中的大多数活动都已可以用CAD技术来实现。将设计过程中能用CAD技术来实现的活动集合在一起就构成了CAD过程，图2-1所示即为设计过程与CAD过程的关系。随着现代CAD技术的发展，设计过程中将有越来越多的活动用CAD工具来实现，因此CAD技术的覆盖面将越来越宽，也许有一天整个设计过程就是CAD过程。

需要指出的是，不应该将CAD与计算机绘图、计算机图形学混淆。计算机绘图是使用图形软件和硬件进行绘图及有关标注的一种方法和技术，以摆脱繁重的手工绘图为主要目标。计算机图形学（CG，computer graphics）是研究通过计算机将数据转换为图形，并在专用设备上显示的原理、方法和技术的科学（根据ISO在数据处理词典中的定义）。

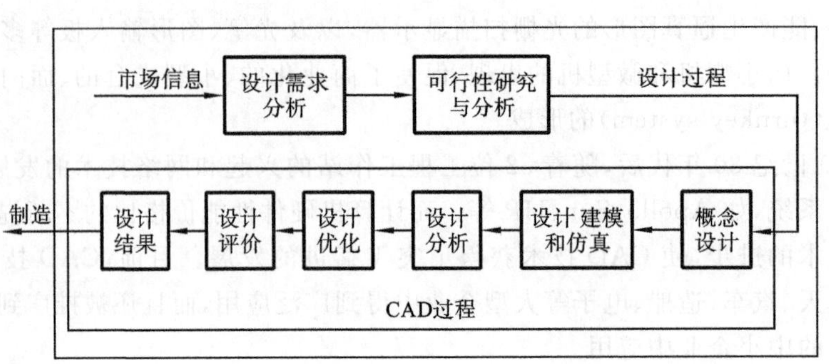

图 2-1　设计过程与 CAD 过程的关系

从以上叙述中可以看出，CAD、计算机绘图及计算机图形学之间是有区别的，但三者之间也有联系，可以简单地表述为：计算机绘图是计算机图形学中涉及工程图形绘制的一个分支，可将它看成一门工程技术，它为人们以软件操作方式绘制图样提供服务；计算机绘图不是 CAD 的全部内涵，但它是 CAD 的基础之一；计算机图形学是一门独立的学科，有自己丰富的技术内涵，与 CAD 有明显区别，但其有关图形处理的理论与方法构成了 CAD 的重要基础。

2.1.3　现代 CAD 技术的概念与研究内容

1. 现代 CAD 技术的概念

先进制造技术对 CAD 技术有较大影响，从当前 CAD 技术发展的情况可以看出，CAD 技术正经历着由传统技术向现代技术的转变，为此，有人提出了“现代 CAD 技术”的概念，并给出如下定义：现代 CAD 技术是指在复杂的大系统环境下，支持产品自动化设计的设计理论和方法、设计环境、设计工具等各相关技术的总称，它能使设计工作实现集成化、网络化和智能化，以达到提高产品设计质量、降低产品成本和缩短设计周期的目的。

以下对现代 CAD 技术的概念做进一步说明。

(1) 现代 CAD 技术是在先进制造技术及现代设计理论与方法带动下，在传统 CAD 技术的基础上发展起来的。从本质上讲，这种技术力求在一个复杂大系统的环境（如 CIMS、并行工程、敏捷制造等）中，使设计工作自动化。因此，现代 CAD 技术是面向设计自动化的技术。

(2) 从学科上说，现代 CAD 技术的研究内容包括设计理论和方法、设计环境及设计工具三个方面。设计理论和方法是现代 CAD 技术实现的理论，设计环境是技术实现的空间，设计工具是技术实现的手段，它们相互联系、相互促进。

(3) 集成化、网络化和智能化是现代 CAD 技术所追求的功能目标。集成化要求能支持信息集成、过程集成与企业集成，它涉及的技术有数字化建模、产品数据管理、过程协调与管理、产品数据交换、CAX 工具、DFX 工具等;网络化要求能支持动态联盟中协同设计所需的环境与设计技术;智能化是指在实现集成化与网络化时所采用的智能技术,如人工智能、专家系统等技术。

(4) 现代 CAD 技术的最终目的是要尽可能地采用自动化设计技术(不排除以人为主的人机交互环节),以使所设计的产品质量高、成本低、设计周期短,以便在先进制造模式下以 T、Q、C、S、E 赢得市场竞争。

(5) 现代 CAD 技术这一概念,既容纳了当前 CAD 技术在集成化、网络化、智能化等方面达到的技术成就,又包含了将来 CAD 技术的进步,因此将在较长时间内具有有效性。

2. 现代 CAD 技术的研究内容

1) 现代设计理论与方法学

设计是一项复杂的创造性活动,也正是由于它的复杂性,迄今为止,人们对设计尚缺乏规律性的认识,还没有形成严格的设计理论体系。人们一直在探索各种各样的设计理论,希望利用它们来有效地指导实际的设计工作。由于计算机技术、信息技术的发展,基于计算机的设计理论与方法学的研究显得异常活跃,出现了许多新的分支。例如,近年来提出的并行设计、协同设计、虚拟设计、大规模定制设计(mass customization design)、分形设计(fractal design)等。对这些新理论与新技术应该加以深入的研究,以便指导现代 CAD 系统的实现。必须认识到,没有先进的设计理论与方法,就没有现代 CAD 技术的发展。

2) 与设计环境相关的技术

良好的设计环境意味着动态联盟中异地分布的产品开发队伍能通过广域网,充分利用各地的设计资源和信息进行协同设计。为此要研究如何解决以下技术问题:

(1) 协同设计环境的支持技术,例如,广域网上的浏览器/服务器(B/S)环境、客户机/服务器(C/S)结构的计算机系统,以及基于 B/S 和 C/S 的协同设计的平台体系结构等;

(2) 协同设计的管理技术,例如,产品共享信息的交换、异构 PDM(product data management)系统间的数据交换、设计过程建模及冲突消解等问题。

3) 与设计工具相关的技术

与设计工具相关的技术研究中的核心问题有以下几种:

(1) 产品数字化定义及建模技术,包括产品模型的表达、STEP 标准实施技术、建模技术等;

(2) 基于 PDM 的产品数据管理与工作流程(过程)管理技术;

(3) 发展集成的 CAX 和 DFX 工具,使现代 CAD 系统从功能上能支持产品设计的全过程,包括需求概念设计、结构设计、详细设计、工程分析和工艺设计等,而且能利用 DFX 工具实现对设计下游过程的支持,及早发现问题,避免大量返工。

4) 智能技术

在上述技术研究中,必然会广泛采用智能技术,因此也必须将智能技术作为一项基础技术进行研究。

2.2 CAD 系统

一个完整的CAD系统由计算机硬件和软件两大部分所组成。CAD系统功能的实现,是由硬件和软件协调作用的结果,硬件是实现CAD系统功能的物质基础,然而如果没有软件的支持,硬件也是无法发挥作用的,二者缺一不可。

2.2.1 CAD系统的硬件

CAD系统的硬件是指计算机系统中的全部可以感触到的物理装置,包括各种规模和结构的计算机、存储设备以及输入、输出设备等几个部分。

计算机系统的核心是中央处理器(CPU,central processing unit)、主存储器和总线结构,它们也被称为计算机系统的主机。CPU由控制器和运算器两部分构成,控制器负责解释指令的含义、控制指令的执行顺序、访问存储器等;运算器负责执行指令所规定的算术和逻辑运算。

主存储器简称主存或内存,是存放指令和数据的部件,与CPU关系密切,其优点是能够实现信息的快速直接存取。为了保存程序和数据信息,大多数计算机都配置了外部存储器,作为主存储器的后援。在主存储器中只存放当前需要执行的指令和需要处理的数据信息,而将暂时不需要执行的程序和数据信息存储到外部存储器中,在需要时再成批地与主存储器进行交换。外部存储器的存储容量可以很大,价格相对于主存储器也比较便宜,可以反复使用,但其缺点是存取速度较慢。目前常用的外部存储器包括硬盘、光盘以及近年来发展非常迅速的优盘等移动存储器。

计算机及外部存储器通过输入、输出设备与外界沟通信息,输入、输出设备一般被称为计算机的外围设备。所谓输入,就是把外界的信息变成计算机能够识别的电子脉冲,即由外围设备将数据送到计算机内存中。所谓输出,就是将输入过程反过来,将计算机内部编码的电子脉冲翻译成人们能够识别的字符或图形,即从计算机的内部将数据传送到外围设备。能够实现输入操作的装置就是输入设备,CAD系统所使用的输入设备包括:键盘、光笔、图形输入板、数字化仪、鼠标器、扫描仪以及声音输入装置等。能够实现输出操作的装置便是输出设备,CAD系统所使用的输出设备包括:字符显示器、图形显示器、打印机、绘图仪等。

2.2.2 CAD系统的软件

软件亦称软设备,是指管理及运用计算机的全部技术,一般用程序或指令来表示。从软件配置的角度来说,CAD系统的软件分为系统软件和应用软件两大类。系统软件一般是由系统软件开发公司的软件专业人员负责研制开发的，而一般用户需要关注的则是应用软件的选用和开发。

1. 系统软件

系统软件是与计算机硬件直接联系且供用户使用的软件。它有两个重要特点：

(1) 公用性，无论是哪个应用领域，无论是哪个计算机用户，都要使用；

(2) 基础性，应用软件要用系统软件来编写、实现，并在系统软件的支持下运行，因此，系统软件是应用软件赖以工作的基础。

在系统软件中，最重要的有两类：

(1) 操作系统，负责组织计算机系统的活动以完成人交给的任务，指挥计算机系统有条不紊地应付千变万化的局面；

(2) 各种程序设计语言、语言编译系统、数据库管理系统和数据通信软件等，负责人与计算机之间的通信。

系统软件的目标在于扩大系统的功能，方便用户使用，为应用软件的开发和运行创造良好的环境，合理调度计算机的各种资源，以提高计算机的使用效率。

2. 应用软件

应用软件是在系统软件的支持下，为实现某个应用领域内的特定任务而编写的软件。CAD应用软件的范围非常广泛，为了清楚起见，将应用软件又细分为支撑软件和用户自己开发的应用软件两种，图2-2所示为这些软件间的层次关系。支撑软件是支持CAD应用软件的通用程序库和软件开发的工具，近二三十年来，由于计算机应用领域的迅速扩大，支撑软件的研究也随之有了很大的发展，出现了种类繁多的商品化支撑软件，其中比较常用的有以下几类。

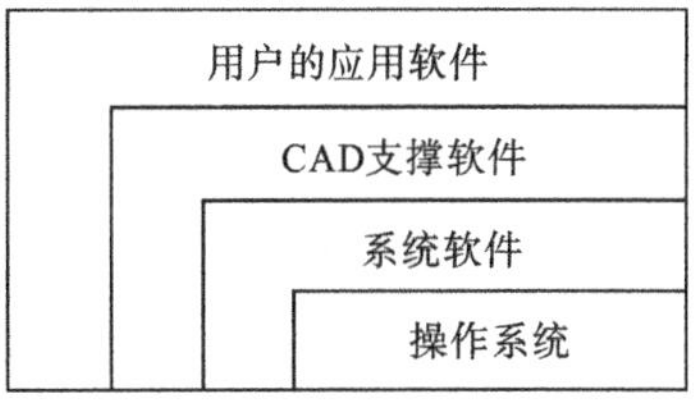

图2-2 软件间的层次关系

1) **基本图形资源软件**

这是一些根据各种图形标准或规范编写的软件包，大多数是供应用程序调用的图形子程序包或函数库。由于是根据标准研制而成的，所以它们与计算机硬件无关，利用它们所编写的应用程序，原则上可以在具有这些图形资源的任何计算机上运行，因此有优良的可移植性。事实上，许多著名的商品化二、三维图形交互系统，其底层图形功能就需要依靠它们来实现。用户在开发应用软件时，不应忽视利用这部分图形资源，尤其在从事某些深入的应用软件开发时更是如此。这些图形资源中比较流行的有面向设备驱动的CGI(computer graphics interface)、面向应用的图形程序包GKS(graphics kernal system)及PHIGS(programmer's hierarchical interactive graphics system)等。

2) **二、三维图形处理软件**

这类软件主要解决零件图的详细设计问题，输出符合工程要求的零件图或装配图，分为交互式绘图与程序调用两种方式，目前主要采用交互式图形系统。这些系统也常常提供程序调用的接口。商品化的交互式绘图系统种类很多，在微机上有AutoCAD、CAD-KEY、PD(personal design)及众多的国产软件，在工作站上大多属于CAD/CAM系统中的一个模块，如美国SDRC公司的I-DEAS系统中的Drafting模块、HP公司的ME10模块等。

3）几何造型软件

这些软件主要用于解决零部件的结构设计问题，可存储它们的三维几何数据及相关信息。目前大多采用实体造型系统(solid modeling system)解决一般零部件的造型；采用曲面造型系统解决复杂曲面的造型；大力发展参数化特征造型系统，以满足CAD/CAM集成的要求。几何造型软件同样可以在微机及工作站上找到，如AutoCAD R12、R13、R14版及其附加模块Designer、MDT、Un-graphics的Solid edge、Pro/Engineer等。

4）设计计算及工程分析软件

针对机械领域的需要，时常配置以下商品化软件。

（1）计算方法库，用于解决各种数学计算问题。

（2）优化方法库及常用零部件的优化模型库。

（3）通用或专用的有限元分析及其前后置处理程序，如SAP/5、SAP/7、ADINA、ANSYS、NASTRAN等。

（4）机构分析及机构综合的软件，机构分析是要确定机构的位置、轨迹、速度、加速度，计算节点载荷，校验干涉，显示机构静态、动态图及各种分析结果的曲线等；机构综合是根据产品要求自动设计出一种机构。

（5）机械系统动态分析软件，广泛采用模态分析法分析系统的噪声、振动等问题。

（6）注塑模具分析软件，可以进行塑流的流动分析、冷却分析、收缩分析及结构应力分析等。

5）文档制作软件

利用这类软件可以快速生成设计结果的各种报告、表格、文件、说明书等，方便地对文本及插图进行各种编辑。同时，文档制作软件还支持汉字处理。目前许多CAD/CAM系统都有这样的模块。

3. AutoCAD软件简介

AutoCAD是一个以生成二维图形和三维模型为一般目的的交互式绘图软件包，它适用于机械、电子、建筑、地质等多个行业。

美国Autodesk公司于1982年在IBM PC/XT、AT机上推出了AutoCAD1.0，这个版本只能说是一个二维交互图形软件的雏形，功能很不完善。不久他们又相继推出了2.2、2.17、2.18、2.5、2.6、9.0、10.0、11.0、12.0、13.0、14.0、15.0等版本。从11.0版本起，AutoCAD软件引进了过去只能在工作站上实现的三维实体造型功能，同时AutoCAD

开发系统(ADS)提供了C语言接口，为二次开发提供了方便的工具。其13.0以前的版本是运行在MS-DOS之下的，从13.0版本开始，同时提供MS-DOS版本和WINDOWS版本，且较以前的版本在人机界面、绘图工具和三维功能方面都有了极大的提高，大大方便了用户。其后来推出的版本都加入了网络功能。

2.2.3 CAD系统的形式

从国内外CAD硬件技术的发展来看，可以将CAD系统归纳为以下四种。

1. 主机分时CAD系统

该系统是以小型机以上的高性能通用计算机作为主机，以分时方式连接几十个甚至上百个图形终端以及更多的字符终端进行工作的一种集中分时的CAD系统。由于该系统的计算机来自大型计算机公司，因而可以从计算机公司得到较多的服务项目，包括较多的高级系统软件，同时较好地解决了通信、保密和数据库管理问题。但由于该系统的软、硬件投资规模相当巨大，并且对工作环境的要求也非常严格，使得一般的中小型企业不敢问津。

2. 小型机成套CAD系统

小型机成套CAD系统有时也被称为“交钥匙”系统，意为只要转动“钥匙”，系统就能启动，其安装、使用、维护极为方便。该系统是由CAD软件开发公司采用软、硬件成套供应的办法为用户提供的专用CAD系统，当系统安装调试完成之后，用户不需要做任何开发工作，即可投入使用，但这种系统只能用来解决既定的产品设计问题。该系统的主机一般为小型机或超级小型机，其中使用最多的是VAX系列计算机。

3. 工程工作站CAD系统

工程工作站是介于小型机和微机之间的一种机型，具有处理速度快、分布式计算能力强、网络性能灵活、图形处理能力强大以及CAD应用软件丰富等优越性。由于激烈的市场竞争，目前工程工作站的硬件价格正在逐渐降低，而其性能却每隔一年甚至半年就提高一倍，较便宜的工程工作站的价格已接近高档微机的价格，而性能却比微机翻了几番，因而工程工作站的应用范围迅速扩大，成为CAD系统的主要硬件。

4. 微机CAD系统

与工程工作站CAD系统相比，微机CAD系统的运算能力和图形处理能力相对较低，但其价格便宜，因此该系统已被许多中小型企业广泛采用，而且随着微机硬件性能的迅速提高，该系统与工程工作站CAD系统的差别将会逐渐消失。

20世纪80年代末以来，由于工程工作站和微机在CAD领域的迅速崛起，使得主机分时CAD系统和小型成套CAD系统受到严重的冲击，这两种CAD系统的制造厂家纷纷转产或被吞并，市场逐渐萎缩；而工程工作站和微机在CAD应用领域的发展却日新月异。目前，具有高性能、低价格的工程工作站和微机已经成为CAD系统的主流机型，成为应用最为广泛的CAD硬件系统。CAD硬件系统发展的方向就是将工程工作站、微机及其他输入、输出设备采用网络连接在一起,组成一个高性能的分布式CAD网络系统,在这样一个高性能的分布式CAD网络系统中,可以实现二维和二维图形功能,还可以实现硬件资源以及软件、图形、数据等资源的共享。

2.2.4 CAD系统的功能

一个比较完善的CAD系统,是由产品设计制造的数值计算和数据处理程序包、图形信息交换(图形的输入和输出)和处理的交互式图形显示程序包、存储和管理设计制造信息的工程数据库等三大部分构成的,该系统的功能主要包括:

(1) 快速生成二维图形的功能;

(2) 人机交互的功能;

(3) 二维几何形体造型的功能;

(4) 二、三维图形转换的功能;

(5) 三维几何模型显示处理的功能;

(6) 工程图绘制的功能;

(7) 三维运动机构的分析和仿真的功能;

(8) 物体质量特性计算的功能;

(9) 有限元法网格自动生成的功能;

(10) 优化设计的功能;

(11) 信息处理和信息管理的功能。

2.3 CAD系统的图形处理

2.3.1 图形处理基础

1. 图形的图素及坐标系统

1) 图形的基本图素

图形输出的基本形式是屏幕显示和拷贝(图形输出或打印)。多种多样的图形输出装置,按其输出的最基本图素类型,可分为两类:一类以直线线段为最基本图素,也就是以矢量图素为最基本图素,属于这一类的有随机矢量扫描式显示器和笔式绘图仪;另一类以点为最基本图素,也就是以像素为最基本图素,属于这一类的有光栅扫描式显示器和点阵打印机。目前,主流的显示器产品都是光栅扫描式显示器,这类显示器显示的图形是由像素组成的。为了方便用户,许多工具软件都精心编写了一些标准子程序,用以执行生成各种典型图素的命令,如生成直线段、圆弧或填充既定区域等。用户可以通过调用这些子程序,生成所需要的图素,构成各种图形。

2) 坐标系统

组成图形的最基本元素是点,而点的位置通常是在一个坐标系中来定义的。图形系统中使用的是广为熟悉的直角坐标系,也称笛卡儿坐标系。

(1) 世界坐标系。世界坐标系(WC, world coordinate system)是最常用的坐标系,如图 2-3 所示。该坐标系也称为用户坐标系,是一个符合右手定则的直角坐标系,用来定义在二维平面或三维世界中的物体。理论上,世界坐标系是无限大且连续的,即它的定义域为实数域。图 2-3(a)是定义二维图形的坐标系,图 2-3(b)是定义三维物体的坐标系。

(2) 设备坐标系。图形输出设备(如显示器、绘图仪)自身都有一个坐标系,称之为设备坐标系(DC, device coordinate system)或物理坐标系。设备坐标系是一个二维平面坐标系,其度量单位是步长(绘图仪用)或像素(显示器用),因此它的定义域是整数域且是有界的,例如,对显示器而言,分辨率就是其设备坐标的界限范围。

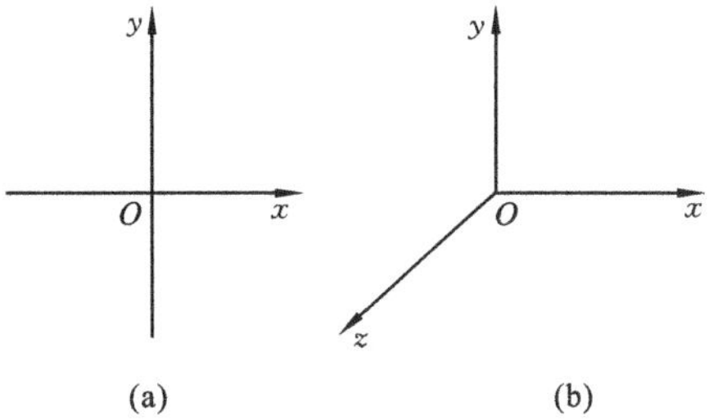

图 2-3　世界坐标系

(3) 规格化设备坐标系。用户的图形定义在用户坐标系里,而图形的输出定义在设备坐标系里,它依赖于具体的图形设备。不同的图形设备具有不同的设备坐标系,且不同设备之间坐标范围也不尽相同,例如,分辨率为 1280×1024 的显示器,其屏幕坐标范围是:x 方向为 0～1279,y 方向为 0～1023;而分辨率为 640×480 的显示器,其屏幕坐标范围是:x 方向为 0～639,y 方向为 0～479。显然,这就使得应用程序与具体的图形输出设备密切相关,给图形处理及应用程序的移植带来不便。为了便于图形的处理,有必要定义一个标准设备,因此引入与设备无关的规格化的设备坐标系(NDC,normalized device coordinate system),采用一种无量纲的取值范围:左下角(0.0,0.0),右上角(1.0,1.0)。这样就将用户的图形数据转换成规格化坐标系中的值,使应用程序与图形设备隔离开,增强了应用程序的可移植性。

在图形处理中,上述三种坐标系的转换关系如图 2-4 所示。

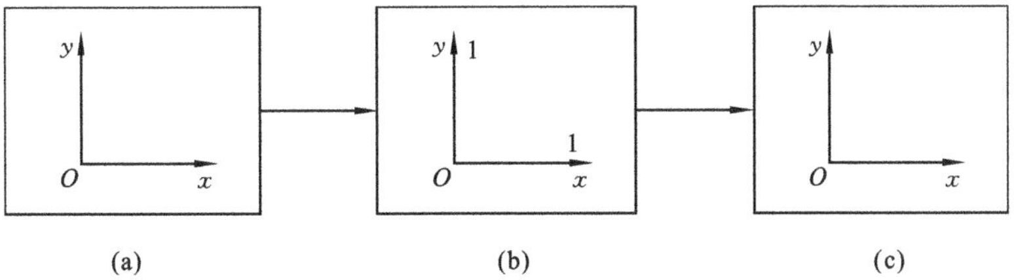

图 2-4　WC、NDC、DC 的转换关系

(a)世界坐标系;(b)规格化设备坐标系;(c)设备坐标系

2. 二维图形变换

在计算机绘图和图形显示中，常对二维或三维图形进行各种几何变换（平移、旋转、缩放等）和投影变换（多面正投影、轴测投影、透视投影）。无论哪种变换，只要保持图形上各特征点之间的连接关系不变而按一定的规律改变图形上各特征点的几何坐标，就可以得到经变换后的新的图形。在二维、三维空间中，可以用一个行向量$[x\ y]$、$[x\ y\ z]$或一个列向量$[x\ y]^T$、$[x\ y\ z]^T$表示一个点的坐标。图形是由特征点组成的，因此可以用特征点的集合来表示一个二维或三维图形，写成矩阵形式为

$$\begin{bmatrix} x_1 & y_1 \\ x_2 & y_2 \\ \vdots & \vdots \\ x_n & y_n \end{bmatrix} \qquad \begin{bmatrix} x_1 & y_1 & z_1 \\ x_2 & y_2 & z_2 \\ \vdots & \vdots & \vdots \\ x_n & y_n & z_n \end{bmatrix}$$

矩阵中的每一行对应一个特征点的坐标。这样便建立起矩阵和图形上各个特征点的几何坐标之间的对应关系。因此，对图形的变换就可以通过对上述矩阵施行某种运算来实现。通常将其乘以一个相应的变换矩阵，从而得到变换后图形上各特征点的坐标。因此，采用矩阵方法对图形进行各种变换，是计算机图形学中用到的一种很重要的数学方法。下面就讨论对图形进行的各种变换和相应的变换矩阵。

1）基本变换

对于一个点$[x\ y]$，使其乘以 2×2 阶矩阵 $\boldsymbol{T}=\begin{bmatrix} a & b \\ c & d \end{bmatrix}$，$\boldsymbol{T}$ 称为变换矩阵，则可得

$$[x\quad y]\begin{bmatrix} a & b \\ c & d \end{bmatrix}=[ax+cy\quad bx+dy]=[x'\quad y'] \tag{2-1}$$

式中：$[x'\ y']$为变换后图形上与点$[x\ y]$对应的点的坐标。

由此可见，$[x'\ y']$的值除与原坐标值$[x\ y]$有关外，还与变换矩阵$\begin{bmatrix} a & b \\ c & d \end{bmatrix}$中各元素的值有关。变换矩阵中 a、b、c、d 取不同的值，可以产生各种不同的变换。这里介绍的基本变换是指以坐标原点为基准点的变换，包括以下几种。

（1）比例变换，即将图形以坐标原点为中心进行放大或缩小的坐标变换。

变换矩阵为
$$\boldsymbol{T}=\begin{bmatrix} a & 0 \\ 0 & d \end{bmatrix}\qquad (a\neq 0,\quad d\neq 0)$$

$$[x\quad y]\begin{bmatrix} a & 0 \\ 0 & d \end{bmatrix}=[ax\quad dy]=[x'\quad y']$$

即
$$\begin{cases} x'=ax \\ y'=dy \end{cases} \tag{2-2}$$

式中：a 和 d 分别为 x 和 y 方向的比例因子。a 和 d 的取值不同，可使图形产生不同的比

例变换,如图 2-5 所示。若 $a=d=1$,则为恒等变换,即变换前、后点的坐标不变;若 $a=d>1$,则为等比放大变换;若 $a=d<1$,则为等比缩小变换;若 $a\neq d$,则变换后的图形产生畸变。

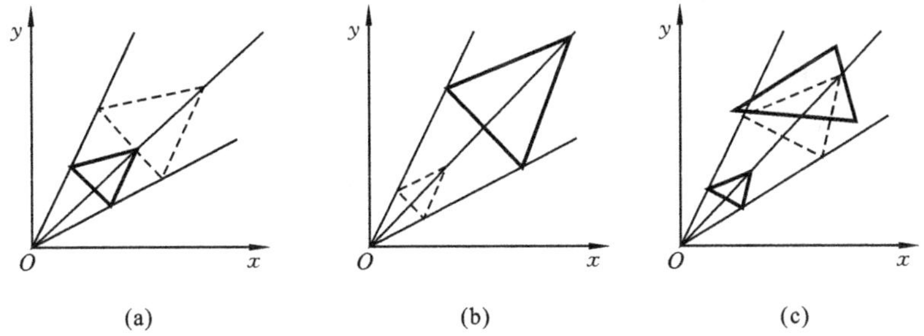

图 2-5 图形的各种比例变换

(a) $a=d>1$ 放大;(b) $0<a=d<1$ 缩小;(c) $a\neq d$ 畸变

(2) 压缩变换,即将二维图形压缩到某坐标轴或者坐标原点的变换。

将图形压缩到 x 坐标轴上,变换矩阵为

$$\boldsymbol{T}=\begin{bmatrix}1 & 0\\0 & 0\end{bmatrix} \tag{2-3a}$$

将图形压缩到 y 坐标轴上,变换矩阵为

$$\boldsymbol{T}=\begin{bmatrix}0 & 0\\0 & 1\end{bmatrix} \tag{2-3b}$$

将图形压缩到坐标原点,变换矩阵为

$$\boldsymbol{T}=\begin{bmatrix}0 & 0\\0 & 0\end{bmatrix} \tag{2-3c}$$

(3) 对称变换,即将图形以坐标原点为中心对称于坐标原点或某一条轴线的变换。

关于 x 轴对称:点对称于 x 轴,有 $x'=x$,$y'=-y$,如图 2-6(a)所示,则变换矩阵为

$$\boldsymbol{T}=\begin{bmatrix}1 & 0\\0 & -1\end{bmatrix} \tag{2-4a}$$

$$[x \quad y]\begin{bmatrix}1 & 0\\0 & -1\end{bmatrix}=[x \quad -y]=[x' \quad y']$$

关于 y 轴对称:点对称于 y 轴,有 $x'=-x$,$y'=y$,如图 2-6(b)所示,则变换矩阵为

$$\boldsymbol{T}=\begin{bmatrix}-1 & 0\\0 & 1\end{bmatrix} \tag{2-4b}$$

关于坐标原点对称:点对称于坐标原点,有 $x'=-x$,$y'=-y$,如图 2-6(c)所示,则变换矩阵为

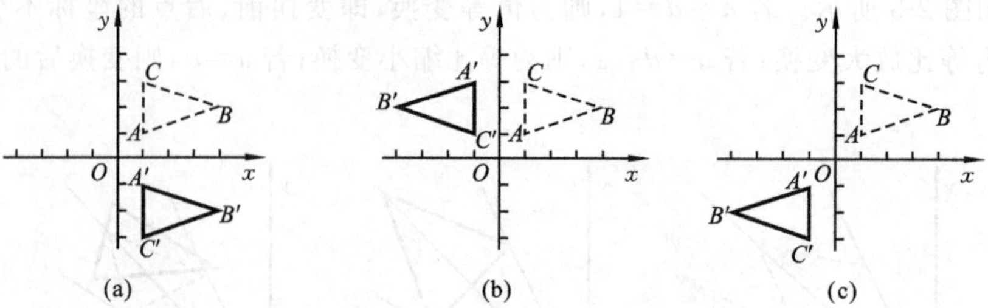

图 2-6　图形的各种对称变换

(a) 关于 x 轴对称；(b) 关于 y 轴对称；(c) 关于坐标原点对称

$$\boldsymbol{T}=\begin{bmatrix}-1 & 0\\ 0 & -1\end{bmatrix} \tag{2-4c}$$

关于 $x=y$ 对称：点对称于 $x=y$ 直线，有 $x'=y$、$y'=x$，则变换矩阵为

$$\boldsymbol{T}=\begin{bmatrix}0 & 1\\ 1 & 0\end{bmatrix} \tag{2-4d}$$

关于 $x=-y$ 对称：点对称于 $x=-y$ 直线，有 $x'=-y$、$y'=-x$，则变换矩阵为

$$\boldsymbol{T}=\begin{bmatrix}0 & -1\\ -1 & 0\end{bmatrix} \tag{2-4e}$$

(4) 旋转变换，即在二维平面内，点或平面图形绕坐标原点旋转 θ 角的变换。在旋转变换中规定旋转方向逆时针为正，顺时针为负。如图 2-7 所示，点 A 绕坐标原点旋转 θ 角到达点 A'。设旋转半径 $R=OA$，则

$$x'=R\cos(\alpha+\theta)=R\cos\alpha\cos\theta-R\sin\alpha\sin\theta=x\cos\theta-y\sin\theta$$

$$y'=R\sin(\alpha+\theta)=R\cos\alpha\sin\theta+R\sin\alpha\cos\theta=x\sin\theta+y\cos\theta$$

故绕坐标原点旋转 θ 角的变换矩阵为

$$\boldsymbol{T}=\begin{bmatrix}\cos\theta & \sin\theta\\ -\sin\theta & \cos\theta\end{bmatrix} \tag{2-5}$$

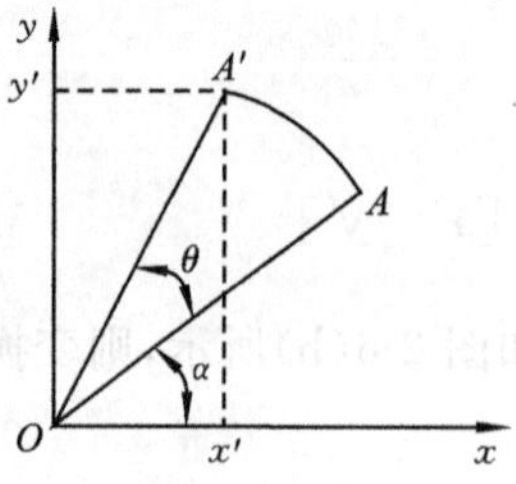

图 2-7　点绕坐标原点旋转 θ 角

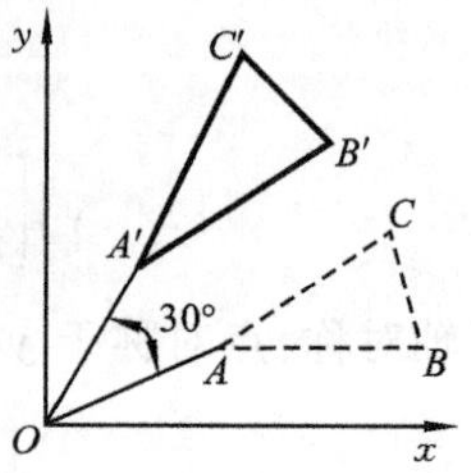

图 2-8　图形绕坐标原点旋转

例 2-1 使图 2-8 中的三角形 ABC(用虚线表示)$=\begin{bmatrix}30 & 10\\60 & 10\\60 & 30\end{bmatrix}$绕坐标原点逆时针旋转 30°。

解
$$\triangle A'B'C'=(\triangle ABC)\boldsymbol{T}=\begin{bmatrix}30 & 10\\60 & 10\\60 & 30\end{bmatrix}\begin{bmatrix}\cos 30^\circ & \sin 30^\circ\\-\sin 30^\circ & \cos 30^\circ\end{bmatrix}$$
$$=\begin{bmatrix}30 & 10\\60 & 10\\60 & 30\end{bmatrix}\begin{bmatrix}0.866 & 0.5\\-0.5 & 0.866\end{bmatrix}=\begin{bmatrix}20.98 & 23.66\\46.96 & 38.66\\36.96 & 55.98\end{bmatrix}$$

变换后的图形即为图 2-8 中的三角形 $A'B'C'$。

(5) 错切变换,即二维图形在某一个坐标轴方向的坐标值不变,而平行于另一个坐标轴的线倾斜 θ 角,或平行于两个坐标轴的线都倾斜 θ 角的变换。

错切变换矩阵为

$$\boldsymbol{T}=\begin{bmatrix}1 & b\\c & 1\end{bmatrix} \tag{2-6}$$

若 $b=0, c\neq 0$,则沿 x 方向错切,有 $[x \quad y]\begin{bmatrix}1 & 0\\c & 1\end{bmatrix}=[x+cy \quad y]=[x' \quad y']$,如图 2-9(a)所示。该变换的特点是,变换后点的 y 坐标不变,x 坐标则依初始坐标$[x \ y]$线性变化。因此,凡平行于 x 轴的直线变换后仍平行于 x 轴,凡平行于 y 轴的直线沿 x 方向错切后与 y 轴成 θ 角,且 $\tan\theta = c$,而 x 轴上的点为不动点。

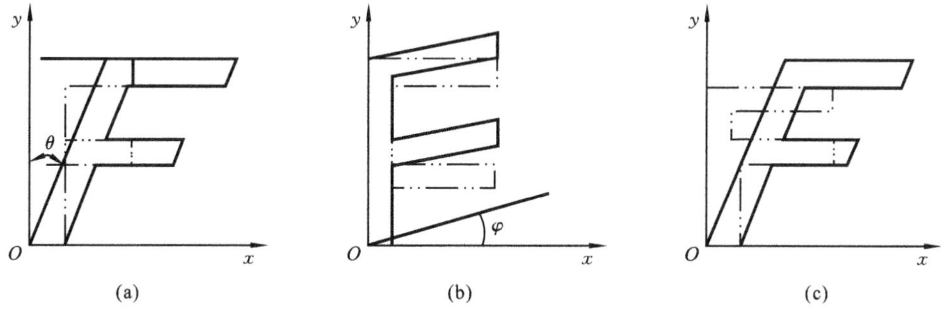

图 2-9 图形的各种错切变换

(a) 沿 x 方向错切;(b) 沿 y 方向错切;(c) 沿直线 $x=y$ 方向错切

若 $c=0, b\neq 0$,则沿 y 方向错切,有 $[x \quad y]\begin{bmatrix}1 & b\\0 & 1\end{bmatrix}=[x \quad bx+y]=[x' \quad y']$,如图 2-9(b)所示。其中,$\tan\varphi = b$ 。

若 $b\neq 0, c\neq 0$，则既沿 x 方向错切，也沿 y 方向错切，有 $[x \quad y]\begin{bmatrix}1 & b\\ c & 1\end{bmatrix}=[x+cy \quad bx+y]=[x' \quad y']$，如图 2-9(c)所示。

(6) 齐次坐标与平移变换。

在平面直角坐标系中一点 A 的坐标可以表示为 $A(x,y)$ 或 $A'(x',y')$。但在图 2-10 中，点 F 可表示为 AD 和 BC 的交点，变换后 $A'D'/\!/B'C'$，其交点 F' 为一无穷远点。同理，点 E 可看成是 AB 和 DC 的交点，也是一无穷远点。它们都不能用直角坐标来表示。为了解决此问题，可以把某点的 x 或 y 坐标用两个数的比来表示，如 4 可以表示成 8/2 或 4/1 等。因此，一点的直角坐标 (x,y) 可表示成 $(X/H,Y/H)$。对同一个点，随 H 的值不同而会有不同的坐标。有序的三组数 (X,Y,H) 称为点的齐次坐标。这样一来就可以将 N 维空间的点在 $N+1$ 维空间中表示。点的齐次坐标 (X,Y,H) 与直角坐标 (x,y) 的关系为

$$\begin{cases}x=X/H\\ y=Y/H\end{cases}$$

当 $H=1$ 时，$(X,Y,1)$ 为点的规格化齐次坐标，也就是点的直角坐标。

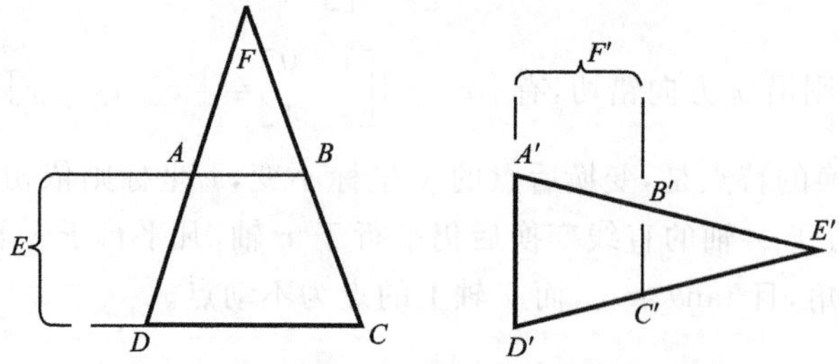

图 2-10　图形变换中的无穷远点

引入齐次坐标表示后，可将二维图形的变换矩阵扩充成 3×3 阶的矩阵，即

$$\boldsymbol{T}=\begin{bmatrix}a & b & p\\ c & d & q\\ l & m & s\end{bmatrix}$$

若令

$$\boldsymbol{T}=\begin{bmatrix}1 & 0 & 1\\ 0 & 1 & 0\\ l & m & 1\end{bmatrix}$$

则有

$$[x \quad y \quad 1]\begin{bmatrix}1 & 0 & 1\\ 0 & 1 & 0\\ l & m & 1\end{bmatrix}=[x+l \quad y+m \quad 1]=[x' \quad y' \quad 1]$$

变换矩阵中的 l、m 分别为 x、y 方向的平移量。

例 2-2 将 $\triangle ABC=\begin{bmatrix}0&0&1\\20&0&1\\10&10&1\end{bmatrix}$ 沿 x 方向平移 10，沿 y 方向平移 20，求变换后 $\triangle A'B'C'$ 的坐标。

解 $\triangle A'B'C'=\triangle ABC\times \boldsymbol{T}=\begin{bmatrix}0&0&1\\20&0&1\\10&10&1\end{bmatrix}\begin{bmatrix}1&0&0\\0&1&0\\10&20&1\end{bmatrix}=\begin{bmatrix}10&20&1\\30&20&1\\20&30&1\end{bmatrix}$

即变换后 $\triangle A'B'C'$ 的坐标为 $\triangle A'B'C'=\begin{bmatrix}10&20&1\\30&20&1\\20&30&1\end{bmatrix}$。

2）二维图形的变换矩阵

如果将矩阵 $\boldsymbol{T}$ 分成四块

$$\boldsymbol{T}=\left[\begin{array}{cc:c}a&b&p\\c&d&q\\ \hdashline l&m&s\end{array}\right]$$

则各部分的功能如下。

$\begin{bmatrix}a&b\\c&d\end{bmatrix}$ 可实现图形的比例、对称、旋转、错切四种基本变换。

$[l\ \ m]$ 的功能是实现平移变换，l、m 分别为 x、y 方向的平移量。

$\begin{bmatrix}p\\q\end{bmatrix}$ 的作用是产生透视变换。

$[s]$ 的作用是使图形产生全比例变换，如：

$$[x\quad y\quad l]\begin{bmatrix}1&0&0\\0&1&0\\0&0&s\end{bmatrix}=[x\quad y\quad s]\xrightarrow{\text{正常化}}\begin{bmatrix}\frac{x}{s}&\frac{y}{s}&1\end{bmatrix}=[x'\quad y'\quad 1]$$

由此可见，通过齐次坐标正常化后可使图形整体产生等比例放大或缩小，即当 $s>1$ 时，等比例缩小；当 $0<s<1$ 时，等比例放大；当 $s=1$ 时，则为恒等变换。

由此可知，采用齐次坐标的优点是：扩大了变换矩阵的功能，各子矩阵元素的作用是独立的，只要其中有关元素不为零，这些元素就能起到各自的变换作用，而产生相应变换的叠加（下面将举例说明这一点）；另外，齐次坐标还能简单合理地表示无穷远点，如当 $H=0$ 时，则 $[X\ \ Y\ \ H]$ 就表示了一个无穷远点"∞"，而 $[3\ \ 4\ \ 0]$ 就表示了斜率为 4/3 的一组平行线在无穷远处相交的无穷远点"∞"。

3）二维图形的组合变换

基本变换是以原点为中心的简单变换。在实际应用中，一个复杂的变换往往是施行多个基本变换的结果。这种由多个基本变换组成复杂变换的方法称为组合变换，相应的变换矩阵称为组合变换矩阵。

下面通过具体实例来介绍组合变换。

例 2-3 如图 2-11 所示，已知三角形点集矩阵为 $\boldsymbol{P}=\begin{bmatrix}1 & 0 & 1\\4 & 0 & 1\\3 & 2 & 1\end{bmatrix}$，变换矩阵为 $\boldsymbol{T}=\begin{bmatrix}\cos 90^\circ & \sin 90^\circ & 0\\-\sin 90^\circ & \cos 90^\circ & 0\\1 & 2 & 0.5\end{bmatrix}=\begin{bmatrix}0 & 1 & 0\\-1 & 0 & 0\\1 & 2 & 0.5\end{bmatrix}$，求变换后的三角形点集矩阵 $\boldsymbol{P}'$。

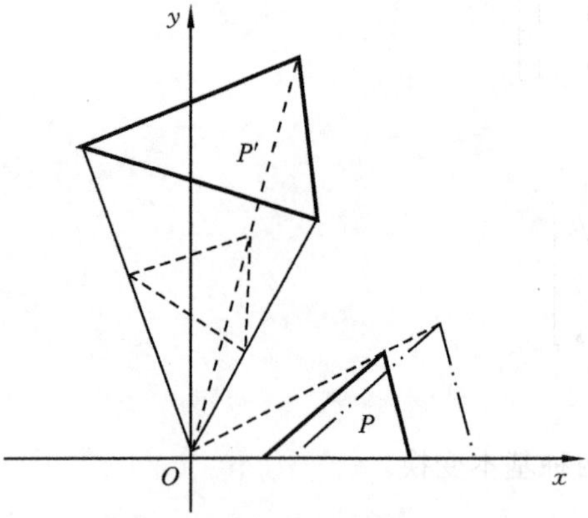

图 2-11 二维图形变换

解

$$\boldsymbol{P}'=\boldsymbol{P}\cdot\boldsymbol{T}=\begin{bmatrix}1 & 0 & 1\\4 & 0 & 1\\3 & 2 & 1\end{bmatrix}\begin{bmatrix}0 & 1 & 0\\-1 & 0 & 0\\1 & 2 & 0.5\end{bmatrix}$$

$$=\begin{bmatrix}1 & 3 & 0.5\\1 & 6 & 0.5\\-1 & 5 & 0.5\end{bmatrix}\xrightarrow{\text{正常化}}\begin{bmatrix}2 & 6 & 1\\2 & 12 & 1\\-2 & 10 & 1\end{bmatrix}$$

如图 2-11 所示，变换后的结果相当于 P 点绕原点逆时针旋转 90°再平移(1,2)，如图中虚线所示，然后将各点的坐标都放大一倍所得到的结果；也可看成是先将各点的坐标都放大一倍，如图中双点画线所示，再绕原点逆时针旋转 90°，然后平移(2,4)所得到的结果。这时 $s=0.5<1$，是整体比例变换，故最后结果的平移量也都放大了一倍。这就是组合变换。

3. 三维图形变换

基于二维图形变换矩阵的推导方法，同样可以采用齐次坐标来表示三维空间点集和相应的变换矩阵。

设点 $P(x,y,z)$ 经过变换 $\boldsymbol{T}$ 后得到点 $P'(x',y',z',1)$，则可用齐次坐标矩阵表示其变换：

$$[x \quad y \quad z \quad 1]\cdot\boldsymbol{T}=[x' \quad y' \quad z' \quad H]\xrightarrow{\text{正常化}}[x' \quad y' \quad z' \quad 1] \tag{2-7}$$

其中

$$\boldsymbol{T}=\begin{bmatrix}a & b & c & p\\d & e & f & q\\h & i & j & r\\l & m & n & s\end{bmatrix}$$

式中：$\begin{bmatrix} a & b & c \\ d & e & f \\ h & i & j \end{bmatrix}$ 为产生比例、对称、错切和旋转四种基本变换；$[l\ \ m\ \ n]$为产生沿三个轴向的平移变换；$[s]$为产生全比例变换；$[p\ \ q\ \ r]^{\mathrm{T}}$为产生透视投影变换。

1) **基本变换**

仅作比例、错切、对称、平移、旋转等变换中的一种变换为基本变换。现将三维图形变换的各种基本变换矩阵列入表 2-1 中。

表 2-1 三维图形的基本变换

变换种类		变换矩阵	说明
比例变换	局部比例	$\boldsymbol{T}=\begin{bmatrix} a & 0 & 0 & 0 \\ 0 & e & 0 & 0 \\ 0 & 0 & j & 0 \\ 0 & 0 & 0 & 1 \end{bmatrix}$	a、e、j 分别为 x、y、z 方向的比例系数 a、e、$j>1$ 时为放大 a、e、$j<1$ 时为缩小 a、e、$j=1$ 时为恒等变换
	整体比例	$\boldsymbol{T}=\begin{bmatrix} 1 & 0 & 0 & 0 \\ 0 & 1 & 0 & 0 \\ 0 & 0 & 1 & 0 \\ 0 & 0 & 0 & s \end{bmatrix}$	$s>1$ 时为缩小 $s<1$ 时为放大 $s=1$ 时为恒等变换
旋转变换	绕x轴旋转	$\boldsymbol{T}=\begin{bmatrix} 1 & 0 & 0 & 0 \\ 0 & \cos\theta & \sin\theta & 0 \\ 0 & -\sin\theta & \cos\theta & 0 \\ 0 & 0 & 0 & 1 \end{bmatrix}$	
	绕y轴旋转	$\boldsymbol{T}=\begin{bmatrix} \cos\theta & 0 & -\sin\theta & 0 \\ 0 & 1 & 0 & 0 \\ \sin\theta & 0 & \cos\theta & 0 \\ 0 & 0 & 0 & 1 \end{bmatrix}$	按右手法则确定旋转角度 θ 的方向，逆时针方向旋转为正，顺时针方向旋转为负
	绕z轴旋转	$\boldsymbol{T}=\begin{bmatrix} \cos\theta & \sin\theta & 0 & 0 \\ \sin\theta & \cos\theta & 0 & 0 \\ 0 & 0 & 1 & 0 \\ 0 & 0 & 0 & 1 \end{bmatrix}$	
平移变换		$\boldsymbol{T}=\begin{bmatrix} 1 & 0 & 0 & 0 \\ 0 & 1 & 0 & 0 \\ 0 & 0 & 1 & 0 \\ l & m & n & 1 \end{bmatrix}$	l、m、n 分别为沿 x、y、z 轴方向的平移量

续表 2-1

变换种类	变换矩阵	说明	
错切变换	$T=\begin{bmatrix}1 & b & c & 0\\ d & 1 & f & 0\\ h & i & 1 & 0\\ 0 & 0 & 0 & 1\end{bmatrix}$	a、b、c、d、e、f、h、i、j 不全为零。若只有一个不为零，则得一种基本错切，故沿三个坐标方向有 6 种基本错切。如 $d\neq 0$ 为沿 x 轴向错切且离开 y 轴；$h\neq 0$ 为沿 x 轴向错切且离开 z 轴；其余 4 种，依此类推	
对称变换	对称于 xOy 坐标面 $T=\begin{bmatrix}1 & 0 & 0 & 0\\ 0 & 1 & 0 & 0\\ 0 & 0 & -1 & 0\\ 0 & 0 & 0 & 1\end{bmatrix}$	对称于 xOz 坐标面 $T=\begin{bmatrix}1 & 0 & 0 & 0\\ 0 & -1 & 0 & 0\\ 0 & 0 & 1 & 0\\ 0 & 0 & 0 & 1\end{bmatrix}$	对称于 yOz 坐标面 $T=\begin{bmatrix}-1 & 0 & 0 & 0\\ 0 & 1 & 0 & 0\\ 0 & 0 & 1 & 0\\ 0 & 0 & 0 & 1\end{bmatrix}$
正投影变换	向 xOy 投影 $T=\begin{bmatrix}1 & 0 & 0 & 0\\ 0 & 1 & 0 & 0\\ 0 & 0 & 0 & 0\\ 0 & 0 & 0 & 1\end{bmatrix}$	向 yOz 投影 $T=\begin{bmatrix}0 & 0 & 0 & 0\\ 0 & 1 & 0 & 0\\ 0 & 0 & 1 & 0\\ 0 & 0 & 0 & 1\end{bmatrix}$	向 xOz 投影 $T=\begin{bmatrix}1 & 0 & 0 & 0\\ 0 & 0 & 0 & 0\\ 0 & 0 & 1 & 0\\ 0 & 0 & 0 & 1\end{bmatrix}$
透视变换	沿 x 方向透视 $T=\begin{bmatrix}1 & 0 & 0 & p\\ 0 & 1 & 0 & 0\\ 0 & 0 & 1 & 0\\ 0 & 0 & 0 & 1\end{bmatrix}$	沿 y 方向透视 $T=\begin{bmatrix}1 & 0 & 0 & 0\\ 0 & 1 & 0 & q\\ 0 & 0 & 1 & 0\\ 0 & 0 & 0 & 1\end{bmatrix}$	沿 z 方向透视 $T=\begin{bmatrix}1 & 0 & 0 & 0\\ 0 & 1 & 0 & 0\\ 0 & 0 & 1 & r\\ 0 & 0 & 0 & 1\end{bmatrix}$

2）**组合变换**

除上述基本变换外，三维图形的组合变换与二维图形的组合变换一样，可以对立体图形按顺序施行多个基本变换来实现较为复杂的变换。请参考二维图形的组合变换，这里不再赘述。

2.3.2 图形的显示与输出处理

在前面论述的图形变换中，所定义的图形都全部显示，然而，用户所要处理的图形，在大小、规模及复杂程度上一般事先是不确定的，而图形输出设备的有效绘图区域总是固定而且有限的，这样不可避免地会出现一些矛盾，特别是当图形较大时。显然，可以通过对图形进行比例变换后再输出，这样就能通过输出设备来输出较大的图形，但整个图形势必显得很拥挤。实际操作中，经常遇到不需要输出整个图形，而仅仅只需要其中的某一部分的情形，即希望把某一细节的图形放大后输出；有时希望将屏幕分成若干块，每一块用于显示各种不同的图形信息，如不同的图形（三视图和轴测图）、菜单指令、系统信息、人机对话框等，即在同一显示屏上同时定义若干个视图区。所以在图形显示输出之前，必然会遇到两个问题，一是要把全部图形均表示出来，还是仅仅输出其中的部分图形；二是要把图形输出在整个有效绘图区域上，还是仅仅输出在指定输出位置和范围的某一视图区之内。要处理这两个问题，有必要引入窗口和视图区的概念及窗口-视图区的坐标变换。除了这种变换以外，用户定义的图形还要经过一系列其他的变换才能在屏幕上正确地显示出来，其显示流程如图 2-12 所示。

图 2-12　图形的显示流程

1. 视图区变换与窗口-视图区变换

在图形上指定要进行显示的部分称为窗口；而在显示屏上所限定的进行显示的区域称为视图区。在图 2-13(a)中整个图面为一个用户使用的图形，而图中长方形 $A'B'C'D'$ 即为用户现时要求进行显示的部分。用窗口显示时限定了要进行显示的部分，窗口内的某一点 $P'(x',y')$ 须与显示屏上的某一点 $P(x,y)$ 相对应，如图 2-13(b)所示。而当在显示屏上划定区域，即指定窗口内的图形只能在视图区内进行显示时，窗口内的点 $P'(x',y')$ 则须与视图区内的点 $P(x,y)$ 相对应。

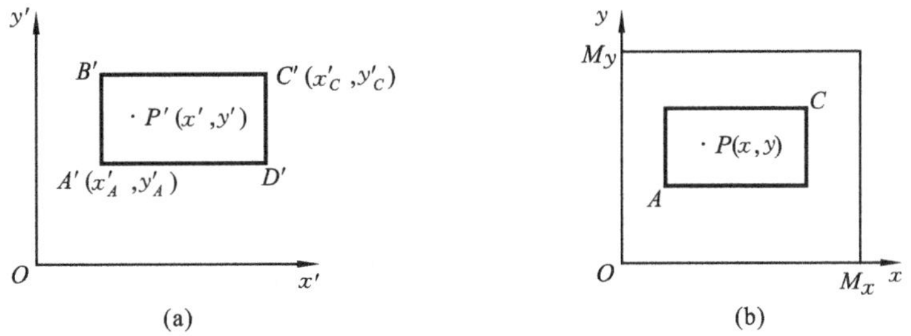

图 2-13　窗口与视图区

窗口是用户图形的一部分，或者说是用户定义域的一个子域。窗口一般定义为矩形，但也可以定义为其他多边形。窗口可以嵌套，即在第一层窗口中再定义第二层窗口，在第 i 层窗口中定义第 $i+1$ 层窗口，等等。嵌套的层次和每层窗口的坐标如何取（是取用户坐标系中的绝对坐标值，还是取相对于前一层窗口原点的相对坐标值）则由具体的设计软件来决定。

视图区往往直接用设备坐标系来定义。与窗口相似，视图区往往定义成矩形。同样，视图区也可以是多层的，嵌套的层次也由图形处理软件规定。

在图形显示中，要把窗口中的任一点 $P'(x',y')$ 变换到显示屏上的任一点 $P(x,y)$ 或者显示屏上视图区内的任一点 $P(x,y)$，这种变换称为视图区变换。

1) 视图区变换

如图 2-13 所示，设窗口为矩形，其中 (x'_A,y'_A)、(x'_C,y'_C) 分别表示窗口在用户坐标系下左下角点和右上角点的坐标，$P'(x',y')$ 是窗口内的点，而 M_x、M_y 分别为屏幕的长度和宽度。设 S_x、S_y 为窗口内的点在屏幕上输出时在 x 和 y 方向的比例系数，则

$$S_x = \frac{M_x}{x'_C - x'_A}, \quad S_y = \frac{M_y}{y'_C - y'_A}$$

据此，把窗口内的各点变换到屏幕上的关系式为

$$\begin{cases} x = (x' - x'_A)S_x \\ y = (y' - y'_A)S_y \end{cases} \tag{2-8}$$

通过这一过程就实现了视图区变换，而当采用多层窗口时，这个关系式并不变化，只要注意采用适当的参数即可。

采用窗口技术可以在图形显示中更灵活、更精确地观察图形的各个部分并为各种图形处理技术创造条件。

2) 窗口-视图区变换

在实际的图形处理中，往往要求把屏幕定义成不同的区域，分别显示不同类别的内容，这时就要采用窗口-视图区变换。如图 2-14 所示，把屏幕分成三个视图区，视图区 1 显示各类图形，视图区 2 显示各种命令菜单，视图区 3 显示各种临时信息。

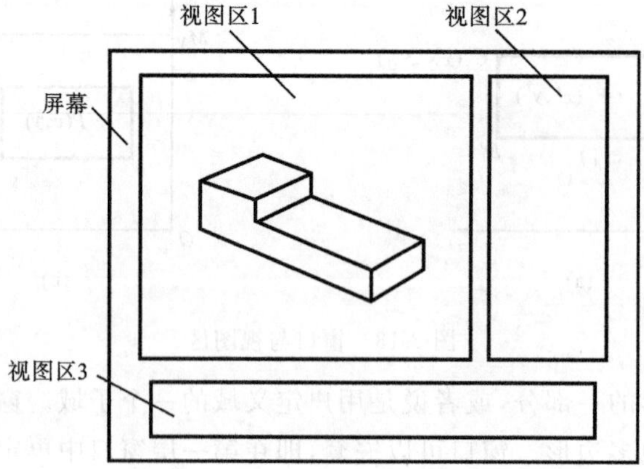

图 2-14　同时定义的三个视图区

由于窗口与视图区是在不同的坐标系中定义的，所以当将窗口内的图形信息到视图区输出之前，必须进行坐标变换，也就是窗口-视图区变换。

设在用户坐标系$O'x'y'$下有一矩形窗口，其左下角点和右上角点的坐标分别为(x'_l, y'_b)、(x'_r, y'_t)，窗口内任意一点w的坐标为(x'_w, y'_w)，在图形设备坐标系Oxy下定义的视图区的两角点坐标分别为(x_l, y_b)、(x_r, y_t)，窗口内点w在视图区内的映像点为$S(x_S$, $y_S)$，那么，由图2-15可知，有如下的关系式成立：

$$\begin{cases} \dfrac{x_S - x_l}{x_r - x_l} = \dfrac{x'_w - x'_l}{x'_r - x'_l} \\ \dfrac{y_S - y_b}{y_t - y_b} = \dfrac{y'_w - y'_b}{y'_t - y'_b} \end{cases} \tag{2-9}$$

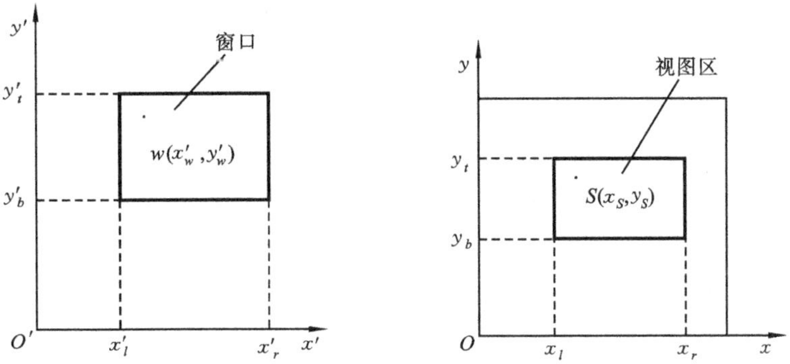

图2-15 窗口-视图区变换

所以，当窗口内一点$w(x'_w, y'_w)$要变换到视图区中对应的一点$S(x_S, y_S)$时，须按下式进行：

$$x_S = \frac{x_r - x_l}{x'_r - x'_l}(x'_w - x'_l) + x_l$$

$$y_S = \frac{y_t - y_b}{y'_t - y'_b}(y'_w - y'_b) + y_b$$

设

$$k_1 = \frac{x_r - x_l}{x'_r - x'_l}, \quad c_1 = x_l - k_1 x'_l$$

$$k_2 = \frac{y_t - y_b}{y'_t - y'_b}, \quad c_2 = y_b - k_2 y'_b$$

则方程可简写成

$$\begin{cases} x_S = k_1 x'_w + c_1 \\ y_S = k_2 y'_w + c_2 \end{cases} \tag{2-10}$$

用矩阵表示为

$$[x_S \quad y_S \quad 1] = [x'_w \quad y'_w \quad 1]\begin{bmatrix} k_1 & 0 & 0 \\ 0 & k_2 & 0 \\ c_1 & c_2 & 1 \end{bmatrix} \tag{2-11}$$

这样，只要确定了窗口和视图区的定义参数，就可方便地实施窗口-视图区的坐标变换。

显然，采用窗口可以有选择地显示图形，即显示整个图形或者只显示其中的一部分，这样整个图形就分为两个部分：一部分在窗口之内，而另一部分在窗口之外。在这种情况下，必须以窗口为裁剪区，对图形进行裁剪，把窗口之外的图形裁剪掉，只留下窗口之内的图形。

2. 图形的裁剪

图形的裁剪实际上是从数据集合中区分信息的过程。以窗口为区分，把有关一个图形的数据分成两个部分。裁剪的对象可以是规则的图形，也可以是不规则的图形。而裁剪的算法可用软件来实现，也可用硬件来实现。因为裁剪在整个图形显示中是频繁进行的，所以对其响应速度要求较高。

裁剪是图形处理中许多重要问题的基础，它在消隐、浓淡处理等方面都有着广泛的应用。还可以运用裁剪的概念和方法来进行形状处理，即实现基本主体之间的裁剪，从而为体素拼合创造出更简便易行的方法。

1）二维线段裁剪

窗口可以是任意多边形，但常用的是矩形。被裁剪的对象可以是线段、字符、多边形等。显然，直线段的裁剪是图形裁剪的基础，裁剪算法的核心问题是速度，就一条直线段而言，就是要迅速而准确地判定它是全部在窗口内还是窗口外，否则，它必定是部分在窗口内，此时要求出它与窗口边界的交点，从而确定在窗口内的部分。

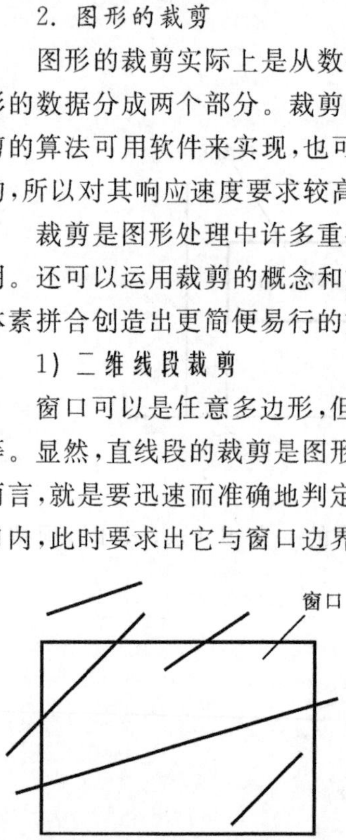

图 2-16　线段与窗口的相对位置

从图 2-16 可以看出，不同位置的线段被窗口分成一段或几段，但其中只有一段落在窗口内。裁剪算法就是要找出落在窗口内线段的起点和终点的坐标。常用的算法有矢量裁剪法、编码裁剪法和中点分割法等，这里简单介绍编码裁剪法。

编码裁剪法就是著名的 Cohen-Sutherland 算法。该算法基于下述考虑：每一线段或者整个位于窗口的内部，或者能够被窗口分割而使其中的一部分能很快地被舍弃。因此，该算法分为两步：第一步，先确定一条线段是否整个位于窗口内，若不是，则确定该线段是否整个位于窗口外，若是则舍弃；第二步，如果第一步的判断均不成立，那么就通过窗口边界所在的直线将线段分成两部分，再对每一部分进行第一步的判断。

在具体实现该算法时，需把窗口边界延长，把平面划分成 9 个区，每个区用 4 位二进制代码表示，如图 2-17 所示。对线段的两个端点按其所在区域赋予对应的代码，4 位代码的意义如下（从右到左）：

第一位，端点在窗口左边界的左侧为 1，否则为 0；

第二位,端点在窗口右边界的右侧为1,否则为0;

第三位,端点在窗口下边界的下侧为1,否则为0;

第四位,端点在窗口上边界的上侧为1,否则为0。

由上述编码规则可知,如果两个端点的编码都为"0000",则线段全部位于窗口内,如果两个端点编码的位逻辑乘不为0,则线段必全部位于窗口外。

如果线段既不是全部位于窗口内,又不是全部位于窗口外,则必须把线段进行分割。简单的分割方法是计算出线段与窗口某边界(或边界的延长线)的交点,再用上述两种条件判别分割后的两条线段,从而舍弃位于窗口外的一段。例如,用编码裁剪算法对线段 AB 进行裁剪,可以先求出线段 AB 与窗口边界及其延长线的交点 C、D,再用 C 点分割,对 AC、CB 进行判别,舍弃 AC,再用 D 点分割 CB,对 CD、DB 进行判别,舍弃 CD,而 DB 全部位于窗口内,算法结束。

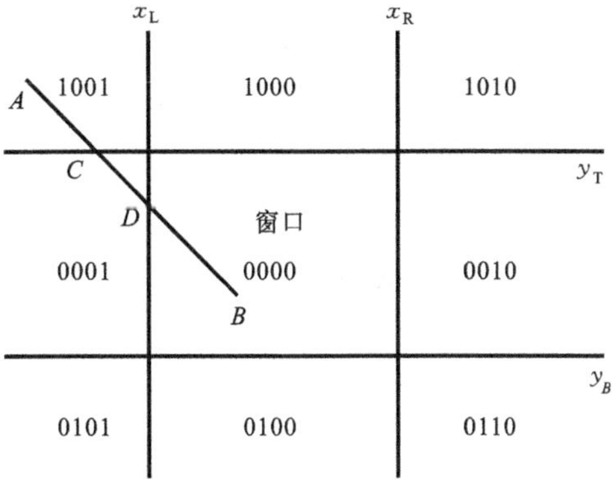

图 2-17 分区代码

应该指出的是,分割线段是先从 C 点还是 D 点开始难以确定,因此只能随机选择一点,但是最后的结果是相同的。

编码方式直观方便、速度快,是一种较好的裁剪方法,但还有两个问题需要进一步解决:

(1) 位逻辑乘的运算在有些高级语言中不便进行;

(2) 全部舍弃的判断只适合于那些仅在窗口同侧的线段,对于跨越三个区域的线段,就不能仅凭一次判别就舍弃它们。

2) 三维线段裁剪

用图形输出设备显示或绘制三维物体的图形时,往往也要用到裁剪技术。三维线段裁剪就是利用三维裁剪体对三维线段进行裁剪、保留和显示。这时确定三维空间裁剪范围的不再是窗口,而是一个三维裁剪体,对应平行投影的裁剪体是底面为矩形的平行六面体,而对应透视投影的裁剪体是底面为矩形的棱锥台,每个裁剪体都有左、右、底、顶、前、后共六个面。空间任一条直线段 AB,其端点 $A(x_1,y_1,z_1)$ 和 $B(x_2,y_2,z_2)$ 与六个面的关系可分别用6位二进制代码表示,如同用矩形窗口对二维线段的编码裁剪算法一样。若一条线段的两端点的编码都是零,则线段全部位于裁剪体的空间内;若两端点编码和逻辑与(逐位进行)为非零,则此线段全部位于裁剪体空间以外。若线段既不全部位于裁剪体空间内,又不全部位于裁剪体空间外,则需对此线段进行分割处理,即要计算此线段与裁剪体空间相应平面的交点,并取有效交点。具体算法与二维线段的裁剪类似。

2.3.3 真实感图形生成原理

真实感图形生成是计算机图形学的一个重要研究领域，它指的是由计算机构成物体模型后，在屏幕上显示的该物体的图形，看起来与真实的物体是一样的。这一技术是计算机模拟及计算机艺术、广告、装潢的基础。自20世纪60年代中期以来，人们一直在探讨具有真实感的计算机图形显示方法。近些年来，随着多色彩、高分辨率光栅图形设备的发展，以及对光学与热能传播、某些数学分支和材料科学的研究，计算机图形的生成已由过去的近似模拟发展到今天非常逼真的模拟。

用计算机生成真实感图形要解决下列技术问题：

(1) 场景造型——对景物外形的描述，用数学方法建立所需场景的几何描述；

(2) 投影变换——利用图形变换方法生成轴测图或透视图；

(3) 消隐处理——将那些被不透明的面或物体遮蔽的线段或面消去；

(4) 光照模型——模拟光在场景中的传播与分布；

(5) 画面绘制——根据一定的光照模型，计算画面上每一点投射到观察者眼中的光亮度与颜色所得到的画面，将其显示在图像屏幕上，形成一幅明暗不一、颜色相异，具有高光、阴影的给人以高度真实感的图像；

(6) 画面处理——透明、阴影、表面纹理的模拟；

(7) 图形反混淆技术——消除由于采样不当使图像的细节失真现象。

下面简要介绍消隐处理、光照模拟等内容。

1. 消隐处理

隐藏线、隐藏面的消除，就是确定对指定位置的观察者来说，景物中哪些形体、面、边是可见的，哪些是不可见的。为了使计算机生成的图形能真实反映形体，必须把隐藏的部分从图中消除。如果不把隐藏的线、面消除，就可能发生对图的错误理解。例如，图2-18(a)是未消除隐藏线的图形，对它既可理解为图2-18(b)也可理解为图2-18(c)。

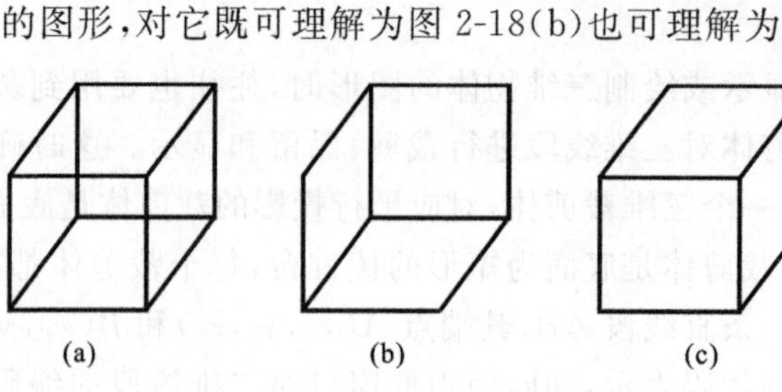

图2-18 对未消隐形体的两种理解

1) 消隐处理的实质与算法选择

(1) 消隐处理所讨论的对象是三维图形，消隐处理后要在二维空间中表示出来，因此消隐处理后显示的图形与三维空间至二维空间的投影方式有关。

下面讨论消隐处理算法时，都假定投影平面是 Oxy 平面、投影方向为 z 轴负方向的正投影，如果不是这种情况，可对消隐处理的对象先进行变换，变换成这种情况，然后再进行消隐处理。

(2) 消隐处理要面向各种情况，其中既有隐藏线、面的消隐处理，又有一般平面、复杂曲面的消隐处理，还有单个立体本身、各个立体之间在各种位置上的消隐处理。设计一个完善的算法来兼顾所有这些复杂情况是很难的。因此，各种消隐处理算法往往是面向特定对象，以处理不同类型的具体图形为目标的。

(3) 尽管消隐处理是复杂的，各种算法千差万别，但其实质仍是一种几何分类，即在一定条件下，对形体及物体上各部分按是否可见来进行分类，从而区分形体的可见部分和隐藏部分。

(4) 几何分类的复杂性，直接导致了计算机内部数据表示的复杂性。因此，要考虑一个好的消隐处理算法，往往要设计一个有利于消隐处理的数据结构，即在开始进行系统的数据结构设计时，就应充分考虑在图形的消隐处理中的需要。

(5) 为了提高消隐处理算法的效率，往往要利用各种形式的相关性，以减少进行隐藏性判别的工作量。因为尽管形体的隐藏性是很复杂的，但针对某一个具体细节，其隐藏性又是与它的前后左右密切相关的。往往可以通过判别某些关键的细节来区分整个形体的可见程度。因此要设计一个好的消隐处理算法，应该合理、充分地利用形体内部存在的在可见性问题上的区域相关性，以提高整个算法的效率。

(6) 针对图形处理的各种不同要求，消隐处理可以分别在形体空间和图像空间进行。在形体空间所进行的往往是消除隐藏线的处理，在图像空间中所进行的则是对最终产生的图像实行的隐藏性判别处理。对前者关注的是各形体及形体的各部分的几何关系，以便确定哪些形体、哪些部分是可见的；对后者关注的是所产生的图像，以便确定这些图像中哪些可见或不可见。前者可以用尽可能高的精度来进行判别计算，而后者则是以屏幕的分辨率为基础的，因而精度不可能很高。对于这两种方法的不同特点，在设计消隐处理算法时必须考虑。消隐算法的选择既重要而又困难。下面简单介绍几种著名的消隐处理算法，至于详细内容读者可参考有关著作。

2) Roberts 算法

Roberts 算法是一个面向三维线框图的，在形体空间中进行消隐处理的算法。它要求对象是由凸多边形(多边形各内角小于 180°)所组成的凸多面体，而对凹多面体则要求其预先分解成凸多面体的组合。整个算法首先处理每个多面体本身，判别出那些被多面体自身所隐藏的面和边，并予以消除。然后再将剩下的棱边与其他物体一一比较，以确定被其他物体遮挡的部分，并进行消除，由此完成消隐处理。

实现 Roberts 算法的基本步骤为：

(1) 分别对每一多面体进行分析，消去被多面体自身遮挡的棱边——自隐藏边；

(2) 将上步检查所余下的形体的各条非自隐藏边分别与其他物体进行比较，判别出其被遮挡的部分；

(3) 确定互为贯穿物体的相贯线，并判别其可见性。

3) 画家算法

随着光栅图形显示器的应用，使得到色彩丰富和逼真的图形成为可能。但必须解决消除隐藏面的问题，这首先要从线框图发展到面图，即用不同的颜色或灰度来表示立体的各表面。画家算法可以用来解决消除隐藏面的问题。

画家算法的具体操作方法是：先把屏幕置成背景色，再把物体的各个面按其离视点的远近进行排序，离视点远者在表头，离视点近者在表尾，构成深度优先级表；然后从表头至表尾逐个取出多边形，投影到屏幕上，显示多边形包含的实心区域。由于后显示的图形取代先显示的图形，而后显示的图形代表的面离视点更近，所以，由远及近地绘制各面，就相当于消除了隐藏面。这种算法的消隐处理过程与画家作画的过程一样，即先画远景，再画中景，最后画近景，故称为画家算法。

4) 深度缓冲器算法

深度缓冲器算法也可以用来解决消除隐藏面的问题。深度缓冲器算法的基本思想很简单：对于显示屏上每一个像素，记录下位于该像素内最靠近观察者的那个景物面的深度坐标，同时相应记录下用来显示该景物面的颜色（或灰度），那么所有记录下的这些像素所对应的颜色就可以形成最后要输出的图形。

为了记录下深度和颜色这两个参数，就需要定义两个数组：一个是深度数组 depth[m][n]，另一个是颜色数组 color[m][n]。这里的 m 和 n 分别表示显示屏上沿 x 轴方向和沿 y 轴方向上分布的像素数目，所以 $m\times n$ 即为整个显示屏内包含的全部像素数。每个数组中存储的内容均以像素的坐标(x,y)作为地址索引。

此算法的基本步骤如下。

(1) 给深度数组和颜色数组赋初值，即对显示屏上的全部像素，置 depth[i][j]＝max；置 color[i][j]＝bk-color（背景色）。

(2) 计算出景物中的每个多边形平面的投影所包含的全部像素的位置，然后对所包含的全部像素逐一做如下的两步操作：首先，计算出该多边形在对应于像素[i,j]处的深度坐标值 z；其次，比较 z 值与原先深度数组 depth[i][j]中所记录的值的大小。若 z＜depth[i][j]，则说明当前该多边形所处的位置比原先已经记录的多边形更靠近观察者，所以应该用当前的 z 值去替换原先在 depth[i][j]中记录的值，即重置 depth[i][j]＝z，然后置 color[i][j]为当前多边形所表现的颜色值；反之，若 z＞depth[i][j]，则两个数组中存储的深度值和颜色值均不需改变。

(3) 依次处理完所有的多边形，则颜色数组中所存储的内容为最终应该显示在屏幕上的图形内容，可以输出。

深度缓冲器算法的主要问题是需要定义两个巨大的数组，它们要占用较大的存储量。例如，对于一个 540×480 分辨率的显示器来说，每个数组就需要占用 307k 的存储单元。若分辨率更高些，两个数组所占用的存储量将更大。

为了减少所需的存储量，可以采用分区的办法，把原先的整幅图形细分为许多较小的子图，然后把深度缓冲器算法依次应用于每幅子图。例如，原先把整个屏幕作为一个区，它由 640×480 个像素点组成。现在可以把整个屏幕分割成 100 个区，那么每个区就只由 64×48 个像素点所组成了，这样处理每个子区所需的一个数组就只需要 3072 个存储单元了。

基于深度缓冲器算法的这种分区处理办法，后来又发展了扫描线算法。

2. 光照模型

三维形体或景物图形的真实感在很大程度上取决于对光照效果的模拟。如将某个物体图形进行消除隐藏线、隐藏面的处理之后，再用一个明暗度公式来计算和显示物体可见面的亮度和颜色值，其真实感又将进一步得到提高。光照模型就是利用一些数学公式近似计算物体表面按什么样的规律、什么样的比例来反射、透射光。

在计算机图形学的应用中，并不要求精确地模拟光的所有物理性质，只要在某种程度上进行模拟，能生成与肉眼观察景物相似的图形就可以了。与此同时，还要避免由于近似而造成的观察者对物体图形的误解。

明暗模型是根据光学原理得出的在一定条件下所看到的物体表面反射光强度的计算方法，是物体表面明暗程度的一个定量结果。下面介绍如何建立简单的明暗模型。

决定物体表面明暗程度的主要因素有：照明光源的特性，光源与被照明物体之间的距离，物体对光源的几何位置以及物体本身所具有的一些特性（如物体的透明度、表面的光滑程度、材质等）。因此，在建立物体的明暗模型的过程中，要综合考虑这些因素，把它们恰当地反映在计算方法中。之所以说是一个简单的明暗模型，是因为在建立明暗模型时只考虑背景光、漫反射以及镜面反射，并设定被照明物体是不透明的。

1) 背景光的计算方法

背景光是被照明物体附近的很多物体对光的多次反复反射造成的。要确切地模拟这种背景光照效果比较困难，通常将这种光所产生的效果简化，假定它在各个方向上都有均匀的光强 I_a，并且规定当背景光从物体表面反射出来时，无论它是从哪一点上反射出来的，只要能到达视点，那么看到的光均具有相同强度。

当一个物体仅有背景光的照明时，物体上各点的明暗程度完全一样，分不出哪里明亮，哪里暗淡，故仅有背景光还不能建立明暗模型。背景光的主要作用在于，让没有受到点光源直接照射的物体表面也有一定的明亮度，使产生的明暗模型比较柔和。

由背景光产生的反射光强度的计算公式为

$$I_1 = K_d I_a \tag{2-12}$$

式中：I_a为背景光的强度；K_d为物体表面的反射系数，它的值介于 0 和 1 之间，越靠近 1，说明物体表面反射后的光强越大，或者说是表面对光的吸收越少。

2）漫射光的计算方法

人们所看到的物体表面固定点的明暗程度不随观察位置的改变而变化，而是等同地向各个方向反射，这种从物体表面反射回来的散射光称为漫射光，如图 2-19 所示。漫射光的强度与观察点的位置无关，与光线的入射角的余弦成正比。图 2-19 中，N 为反射点处表面的法向量，L 为入射光线。由漫射光产生的反射光强度的计算公式为

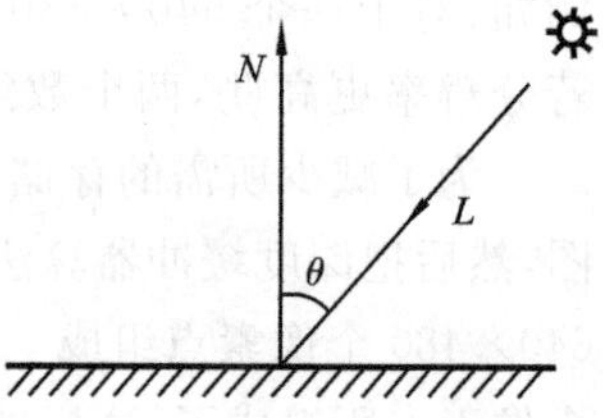

图 2-19　漫射光

$$I_2 = K_d I_p \cos\theta \tag{2-13}$$

式中：I_p为入射光的强度。

在垂直于入射光的方向（$\theta=0°$）上，物体表面看上去最亮，当θ角逐渐增大时，物体表面将显得越来越暗。为了简化计算，假定光源离模拟场景充分远，因而它产生的光线是相互平行的，从而使得对表面上任何一点 L 的方向是不变的。

为使物体离光源较远时能得到略暗的实际效果，而又使相距不远的两个物体的明暗程度不至于相差太大，还可对式(2-13)作如下修正：

$$I = \frac{K_d I_p \cos\theta}{d + d_0} \tag{2-14}$$

式中：d 为物体上某一固定点离光源的距离；d_0为一个可调整的可变正实数，其作用是为防止分母接近零，它的取值以看上去效果舒适为标准。

3）镜面反射光的计算方法

镜面反射是光照射到相当光滑的表面上时发生的现象。在镜面反射中，局部区域内反射光都有着一致的方向，其特点是在物体的表面上会出现一块特亮的区域。这块区域的大小与物体表面的光滑程度有关，表面越光滑，则区域越小，并且这块区域的位置会随着光源或观察者视点位置的改变而变化，如图 2-20 所示。

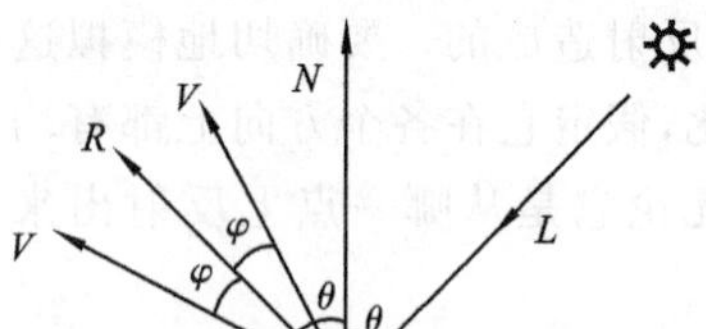

图 2-20　镜面反射

对于充分光滑的理想表面，只有当φ接近于 0°时，即观察者的视点就在反射光线的中径上时，才能见到这个特亮的区域。但这只是理想状态，何况反射光的强度也存在明显的差别。当视点在沿 R 的方向上时（$\varphi=0°$），则应见到最明亮的部分，即光的强度最大；而随着视点偏离 R 的方向，即φ角增大，则所见到光的强度会迅速变小，因此，镜面反射光强度的计算公式为

$$I_3 = \frac{K_s I_p \cos^n\varphi}{d + d_0} \tag{2-15}$$

式中：K_s为反映与光线入射角θ有关的一个常数；n 为反映不同表面性质的常数，n 越大，

所对应的物体表面就越光滑，可见范围就越小；反之，n 越小($n\geqslant 1$)，所对应的物体表面越粗糙，可见范围也越大。

4) **综合效果**

综合考虑上述三种反射光强度的计算公式，则物体表面反射光强度的计算公式为

$$I = I_a K_d + I_p(K_d\cos\theta + K_s\cos^n\varphi)/(d + d_0) \tag{2-16}$$

式中：取 $K_d + K_s = 1$。

若存在多个光源，则计算公式可写成：

$$I = I_a K_d + \sum_{j=1}^{m} I_{pj}(K_d\cos\theta_j + K_s\cos^n\varphi_j)/(d_j + d_{0j}) \tag{2-17}$$

式中：m 为光源数。

2.4 工程数据的处理

在机械设计过程中，设计人员经常需要从各种国家标准、工程设计规范等资料中查取有关的设计数据，如键的公称尺寸、齿轮齿形系数、效率曲线、应力集中系数、三角胶带选型图、齿轮标准模数、轴标准直径等。在传统的设计中，为方便设计工作，这些设计数据常常是以手册的形式提供的。而采用计算机辅助设计时，这些设计数据必须以程序可调用或计算机可进行检索查询的形式提供，因此，需要对其进行适当的加工处理。通常处理设计数据的方法有以下两种。

(1) 将设计数据转变为程序，即程序化。采取编程的方法对数表及线图进行处理，通常又分为两种方法：一种，采用数组将数据存储在程序中，用查表、插值的方法进行检索；另一种，将数据拟合成公式编入程序中，直接由计算获取。

(2) 利用数据库管理设计数据。将数表中的数据或线图经离散化后按规定的格式存放在数据库中，由数据库自身进行管理，独立于应用程序，采用这种方式，数据可以被应用程序所共享。

2.4.1 数表的程序处理

在设计过程中使用的数表形式很多。根据数表来源的不同，可分为两种情况。

一种，数表本来就是根据精确的理论计算公式或经验公式得出的，仅仅是为了便于手工计算，才把这些公式以数表的形式列出，如齿轮的齿形系数、特定条件下单根三角胶带所能传递的功率、轴的应力集中系数等数表。对于这类数表，可以直接采用理论计算公式或经验公式编制检取有关数据的程序。

另一种，数表中的数据彼此之间不存在一定的函数关系或是由实验获得的，如各种材料的机械性能、齿轮标准模数、三角带轮计算直径、各种材料的密度等。对这一类数表可

采用数组形式,结合插值进行查取,也可以求其经验公式,然后编入程序。

根据变量多少的不同,又可将数表分为一维数表、二维数表及多维数表。

1. 一维数表

一维数表是最简单的一种数表,其数据在程序化时可用一维数组来存取。例如,将三角胶带传动的弯曲影响系数 k_w 制成表 2-2。由于数据少,且都是常数,因此可用一维数组 kw[i]将其直接编在程序中。

表 2-2 三角胶带传动的弯曲影响系数 k_w ($\times 10^{-3}$)

变量	型号					
	O	A	B	C	D	E
i	0	1	2	3	4	5
kw[i]	0.39	1.03	2.65	7.5	26.6	49.8

程序中用整形变量 i 表示三角胶带型号代码,用 kw 表示弯曲影响系数。

用 C 语言数组表示如下:

```
int i;
float kw[6]={0.39e-3,1.03e-3,2.65e-3,7.50e-3,26.6e-3,49.8e-3};
```

这样,只要给定三角胶带型号代码 i,就可由 kw[i]检取传动的弯曲影响系数 k_w。例如,给定 i=2(即 B 型),由程序就可查得 kw[2]=2.65e-3,即 $k_w=2.65\times 10^{-3}$。

2. 二维数表

二维数表有两个变量,在设计资料中比较常见。如齿轮传动的工况系数、滚动轴承的规格、各种螺钉的规格等。现以齿轮传动的工况系数为例说明二维数表的程序处理方式,如表 2-3 所示。

表 2-3 齿轮传动的工况系数 K_A

原动机载荷特性		工作机载荷特性		
		工作平稳	轻度冲击	中等冲击
		j=1	j=2	j=3
		kk[i,1]	kk[i,2]	kk[i,3]
工作平稳	i=1	1.0	1.25	1.75
轻度冲击	i=2	1.25	1.5	2.0
中等冲击	i=3	1.5	1.75	2.25

有两个自变量可决定工况系数 K_A 的值，即原动机的载荷特性和工作机的载荷特性，且它们原本无数据值概念。处理时分别定义整型变量 i=1～3 及 j=1～3，代表不同工况，用一个二维数组记录表中的系数值。因为表中自变量及函数均为离散的，因此可直接查表。表中原动机工况和工作机工况两个方向都有三种情况，可以将表中的数据存入一个 3×3 的数组 kk[i,j]中，通过数组下标 i 和 j 即可检索出齿轮传动的工况系数 kk[i,j]，即 K_A。图 2-21 所示为齿轮传动的工况系数 K_A 查表程序的流程框图。

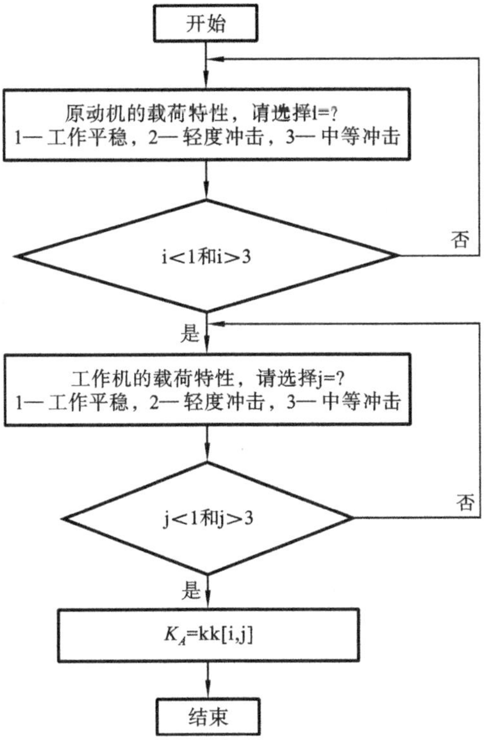

图 2-21 齿轮传动的工况系数查表程序的流程框图

3. 多维数表

变量个数大于 2 的数表就是多维数表，工程手册中以三维数表为多见。例如，渐开线圆柱齿形公差取决于齿轮直径、法向模数和精度等级三个变量，其数表是一个三维数表。如表 2-4 所示，可将表中齿形公差值记录在一个 4×6×12 的三维数组 ff 中。用一维数组 dd 来存储齿轮直径 d 的界限值，这里取上限值；用另一个一维数组 mn 来存储齿轮法向模数 m_n 的界限值，也取上限值；用一个整形变量 i 来标识齿轮精度等级。于是可以编制存储及检取此三维数表中数据的子程序。

表 2-4 齿形公差 f_f

d	m_n	精度等级											
		1	2	3	4	5	6	7	8	9	10	11	12
≤125	1～3.5	2.1	2.6	3.6	4.8	6	8	11	14	22	36	56	90
	＞3.5～6.3	2.4	3.0	4.0	5.3	7	10	14	20	32	50	80	125
	＞6.3～10	2.5	3.4	4.5	6.0	8	12	17	22	36	56	90	140
＞125～400	1～3.5	2.4	3.0	4.0	5.3	7	9	13	18	28	45	71	112
	＞3.5～6.3	2.5	3.2	4.5	6.0	8	11	16	22	36	56	90	140
	＞6.3～10	2.6	3.6	5.0	6.5	9	3	19	28	45	71	112	180
	＞10～16	3.0	4.0	5.5	7.5	11	16	22	32	50	80	125	200
	＞16～25	3.4	4.8	6.5	9.5	14	20	30	45	71	112	180	280
＞400～800	1～3.5	2.6	3.4	4.5	6.5	9	12	17	25	40	63	100	160
	＞3.5～6.3	2.8	3.8	5.0	7.0	10	14	20	28	45	71	112	128
	＞6.3～10	3.0	4.0	5.5	7.5	11	16	24	36	56	90	140	224
	＞10～16	3.2	4.5	6.0	9.0	13	18	26	40	63	100	160	250
	＞16～25	3.8	5.3	7.5	10.5	16	24	36	56	90	140	224	355
	＞25～40	4.5	6.5	9.5	14	21	30	48	71	112	180	280	450
＞800～1600	1～3.5	3.0	4.2	5.5	8.0	11	17	24	36	56	90	140	224
	＞3.5～6.3	3.2	4.5	6.0	9.0	13	18	28	40	63	100	160	250
	＞6.3～10	3.4	4.8	6.5	9.5	14	20	30	45	71	112	180	280
	＞10～16	3.6	5.0	7.5	10.5	15	22	34	50	80	125	200	315
	＞16～25	4.2	6.0	8.5	12	19	28	42	63	100	160	250	400
	＞25～40	5.0	7.0	10.5	15	28	36	53	80	125	200	315	500

也可以将三维查表问题降为二维查表问题进行处理，如本例可先由齿轮直径及法向模数查出表中的一行数据，再根据精度等级进行一维查表。

上面介绍的方法仅适用于数据和数表较少的情况，若数据和数表较多，则占用的内存太多。正因为如此，一般实际应用中常把数据与应用程序分开，单独建立数据文件，存放在外存中。当应用程序需要用到有关数据时，可通过读数语句和相应的控制语句，把所需的文件读入内存，以供应用程序使用。例如，上例数据比较多，在程序中对数组进行初始化时会很不方便，这时可以将表中所有的f_t值放在一个数据文件中，当程序开始运行时打开文件，自动将数据读入三维数组中。

2.4.2　线图的程序处理

在设计资料中，有些参数之间具有的函数关系是用线图来表示的，如螺旋角系数 Z_β、齿形系数、三角胶带传动的选型图等。根据来源不同，线图可以分为四类。

(1) 线图所表示的各参数之间原本就有计算公式，只是由于计算公式复杂，为便于手工计算将公式绘成线图，以供设计时查用。因此在用计算机进行设计计算时，应直接应用原来的公式。例如，齿轮传动接触强度计算中的螺旋角系数 Z_β，常常是以线图形式给出的，如图 2-22 所示。而该线图是根据 $Z_\beta=\cos\beta$ 绘制的(β 为齿轮分度圆螺旋角)。因此在编写 CAD 程序时，可直接使用公式 $Z_\beta=\cos\beta$。

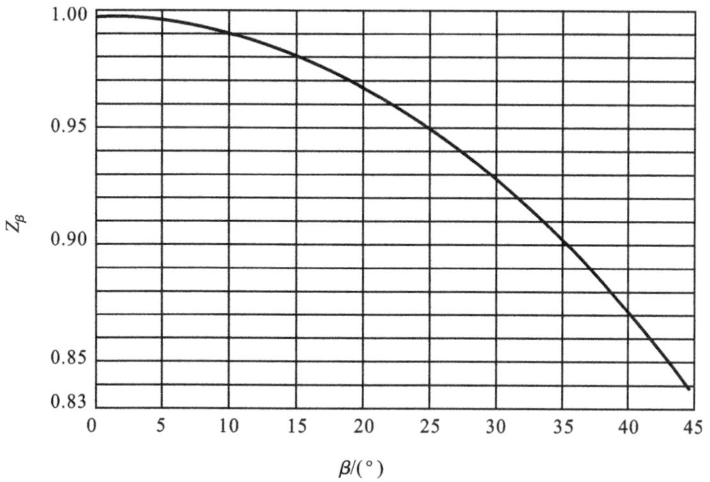

图 2-22　螺旋角系数 Z_β

(2) 线图所表示的各参数之间没有或找不到计算公式。这时可从曲线上读取自变量 x_i 及相应的应变量 y_i ($i=1,2,\cdots,n$)，制成数表，然后按处理数表的方法处理。图 2-23 所示为渐开线齿轮的一种齿形系数曲线图，图中横坐标表示齿轮的齿数 z，纵坐标表示齿轮的齿形系数 y。根据不同的齿数 z 即可从此图上找到相应的齿形系数 y。

为了把曲线图变成数表，可以在曲线上取一些结点，并把结点的坐标值列成一张一维数表，如表 2-5 所示，其中结点的选取随曲线形状而异，选取的基本原则是相邻两结点的函数差值较为均匀。如图 2-23 中，z 值较小时，对齿形系数影响较大，结点的区间应取得小些；而 z 值较大时，对齿形系数影响较小，结点的区间应取得大些，以提高列表函数精度和降低插值误差。当所取的点不在数表所列的结点上时，可用函数插值的方法来处理。

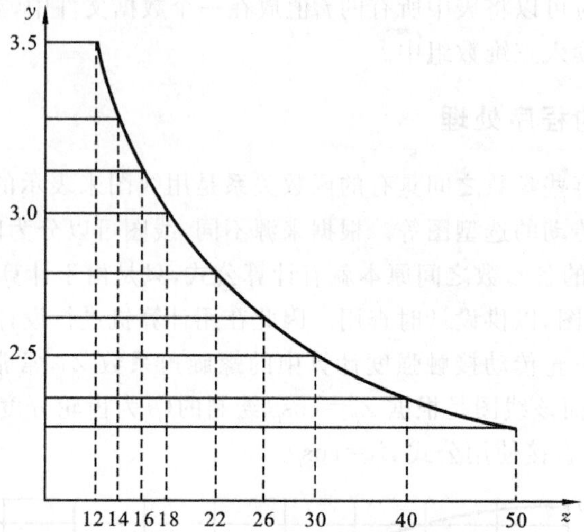

图 2-23　齿形系数

表 2-5　渐开线齿轮的齿数 z 和齿形系数 y 的关系

齿数 z	12	14	16	18	22	26	30	40	50
齿形系数 y	3.48	3.22	3.05	2.91	2.73	2.60	2.52	2.40	2.32

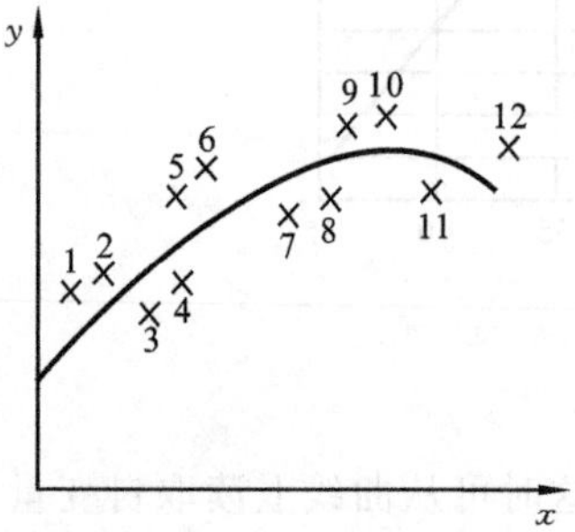

图 2-24　曲线拟合

（3）在实际的工程问题中，时常需要用一定的数学方法将一系列测试数据或统计数据拟合成近似的经验公式，这种建立经验公式的过程称为曲线拟合，如图 2-24 中的1～12为已知点，采用最小二乘法曲线拟合方式所得的曲线为 $y=f(x)$，它不一定通过所有点，但它最大程度地接近这些点，因此反映了所给数据的变化趋势，比较符合实际规律。用曲线拟合的方法求出线图的经验公式后，再将公式编入程序。

工程手册中的线图有时是比较复杂的，在程序化时要根据具体的情况进行处理。

2.5　数据库系统及其应用

数据库系统是在文件系统的基础上发展起来的一门新型数据管理技术。在这里，我们把数据库简单地看成“为满足某一组织中多个用户的多种需要，在计算机系统上按照一定的数据模型组织、存储和使用的相互关联的数据集合”，由一系列各种组织形式的数据文件组成。数据库技术的产生解决了数据共享，数据的独立性、安全性、保密性、完整性等问题，已成为目前进行信息管理及数据处理的主要工具和手段。同时为了适应工程领域的特殊需要，人们又发展了将数据库技术应用于管理生产和管理工程数据的新型数据库，即所谓工程数据库(也称 CAD 数据库)。

2.5.1 数据库的发展历史及发展动态

1. 历史回顾

数据库管理系统(DBMS)是数据库技术的核心部分，其发展历史集中反映了数据库技术的发展概况。自从 IBM 公司于 20 世纪 60 年代末开发出第一个数据库管理系统以来，DBMS 已有了三代产品。第一代为以层次及网状数据模型为基础的系统，第二代为以关系数据模型为基础的系统，第三代为可扩充的 DBMS。前两代 DBMS 称为传统 DBMS，以商业管理、一般信息处理为应用背景，管理的是规范的、有结构的数据，为一种静态模型，一般只能反映对象的当前状态，很难如实反映对象状态发生变化的过程。其中关系模型由于数学基础严谨、结构简单，发展最快，应用最为广泛，成为数据库技术发展与应用的主流，如基于关系模型的微机数据库管理系统软件 FoxBASE-FoxPro 受到用户的广泛青睐。但是自 20 世纪 70 年代以来，当人们利用传统 DBMS 管理产品及工程数据时，却很快发现传统 DBMS 并不适合管理工程数据。工程数据与商业数据及一般数据之间存在很大的差异，具有鲜明的特点，并有其自身的特殊要求，主要反映为工程数据结构十分复杂、数据越来越大且数据类型日益增加。因此，在利用传统 DBMS 管理工程数据时，不仅要处理一般数据，还要处理图形、图像、声音等多媒体数据。同时，工程数据管理还要求 DBMS 支持动态变化的数据模式，这就对 DBMS 提出了越来越多、越来越高的功能要求。自 20 世纪 80 年代以来，人们为解决以上这些问题做了大量的工作，提出了开发、研究可扩充的 DBMS，即第三代数据库管理系统。目前用于工程数据库管理的第三代可扩充的 DBMS 尚处于探索、发展的阶段，从关于 DBMS 的各种想法到实现的原形，都可以说是五花八门，但总的来看主要朝两个方向发展：一是面向对象的数据库(简称 OODBS)，二是可扩充数据库(简称 EDBS)。前者主要从数据模型的角度来解决问题，允许用户用数据语言扩充功能；而后者则着眼于系统的结构，但仍通过数据语言来扩充功能。关于第三代 DBMS 的建立，虽然目前还没有一个公认的方案能被大家所接受，但发展中所出现的问题及要求解决的问题已日趋明朗，同时以可扩充的 DBMS 作为唯一解决问题的方法也为大多数人所接受。可以预见，在不久的将来工程数据库技术将不断地完善和成熟，成为数据库技术发展及应用的新主流。

2. 发展动态

当前工程数据库技术的开发与研究工作突飞猛进，但由于尚处于探索阶段，仍有很多技术难题有待解决。目前有关工程数据库技术的研究主要集中在以下几个方面。

1) 分布式数据库系统的研究

随着网络技术的飞速发展，以后的数据库系统必然是分布式的数据库系统，它包含成千上万个结点，数据分布在不同的结点上，且可能存在多数据模型的异构数据库，而对于如何在网络上实现异构系统之间数据的共享、存取、传输、查询、故障处理等，还有大量的工作要做。

2）数据库系统的标准化

由于工程数据的结构复杂、类型多，为了充分保证数据的共享及应用软件的可移植性，数据库系统的标准化工作就显得十分重要。目前对数据库标准化的研究内容主要集中在DBMS结构模型、数据库语言、远程数据库访问协议、数据交换标准等方面。

3）实时响应数据库系统

在工程领域内有很多情况需要实时监控，例如，在自动化生产线的加工过程中，需要对工作状态、工艺参数（如切削力、温度、压力、流量）等进行实时监控；在计算机辅助检验中，需要对工件的尺寸精度、表面粗糙度、形状精度等进行实时监控，等等。这就要求数据库系统支持动态变化的数据模式，即要求数据库系统具有实时响应的能力。目前这一领域的研究才刚刚起步。

4）用户界面的设计

用户界面对于任何软件系统都是极其重要的，如果没有友好、高效的用户界面，将直接给系统的使用性能和功能的发挥带来不良影响。尤其是工程数据库，由于其数据结构复杂、数据类型多，用户的类型及需求也具有多样性，其用户接口的设计更为困难，因此，在解决用户接口的灵活性、复杂性、透明性、一致性、可靠性等方面都有很多问题亟待解决。

5）有关海量存储及并行处理等硬件技术的研究

工程数据量的日益增多及数据处理工作量的日益增加，对开发、研制计算机硬件也提出了更高的要求，关于海量存储设备及多CPU并行处理系统的研究就是为了解决这一矛盾而发展起来的重要研究方向。

3. 国内外工程数据库技术应用简介

1）国外工程数据库技术应用

工程数据库技术在西方发达国家尤其是美国得到高度重视。美国无论是在数据库技术的研究、开发，还是在实际应用方面目前均处于领先地位，其拥有的数据库不论在数量或规模上都居全世界首位。美国国家标准局就建有数十个各类工程数据库；另外，如美国波音公司也开发研制了大量的工程数据库，作为其CAD技术的坚实基础，使无图纸化的飞机设计工作成为可能。下面简单介绍国外应用工程数据库技术最为成功的两个领域。

（1）材料数据库的开发及应用。

将材料的性能数据与结构分析相结合是现代工程设计的基础。而现有的工程材料数量繁多，且新材料不断涌现，它们的成分、结构、性能及使用规范构成了庞大的信息体系，使设计人员往往很难做出最佳选择。为此，在国际科技数据委员会（CODATA）的协调指导下，推出了材料数据库建库指南，各主要的工业国家都积极行动，相继建立数据中心，开发、研制了大量的材料数据库。例如，美国金属学会建立的选材数据库就包括材料的牌号、技术条件、成分、材料等级、各种力学特性，在不同状态的性能及对其的评价等信息，用户可以通过这套系统咨询实现材料的优选；又如，德国化工协会组织开发的材料腐蚀专家系统 DECOR，它包括金属材料在饮用水，工业用水及酸、碱、盐溶液中的腐蚀情况的各种数据，用户只要输入所用材料、介质和工作条件，系统就可以给出是否可用的结果，同时还能给出详细的实验根据。

目前国际上各种材料数据库的建设方兴未艾，且越来越朝国际合作开发及网络化的方向发展，显然材料数据库的应用将越来越深入，应用范围将越来越广泛。

(2) 标准件及产品数据库的开发及应用。

计算机辅助设计(CAD)技术在工程领域里正在向纵深发展，而且还有新的应用领域正不断被开拓出来，计算机辅助零件及产品的选算就是其中之一。计算机辅助零件及产品的选算建立在标准件及产品数据库的基础上，它要求利用专家系统从这些工程数据库中选择最佳的标准件、零件及产品，以提高设计效率及质量。目前国外发达国家在这方面发展得相当迅速，开发了各类标准件及产品的数据库供设计人员选用。例如，瑞典 SKF 公司开发的 CADalog 系统就是一个计算机辅助轴承选择系统，该系统主要由轴承数据库和轴承选择两部分组成。其中轴承数据库中包括其公司生产的 12 大类 2 万多个品种的各种轴承产品的有关数据，用户可以根据自己的使用要求，按照一定的选择标准从中选择最优结果，这样可以提高设计效率，同时也可以提高轴承的质量及可靠性。

2) 国内工程数据库技术应用

在国内，工程数据库技术起步较晚，目前的开发、应用水平与国外发达国家相比还有一定的差距。但是近年来由于科技工作者的不断努力，我国也在工程数据库技术领域取得了令人瞩目的成绩，下面就简单介绍我国开发的两个工程数据库。

(1) 机械强度数据库。

由郑州机械研究所开发的机械强度数据库是国家科技攻关课题的产物，其目标是建成面向全国的机械工程结构设计数据中心。数据库按工程材料、结构疲劳、断裂、振动四个方面选录数据，主要由国产常用工程材料性能、静强度分析和设计、疲劳性能及设计参数、断裂力学的设计、工艺强度、强度评价数据及方法、动态性能分析和评价程序、典型载荷数据、设计规范及数据处理程序等几部分组成。它的建立与应用对提高我国机械产品的设计水平、设计效率、设计质量等都具有重要作用。

(2) 新型材料数据库。

由国家“863”新材料专家委员会批准建立的新型材料数据库，共包含金属、陶瓷、高分子复合材料及非晶态材料四个子数据库。它参照美国金属学会选材数据库的结构和标准建立，主要内容包括材料牌号、成分、技术条件、等级、性能及评价等数据，此外还包括金属相图分析专家系统、陶瓷材料专家系统等，在国家“863”计划的实施中，为高新技术的研究与应用提供了卓有成效的服务。

2.5.2 数据库技术在CAD中的应用

1. 数据库技术在CAD中的应用方式

数据库系统是CAD的重要基础，负责数据的存储及处理。CAD系统的数据形式多样，如工程数表、图表、线图及图形等。根据数据库系统在CAD中的作用和重要性，其应用方式大致可以分为两种。

1) 以数据库系统为整个CAD系统的核心

此时CAD系统为基于数据库的集成化系统，整个CAD系统的运行都在数据库系统的管理与控制之下。数据库不仅用于数据的存储及处理，而且用于设计方法、判别规则等的存储，即还要建立设计方法库、规则库等。工程设计人员可以根据设计任务及要求，从设计方法库中选取合适的设计方法，并对设计结果进行分析、判别。在这个过程中，实际上是要把人工智能的技术与数据库技术结合在一起，在某种程度上模仿人类思维方式去解决实际问题。前面所介绍的工程数据库就是这种情况，正因为如此，工程数据库又称为CAD数据库。显然这种系统对数据的管理能力要强得多，支持的数据类型要丰富得多，因而更适应CAD技术的需要。但是如前所述，目前这种系统仍处于探索、发展之中，尚不成熟，因此在现阶段应用还不够多。相信在不久的将来，这种系统会不断得到完善。

2) 在CAD系统中访问已有的数据库

在CAD系统中访问已有的数据库，主要指利用一定的技术访问存储在传统数据库(如关系模型数据库中的数据)。例如，用户可以预先把设计中用到的数表、图表数据建成相对独立的数据库，设计时对其中的数据进行查询、检索、存取等操作，这些操作都是利用现有的DBMS提供的功能来完成的。把所得的结果写入一个文本格式的数据接口文件中，然后在CAD系统中利用嵌入式的程序设计语言或某种高级程序设计语言接口来编写相应的接口程序，完成把数据从文本文件传递到CAD系统内部的操作。如AutoCAD中可以利用内嵌的Autolip语言编写接口程序，接收从数据库系统产生的文本文件中的数据。

这种工作方式在现阶段应用还是非常广泛的，要实现这种工作方式，关键有以下两点。

(1) 如何把设计中用到的大量工程数据转化为传统DBMS能处理并能访问的形式。

工程数据很多为结构复杂的工程数表或图表，而传统DBMS只能处理相对结构简单而规范的数据，这就有一个转化、处理的问题，即把复杂的工程数表或图表简化为传统DBMS能处理并能访问的形式。这种访问产生的数据接口文件一般为纯文本文件。

(2) 要根据传统DBMS产生的文本文件的格式与CAD系统内部的数据格式，编写相应的实现数据传递的接口程序。编写接口程序时可以利用CAD系统中内嵌的程序设计语言接口，也可以利用CAD系统提供的高级程序设计语言接口来实现。接口程序一般应具备双向传递数据的能力,可以从数据库的数据接口文件传递数据到 CAD 内部进行处理,也可以从 CAD 内部把数据传递到数据接口文件,再送到数据库中进行处理。

本章重难点及知识拓展

本章重难点:CAD 硬件系统、软件系统的功能及其组成;CAD 系统中图形的变换原理与方法,图形显示输出的原理与方法,二维图形的处理方法和技术;利用计算机技术进行工程数据的处理方法;数据库技术在 CAD 系统中的应用等。

计算机辅助设计是一种利用计算机硬、软件系统辅助设计者对产品进行规划、分析、计算、综合、模拟、评价、绘图和编写技术文件等设计活动的总称。这一技术的特点是将设计人员的思维、综合分析和创造能力与计算机的高速运算、巨大数据存储和快速图形生成等能力很好地结合起来,来完成设计工作。CAD 是一个人机结合的设计系统。在这个系统中,它充分利用设计者和计算机的各自优点来完成设计工作。

目前国内外已出现了很多 CAD 软件系统,如 AutoCAD、Pro/Engineer、CAXA 等,这些软件系统本身被其研发公司定期地不断升级更新,同时一些新的 CAD 软件系统也不断推出。本书不详细介绍具体的 CAD 软件系统,而着重介绍 CAD 系统的底层的基本原理和方法。目前,计算机图形图像学、数据库技术等仍然是研究的热点领域,一些新的算法理论与方法不断出现,若读者意欲深入研究这些问题,可参阅相关文献。作为工程技术人员和大学生,应能熟练运用常用的 CAD 软件。

思考与练习

2-1 什么是 CAD? 什么是 CAD 系统?

2-2 CAD 技术在机械工业中有哪些主要应用? 结合你用过或见过的 CAD 的应用实例说明。

2-3 与传统的设计方法相比较,CAD 技术的主要特点有哪些?

2-4 什么是用户坐标系、设备坐标系、规格化设备坐标系? 在图形程序设计中,采用规格化设备坐标系有什么好处?

2-5 CAD 系统中的软件可以分为哪几类? 说明各软件的主要作用。

2-6 窗口与视图区是如何匹配的? 窗口与视图区有何作用? 自选一图形实现窗口

与视图区的匹配。

2-7 已知$\triangle ABC$的三点坐标$A(1,1)$,$B(3,1)$,$C(2,2)$,试求出该三角形绕点$P(5,6)$逆时针旋转60°,然后放大2倍后各点的坐标值。

2-8 试列举出三种不同类型的表格,并说明其各自特点及在计算机中相应的处理方法。

2-9 什么是数据库?要实现在CAD系统中访问已有数据库的关键是什么?

第3章 优化设计

案例 外啮合齿轮泵的优化设计

外啮合齿轮泵是一种应用广泛的齿轮泵，在输出压力、输出流量、转速分别为 25 MPa、100 L/min 和 1500 rad/min 的情况下，要求确定一台具有流量均匀性好、体积小、寿命长的外啮合齿轮泵齿轮的几何设计参数。传统的设计方法是从给定的条件出发，根据经验类比和理论计算，用试凑的方法确定主要参数，然后进行强度、刚度等方面的校核。如不合格，则对某些参数进行修改后，再重复上述过程，直到满足各项要求为止。而采用优化设计方法时，则是先建立优化设计模型，包括选择主要设计参数即设计变量，如齿轮模数、齿数、流量等；再确定设计变量必须满足的条件即约束条件，如强度、刚度、结构方面的条件要求；最后确定要达到的指标，一般是设计变量的函数即目标函数，如体积最小、重量最轻等。然后用计算机求解此优化设计数学模型，即可求得在一定条件下的最优设计方案。与传统设计方法相比，优化设计方法设计效率高、设计质量好。

3.1 优化设计概述

3.1.1 优化设计问题的提出

目前，通行的产品设计方法仍是根据设计要求，由设计开发人员参照类似产品的设计，结合自己的实践经验及参阅相关的设计手册来进行的，其过程大致包括确定产品的结构方案；进行原始尺寸的计算和强度、刚度、可靠度等的校核；当产品不满足强度、刚度、可靠度等方面的要求时，则须重新调整原始方案和重复同样的计算。由此可见，这种“原方案→(校核)计算→调整”的设计流程，其实就是一个循环的设计过程，其重复次数主要由设计精度和设计经验而定。

事实上，对同一产品的设计要求是多种多样的，而且这些要求往往又是相互矛盾的。这些要求既可以是最佳的使用性能，也可以是最小的材料消耗，还可以是最低的制造成本等等。面对众多相互矛盾的设计要求，就是经验再丰富的设计人员也常常徘徊不定，即使产品设计出来了，也不敢保证这样的设计就是最好的。由此可见，这种传统的设计方法是相对烦琐和耗时的，是以牺牲设计效率和质量为代价的。随着设计越来越系统化，设计规模越来越大型化，上述设计方法已经越来越不能满足设计的时效和精度要求。

20世纪50年代以后，随着计算机技术的发展和数值计算方法的完善，传统的设计方法也走上了一条称之为优化设计的现代设计之路。优化设计是在现代计算机广泛应用的基础上发展起来的一项新技术，主要采用“自动探索”的方式和最优数学方法，在计算机上进行半自动或自动的设计。经过几十年的发展，优化设计方法已陆续在建筑、化工、冶金、交通运输、航空航天、造船、机床、汽车、自动控制、电器甚至医疗、生物等领域得到了广泛应用，取得了显著效果。

在本章开头的这个案例中，齿轮泵齿轮最基本的设计参数为一对啮合齿轮的模数 m、齿数 z 和变位系数 x，流量均匀、体积和寿命等方面的设计目标均可以由这些基本的设计参数推导出来，因此，它们被称为目标函数，这里不妨先将这些目标函数分别设为 $f_1(m、z、x)$、$f_2(m、z、x)$ 和 $f_3(m、z、x)$。至于 m、z、x 具体取什么样的值会受到重合度、径向间隙、接触应力、弯曲应力、最小齿顶厚度、模数范围、齿数范围、变位系数等相关设计条件的限制；而这些设计条件也可由基本的设计参数来表达，因此它们被称为约束条件，这里不妨将约束条件设为 $g_u(m、z、x)(u=1,2,\cdots,n)$，其中 n 表示设计条件的个数，则上述案例的设计过程其实就是：

满足：　　$g_u(m、z、x)$ 的情况下

$\Downarrow$

寻找：　　一组设计参数 m,z,x

$\Downarrow$

使得：　　设计目标 f_1 最好，f_2 最小，f_3 最长

3.1.2　优化设计的数学模型

依附于具体产品而实现特定目标的优化设计，是指通过计算机大量的反复迭代运算所产生的能满足设计要求的，并使该产品的设计目标取最优值的一组最佳的设计参数，这就是优化设计的总体思路。当然，这里最优值只是一个相对概念，不同于数学上的极值，在很多情况下可统一采用最小值来表示。从上述案例的设计过程不难看出，该过程主要解决三方面的问题，即设计变量的选择、目标函数和条件函数的确定。由于优化设计是用计算机来模拟真实的设计过程的，因此建立适合于计算机计算的模型即优化模型是优化设计工作的第一步。优化模型主要采用的是数学模型，它也应该解决好上述三方面的问题，因此设计变量、目标函数、约束条件（或约束函数）构成了优化模型的三要素。

1. 设计变量

在设计过程中进行选择和调整并最终必须确定的独立参数称为设计变量，而固定不变的要事先给定的参数称为设计常量。例如，本章开头案例中的 m、z、x 为设计变量；而齿轮所用材料的一些属性值则为设计常量。

设计变量的数目称为优化问题的维数，如有 n 个设计变量，就称为 n 维优化设计问

题,由这 n 个设计变量的坐标轴所形成的 n 维实空间称为设计空间,用 E^n 表示。图 3-1 所示的是这样的一个二维和三维的设计空间,在这些空间中,n 个设计变量的坐标值组成了一个设计点并代表一个设计方案,可用向量形式表示如下:

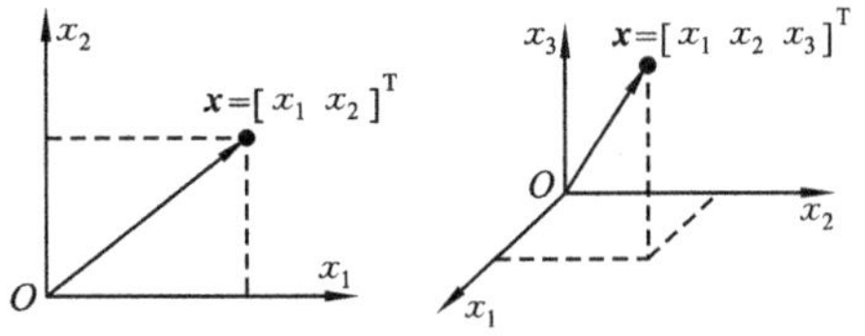

图 3-1 二维和三维的设计空间

$$\boldsymbol{x} = [x_1\ x_2 \cdots\ x_i \cdots x_n]^{\mathrm{T}} \quad (i = 1,2,\cdots,n)$$

由此,案例中的设计变量可表示为

$$\boldsymbol{x} = [m \quad z \quad x\ ]^{\mathrm{T}}$$

设计变量有连续变量和离散变量之分,大多数产品设计中的设计变量是连续变量,但也有一些产品设计中的设计变量是离散型设计变量,如齿轮的模数、轴承的内径、弹簧的螺距等。同时还存在一些整数型的设计变量,如齿轮的齿数、连接螺栓的个数、柱塞泵的柱塞数、叶片泵的叶片数等,很显然,应将整数型设计变量作为离散型设计变量的一个特例来看待。

对于连续变量,可以采用下面 3.3～3.6 节所介绍的常规优化方法来求解。对于离散型设计变量,目前通行的做法是在优化过程中,先将这些离散型设计变量当做连续变量来处理,待优化过程结束后,再在所取得的最优点附近,通过与其邻近离散点的目标值进行比较,来确定出其中目标值最小的最优离散点。这种所谓的事后处理法,存在很大的应用局限性。下面以案例中模数 m 和齿数 z 的处理为例,来说明如何将这种优化过程外的处理方法,改进为优化过程中的处理方法。

由于在齿轮传动的设计中,m 的取值一般总符合 0.25 等差数列的规律。大多数计算机高级语言都提供"取整"一类的函数,如 ceil(x)(表示取与 x 最接近的上整数)和 floor(x)(表示取与 x 最接近的下整数),运用这两个函数,通过下面的变量转换,可以很好地将离散型设计变量 m、z 的标准取值转化为某些连续型设计变量 mr、zr 的连续取值:

$$\begin{cases} \Delta \mathrm{mr} = 4\mathrm{mr} - \mathrm{floor}(4\mathrm{mr}) \\ \mathrm{m} = \mathrm{if}(\Delta \mathrm{mr} \leqslant 0.5)(0.25\mathrm{floor}(4\mathrm{mr}))\mathrm{else}(0.25\mathrm{ceil}(4\mathrm{mr})) \\ \Delta \mathrm{zr} = \mathrm{zr} - \mathrm{floor}(\mathrm{zr}) \\ \mathrm{z} = \mathrm{if}(\Delta \mathrm{zr} \leqslant 0.5)(\mathrm{floor}(\mathrm{zr}))\mathrm{else}(\mathrm{ceil}(\mathrm{zr})) \end{cases}$$

其中的" z = if(Δzr ⩽ 0.5)(floor(zr))else(ceil(zr)) "语句,表示如果 Δzr ⩽ 0.5 成立,则 z = floor(Δzr) ,否则 z = ceil(Δzr) 。

设计空间的维数同时也表征了设计的自由度,设计变量愈多,则设计的自由度愈大、可供选择的方案愈多,设计愈灵活,但难度也愈大,求解也愈复杂。为此,常用设计空间的维数作为划分优化模型规模的依据,一般含有 2～10 个设计变量的为小型设计问题,10～50个的为中小型设计问题,而 50 个以上的为大型设计问题。

2. 目标函数

目标函数又称为评价函数，用来评价设计方案优劣的标准，更重要的是反映设计者所追求产品最优指标的设计意图，一个 n 维设计变量优化问题的目标函数记为 $f(\boldsymbol{x})=f(x_1,x_2,\cdots,x_n)$。

目标函数表征的是设计的某项或者某些最重要的特征，如产品的重量、体积、刚度、变形、承载力、功耗、产量、成本、运动误差、动态特性或者其他指标（如案例中的流量脉动指标）等，都可以作为优化问题的目标函数。优化设计就是要通过优选设计变量使目标函数达到最优值。对同一产品的优化设计，目标函数可以有不同的取法，也会导致不同的优化结果，但它们总可以转化成求最小值的统一形式，即使对于那些求最大值的目标函数，也可通过其倒数的形式转化成求最小值的形式。

依据所代表的设计特征的数量，目标函数可分为单目标函数和多目标函数两类。由于单目标函数所反映的仅是产品设计中众多指标的某一项，片面性和局限性很大，故在优化设计中，多目标函数的优化问题比较普遍。目标函数愈多，考虑到的设计指标就愈多，设计的综合效果愈好，但是随之而来的求解也愈复杂。对多目标函数的处理将在 3.6 节给予一般性的介绍。

目标函数值与设计变量值之间具有一定的函数关系，虽然这种关系常常并非一一对应的关系，但是一组已知的设计变量在设计空间还是唯一地确定了目标函数的值和设计点。这里将与目标函数值相等的所有设计点的集合称为目标函数的等值曲面，二维时的这个点集称为等值线，三维时的称为等值面，三维以上时的称为等超越面。给定不同的目标函数值，可得到一系列这样的等值线、等值面或等超越面，由它们构成了相应的等值线族或等值面族或等超越面族。

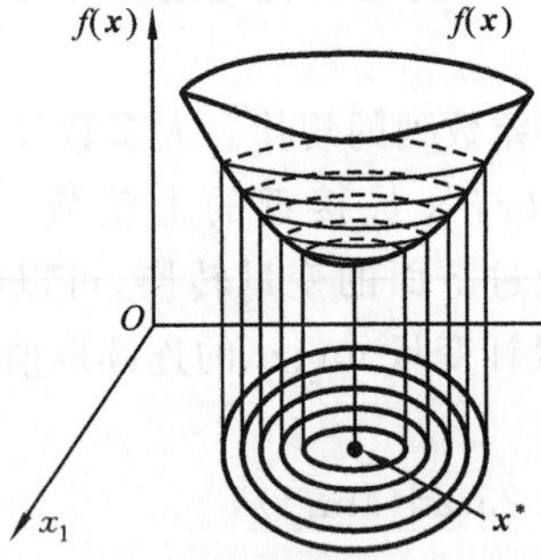

图 3-2　二维设计变量下的等值线

图 3-2 所示为一个具有共同中心极值点 $\boldsymbol{x}^*$ 的二维目标函数的等值线族。由图可知，这些等值线族形象地反映了目标函数值的变化规律，越靠极值点 $\boldsymbol{x}^*$ 的等值线，表示的目标函数值越小，其分布也越密集。因此，案例所要求的流量均匀性好、体积小和寿命长的目标函数可分别表示如下。

1）表征流量均匀性好即脉动最小的目标函数

$$f_1(\boldsymbol{x})=0.25t_j^2/(r_e^2-r^2-t_j^2/12)$$

式中：r_e 为齿顶圆半径，$r_e=0.5mz+m(h+k-\sigma)$；r 为节圆半径，$r=0.5m(z+\sigma)$；σ 为中心距变动系数，$\sigma=z[\cos(\alpha_n/\alpha)-1]$；$t_j$ 为基节，$t_j=\pi m\cos\alpha$；α_n 为刀具压力角；α 为节圆的啮合角，$\mathrm{inv}\alpha=2kz^{-1}\tan\alpha_n+\mathrm{inv}\alpha_n$。

2）表征体积小的目标函数

$$f_2(\boldsymbol{x}) = \left((2\pi-\theta)r_e^2 + 2rr_e\sin\frac{\theta}{2}\right)\Big/2\pi(r_e^2 - r^2 - t_j^2/3)$$

式中：$\theta = 2\alpha\cos(r/r_e)$。

3）表征寿命长的即侧向力小的目标函数

$$f_3(\boldsymbol{x}) = 170PQr_e/(2\pi(r_e^2 - r^2 - t_j^2/3))$$

式中：P 为额定压力；Q 为额定流量。

3. 约束条件

前面讲过，目标函数值取决于设计变量的变化，但这种变化并不是任意的自由变化，绝大部分实际问题的设计或多或少总要满足一定的条件，而这些条件构成了对设计变量取值的限制，称为约束条件或约束函数。

根据对设计变量取值的限制形式，约束条件可分为直接限制的显约束和间接限制的隐约束。案例中齿轮的齿根应力 σ_F 必须小于其许用应力$[\sigma_F]$的限制条件，是通过 $\sigma_F \leqslant [\sigma_F]$来间接地限制设计变量取值的，这样的约束条件就为隐约束，而像 $9 \leqslant z \leqslant 16$ 这样的约束条件则为显约束。

当然，约束条件首先也必须是设计变量直接或间接的函数表达，具体可以采用等式“$h_v(\boldsymbol{x})=0$”（v 为等式约束的数目）和不等式“$g_u(\boldsymbol{x}) \leqslant 0$”（$u$ 为不等式约束的数目）来表示。其中等式约束对设计变量取值的限制最为严格，能起到降低设计维数的作用，但在实际问题中比较罕见，使用最为普遍的还是不等式约束。虽然不等式有“$\geqslant$”和“$\leqslant$”之分，但是“$\geqslant$”总可以通过两边同取负而化为“$\leqslant$”的形式，故本书不等式约束条件统一采用“$\leqslant$”的形式。

显约束和隐约束还可分为边界约束和性态约束。边界约束是用于直接限制每个设计变量的取值范围或者彼此相互关系的一些辅助的区域约束，而性态约束是由产品性能或者设计要求推导出来的用以间接限制设计变量取值范围的一种性能约束。

对于等式约束而言，当设计点完全位于等式约束所表示的约束线（或约束面）上时，这时的等式约束又可称为起作用约束或紧约束。而对于不等式约束来说，由于不等式约束的极限情况 $g_u(\boldsymbol{x})=0$ 所表示的约束线（或约束面）会将设计空间分为如图 3-3 所示的两部分，其中的一部分满足 $g_u(\boldsymbol{x}) \leqslant 0$，则这一部分的空间称为可行域，用 Θ 表示，该区间内的点是设计变量可以选取的，称之为可行（设计）点；位于 $g_u(\boldsymbol{x})=0$ 约束线（或约束面）上的设计点称为边界点；而设计空间中其余的部分则称为非可行域，位于其中的点称为非可行点。

在齿轮泵的齿轮设计中，需考虑以下这些约束条件。

（1）模数边界约束 $g(1): m - m_{\min} \geqslant 0$；　$g(2): m_{\max} - m \geqslant 0$。

（2）齿数边界约束 $g(3): z - z_{\min} \geqslant 0$；　$g(4): z_{\max} - z \geqslant 0$。

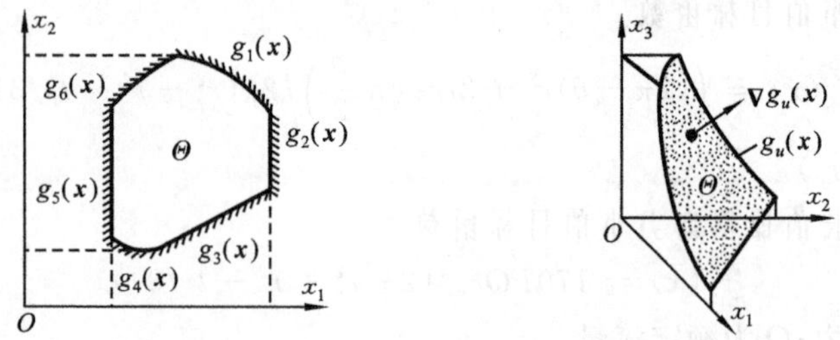

图 3-3　设计空间下的约束线(或约束面)

(3) 变位系数约束 $g(5)$:$k \geqslant k_{\min}=(14-z)/17$(允许少量根切)。

(4) 齿宽系数约束 $g(6)$:$b/m-\psi_{\min} \geqslant 0$;$g(7)$:$\psi_{\max}-b/m \geqslant 0$。

(5) 齿顶厚度约束 $g(8)$:$S_e \geqslant S_{e\ \min}=0.15m$。

(6) 弯曲应力约束 $g(9)$:$\sigma_F \leqslant [\sigma_F]$。

(7) 接触应力约束 $g(10)$:$\sigma_H \leqslant [\sigma_H]$。

(8) 重合度约束 $g(11)$:$\varepsilon=z(\tan\alpha_e-\tan\alpha)/\pi \geqslant \varepsilon_{\min}=1.05$。

(9) 径向间隙约束 $g(12)$:$|a-R_e-0.5m(z-2.5+2k)-0.15m| \leqslant 0.1m$。

其中 α_e 表示齿顶圆的啮合角,$[\sigma_F]$表示齿根应力和齿根许用应力,σ_H 和$[\sigma_H]$表示齿根弯曲应力和齿根许用弯曲应力,它们与设计变量之间关系的具体计算公式可参阅相关零件设计手册。

4. 优化设计的迭代解法

工程设计问题一般都可归结为多变量、多约束的非线性优化问题,这样的问题已经超越了经典的解析方法(也称为间接方法)所能解决的范畴。在计算机技术快速发展的背景下,利用数值迭代法(也称为直接方法)可以很好地解决这些问题;相应的,对于极小化问题可采用下降迭代算法。

优化设计的迭代解法的基本思想,是根据目标函数 $f(\boldsymbol{x})$的收敛变化规律,由第 k 次迭代点 $\boldsymbol{x}^{(k)}$ 开始,采用适当的步长 $\alpha^{(k)}$,沿着使目标函数值下降且符合约束函数的方向 $\boldsymbol{s}^{(k)}$ 来改变 $\boldsymbol{x}^{(k)}$,得到设计新点 $\boldsymbol{x}^{(k+1)}$,即迭代公式为 $\boldsymbol{x}^{(k+1)}=\boldsymbol{x}^{(k)}+\alpha^{(k)}\boldsymbol{s}^{(k)}$。然后在 $\boldsymbol{x}^{(k+1)}$ 处,采用新的步长 $\alpha^{(k+1)}$ 和新的方向 $\boldsymbol{s}^{(k+1)}$,再重复上一次的迭代过程,直至逼近问题的最优点为止。因此,优化问题的最优解 $\boldsymbol{x}^*$ 不是问题的精确解,而是满足一定计算精度 ε 下的近似解。

初始的设计点 $\boldsymbol{x}^{(0)}$ 和终止迭代运算的精度 ε,必须由设计人员预先给定。根据优化模型中目标函数和约束函数的收敛特性,ε 可以是以下四种迭代终止判据中的任何一种或多种:

$$\|\boldsymbol{x}^{(k+1)}-\boldsymbol{x}^{(k)}\| \leqslant \varepsilon_1;\quad |f(\boldsymbol{x}^{(k+1)})-f(\boldsymbol{x}^{(k)})| \leqslant \varepsilon_2;$$

$$\frac{|f(\boldsymbol{x}^{(k+1)})-f(\boldsymbol{x}^{(k)})|}{f(\boldsymbol{x}^{(k)})} \leqslant \varepsilon_3;\quad \|\nabla f(\boldsymbol{x}^{(k+1)})\| \leqslant \varepsilon_4$$

其中 $\|\boldsymbol{x}^{(k+1)}-\boldsymbol{x}^{(k)}\|$ 代表向量$(\boldsymbol{x}^{(k+1)}-\boldsymbol{x}^{(k)})$的模长，$\nabla f(\boldsymbol{x}^{(k+1)})$代表目标函数在 $\boldsymbol{x}^{(k+1)}$ 点处的一阶偏导数矩阵。

综上所述，优化问题中的迭代算法必须要解决好以下三个问题：

(1) 迭代算法具有收敛性，没有收敛性的算法在理论上是不能成立的；

(2) 在收敛性前提下，选择比较好的初始点 $\boldsymbol{x}^{(0)}$ 和适宜的终止判据及收敛精度 ε；

(3) 选取具有下降迭代的探索方向 $\boldsymbol{s}^{(k)}$ 和其上的迭代步长 $\alpha^{(k)}$，确保较快的收敛速度。

由上述不难看出，$\boldsymbol{s}^{(k)}$ 和 $\alpha^{(k)}$ 的选择是优化设计迭代解法的关键。

3.2 优化设计的数学分析基础

进行优化设计的本质就是求极值。实际设计问题所涉及的指标往往很多，致使优化模型中的目标函数比较复杂，用高等数学中原有的基础型极值理论处理往往显得力不从心。本节将对多变量约束优化问题的求解方法中所涉及的数学概念及有关理论进行补充和扩展，其中主要包括目标函数的泰勒(Taylor)展开式、方向导数和梯度的基本概念及数值迭代解法的基本格式。

1. 多元函数的泰勒展开

为了便于对多变量约束问题进行数学分析和求解，在保证足够精度的前提下，目标函数往往需要用一个线性函数和一个二次函数的替代来简化。由高等数学中一元函数 $f(x)$ 的泰勒公式可知，若 $f(x)$ 在含有点 $x^{(0)}$ 处的某个开区间内直到$(n+1)$阶可导，只要开区间(a,b)足够小，则该函数在(a,b)内 $x^{(0)}$ 点处的二阶泰勒展开式如下

$$f(x)\approx f(x^{(0)})+f'(x^{(0)})(x-x^{(0)})+\frac{1}{2}f''(x^{(0)})(x-x^{(0)})^2$$

或者

$$\Delta f(x)=f(x)-f(x^{(0)})\approx f'(x^{(0)})\Delta x+\frac{1}{2}f''(x^{(0)})(\Delta x)^2$$

当二元函数 $f(x_1,x_2)$ 满足一定条件时，也可类比于一元函数的泰勒展开式，用以下的向量和矩阵的形式近似替代原来的目标函数：

$$\boldsymbol{x}=\begin{bmatrix}x_1\\x_2\end{bmatrix};\quad \nabla f(\boldsymbol{x}^{(0)})=\begin{bmatrix}\dfrac{\partial f}{\partial x_1}\\[2ex]\dfrac{\partial f}{\partial x_2}\end{bmatrix}_{\boldsymbol{x}=\boldsymbol{x}^{(0)}};\quad \nabla f^2(\boldsymbol{x}^{(0)})=\begin{bmatrix}\dfrac{\partial^2 f}{\partial x_1^2} & \dfrac{\partial^2 f}{\partial x_1\partial x_2}\\[2ex]\dfrac{\partial^2 f}{\partial x_1\partial x_2} & \dfrac{\partial^2 f}{\partial x_2^2}\end{bmatrix}_{\boldsymbol{x}=\boldsymbol{x}^{(0)}}$$

$$f(\boldsymbol{x})\approx f(\boldsymbol{x}^{(0)})+\nabla f(\boldsymbol{x}^{(0)})^{\mathrm{T}}[\boldsymbol{x}-\boldsymbol{x}^{(0)}]+\frac{1}{2}[\boldsymbol{x}-\boldsymbol{x}^{(0)}]^{\mathrm{T}}\,\nabla f^2(\boldsymbol{x}^{(0)})[\boldsymbol{x}-\boldsymbol{x}^{(0)}]$$

同理,当多元的目标函数 $f(x_1,x_2,\cdots,x_n)$ 满足一定条件时,也可用以上泰勒展开式的向量和矩阵形式近似表示。其中

$$\boldsymbol{x}=\begin{bmatrix}x_1\\x_2\\\vdots\\x_n\end{bmatrix};\ \nabla f(\boldsymbol{x}^{(0)})=\begin{bmatrix}\dfrac{\partial f}{\partial x_1}\\\dfrac{\partial f}{\partial x_2}\\\vdots\\\dfrac{\partial f}{\partial x_n}\end{bmatrix}_{\boldsymbol{x}=\boldsymbol{x}^{(0)}};\ \nabla f^2(\boldsymbol{x}^{(0)})=\begin{bmatrix}\dfrac{\partial^2 f}{\partial x_1^2} & \dfrac{\partial^2 f}{\partial x_1\partial x_2} & \cdots & \dfrac{\partial^2 f}{\partial x_1\partial x_n}\\\dfrac{\partial^2 f}{\partial x_2\partial x_1} & \dfrac{\partial^2 f}{\partial x_2^2} & \cdots & \dfrac{\partial^2 f}{\partial x_2\partial x_n}\\\vdots & \vdots & \cdots & \vdots\\\dfrac{\partial^2 f}{\partial x_n\partial x_1} & \dfrac{\partial^2 f}{\partial x_n\partial x_2} & \cdots & \dfrac{\partial^2 f}{\partial x_n\partial x_n}\end{bmatrix}_{\boldsymbol{x}=\boldsymbol{x}^{(0)}}$$

$\nabla f(\boldsymbol{x}^{(0)})$ 是由目标函数 $f(\boldsymbol{x})$ 在点 $\boldsymbol{x}^{(0)}$ 的所有一阶偏导数组成的矩阵向量,称为一阶导数矩阵向量或梯度。$\nabla f^2(\boldsymbol{x}^{(0)})$ 是由目标函数 $f(\boldsymbol{x})$ 在点 $\boldsymbol{x}^{(0)}$ 的所有二阶偏导数组成的矩阵,该矩阵称为二阶导数矩阵或海色(Hessian)矩阵,简记作 $\boldsymbol{H}(\boldsymbol{x})$。由于 n 元函数的偏导数有 $n\times n$ 个,而且偏导数的值与求导次序无关,所以函数的 $\boldsymbol{H}(\boldsymbol{x})$ 是一个 $n\times n$ 阶的对称矩阵。

2. 目标函数极值的存在性

既然优化设计是求极值的问题,那么优化设计首先要做的工作,就是判断极值的存在性,如不存在极值,优化设计将是徒劳的。可根据目标函数 $f(\boldsymbol{x})$判断极值的存在性。在存在极值的基础上,还要知道极值的数目及性质,以及在存在全局极值点的情况下是否还存在(多个)局部极值点,这一点可根据目标函数的凸性来判断。对于有约束的目标函数,其极值还要结合约束条件来共同确定。

1) 目标函数无约束极值的存在性

由高等数学中的极值概念已知,图 3-4 所示的任一单值、连续、可微的不受任何约束的一元函数 $y=f(x)$,在 $x^{(0)}$ 点处有极值的充分必要条件是:

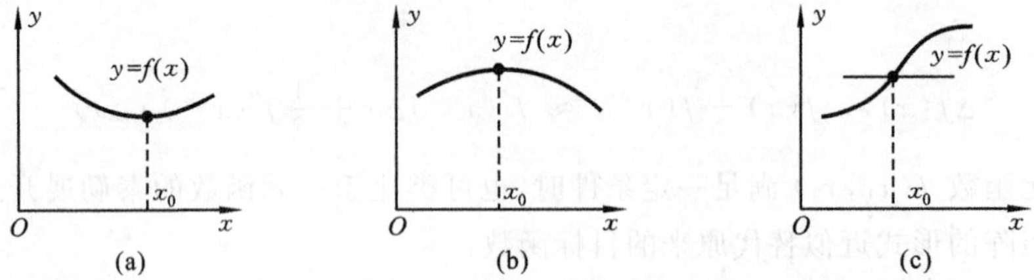

图 3-4 一元函数的极值点

$f'(x^{(0)})=0, f''(x^{(0)})>0$ 时有极小值;$f'(x^{(0)})=0, f''(x^{(0)})<0$ 时有极大值。

同理,对于二元函数 $y=f(x_1,x_2)$,只要满足一定的条件,在 $\boldsymbol{x}^{(0)}$ 点处有极值的充分必要条件是:

$$\left.\frac{\partial f}{\partial x_1}\right|_{x=x^{(0)}}=0;\left.\frac{\partial f}{\partial x_2}\right|_{x=x^{(0)}}=0\ ;\ \left|\begin{matrix}\dfrac{\partial^2 f}{\partial x_1\partial x_2} & \dfrac{\partial^2 f}{\partial x_1^2}\\ \dfrac{\partial^2 f}{\partial x_2^2} & \dfrac{\partial^2 f}{\partial x_2\partial x_1}\end{matrix}\right|_{x=x^{(0)}}<0;\left.\frac{\partial^2 f}{\partial x_1^2}\right|_{x=x^{(0)}}>0\text{ 时有极小值；}$$

$$\left.\frac{\partial f}{\partial x_1}\right|_{x=x^{(0)}}=0;\left.\frac{\partial f}{\partial x_2}\right|_{x=x^{(0)}}=0\ ;\ \left|\begin{matrix}\dfrac{\partial^2 f}{\partial x_1\partial x_2} & \dfrac{\partial^2 f}{\partial x_1^2}\\ \dfrac{\partial^2 f}{\partial x_2^2} & \dfrac{\partial^2 f}{\partial x_2\partial x_1}\end{matrix}\right|_{x=x^{(0)}}<0;\left.\frac{\partial^2 f}{\partial x_1^2}\right|_{x=x^{(0)}}<0\text{ 时有极大值。}$$

二次函数的向量表示形式如下：

$$f(\boldsymbol{x})=ax_1^2+bx_1x_2+cx_2^2+dx_1+ex_2+f=\frac{1}{2}\boldsymbol{x}^{\mathrm{T}}A\boldsymbol{x}+B^{\mathrm{T}}\boldsymbol{x}+C$$

其中

$$\boldsymbol{x}=\begin{bmatrix}x_1\\x_2\end{bmatrix};\quad \boldsymbol{A}=\begin{bmatrix}2a & b\\ b & 2c\end{bmatrix};\quad \boldsymbol{B}=\begin{bmatrix}d\\e\end{bmatrix};\quad \boldsymbol{C}=f$$

很显然，这里的系数矩阵 A 就是二次函数的海色矩阵 $\boldsymbol{H}(\boldsymbol{x})$，该矩阵为一个 2×2 阶的常数矩阵。如果这里的 $\boldsymbol{H}(\boldsymbol{x})$ 是正定的，则函数称为正定二次函数。正定二次函数的等值线（或等值面）是一簇同心椭圆（或同心椭球），它们的共同中心就是该二次函数的极小点。非正定二次函数在极小点附近的等值线或等值面也近似地用椭圆或椭球来代替，许多优化理论和优化方法都是根据正定二次函数加以拓展的，正定二次函数所具有的非常有效的优化算法，对一般非线性函数也是适用和有效的。因此，二次函数在优化理论中具有极其重要的意义。

只要多元函数 $f(\boldsymbol{x})=f(x_1,x_2,\cdots,x_n)$ 满足一定条件，在 $\boldsymbol{x}^{(0)}$ 点处具有极值，也存在如下的充分必要条件：

$\nabla f(\boldsymbol{x})\big|_{x=x^{(0)}}=[0\quad 0\ \cdots\ 0]^{\mathrm{T}}=0$（必要条件），$\boldsymbol{H}(\boldsymbol{x})\big|_{x=x^{(0)}}$ 正定（充分条件）时有极小值；

$\nabla f(\boldsymbol{x})\big|_{x=x^{(0)}}=[0\quad 0\ \cdots\ 0]^{\mathrm{T}}=0$（必要条件），$\boldsymbol{H}(\boldsymbol{x})\big|_{x=x^{(0)}}$ 负定（充分条件）时有极大值。

例 3-1 试证明函数 $f(\boldsymbol{x})=x_1^4-2x_1^2x_2+x_1^2+x_2^2-4x_1+5$ 在点 $\boldsymbol{x}^{(0)}=[2,4]^{\mathrm{T}}$ 处具有极小值。

解
$$\frac{\partial f}{\partial x_1}=4x_1^3-4x_1x_2+2x_1-4,\quad \frac{\partial f}{\partial x_2}=-2x_1^2+2x_2$$

$$\frac{\partial^2 f}{\partial x_1^2}=12x_1^2-4x_2+2,\quad \frac{\partial^2 f}{\partial x_1\partial x_2}=\frac{\partial^2 f}{\partial x_2\partial x_1}=-4x_1,\quad \frac{\partial^2 f}{\partial x_2^2}=2$$

将 $\boldsymbol{x}^{(0)}=[2,4]^{\mathrm{T}}$ 代入得

$$\frac{\partial f}{\partial x_1}=\frac{\partial f}{\partial x_2}=0,\quad \boldsymbol{H}=\begin{bmatrix}12x_1^2-4x_2+2 & -4x_1\\ -4x_1 & 2\end{bmatrix}_{x=x^{(0)}}=\begin{bmatrix}34 & -8\\ -8 & 2\end{bmatrix}$$

由于此时的 $\boldsymbol{H}(\boldsymbol{x}^{(0)})$ 为正定的，故该目标函数在点(2,4)处具有极小值 1。

2) 目标函数的凸性

目标函数的极值点一般是相对于它附近的局部区域中的各点而言的，目标函数在其整个可行区域中，有时可能共存许多个极值点，如图 3-5 所示的一元函数，在整个可行区域就同时存在两个极值点。因此，在解决优化设计问题时应着重注意区分和力求寻找到多个极值点中的最小值点，具有最小值的这个极值点称为全局最优点或整体最优点，其他的非最小值的这些极值点，则被称为局部最优点或相对最优点。

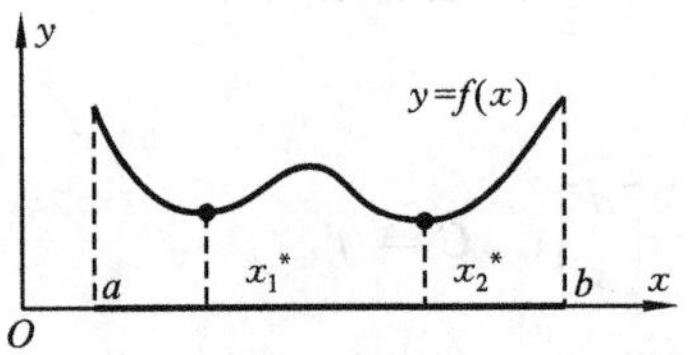

图 3-5 函数同时存在两个极值点

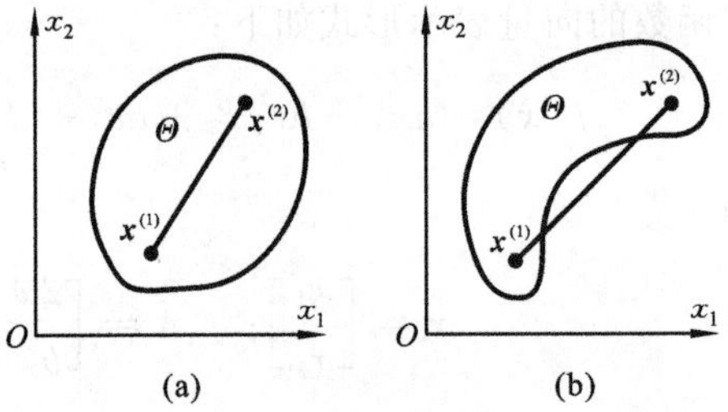

图 3-6 二维空间的凸集和非凸集

对于具有凸性即表现为单峰性的目标函数，其极值点只有一个，当然也就是全局的最优点。当凸性表现为下凸时，这样的目标函数称为凸函数；反之，当凸性表现为上凸时，则称为凹函数。

假设在 n 维欧氏空间中的一个集合 Θ 内任意两点 $\boldsymbol{x}^{(1)}$、$\boldsymbol{x}^{(2)}$ 之间的连接直线都属于这个 Θ，则称 Θ 为 n 维欧氏空间的一个凸集；否则为一个非凸集。图 3-6(a)所示是二维空间的一个凸集，而图 3-6(b)所示不是一个凸集。

如果将 $\boldsymbol{x}^{(1)}$、$\boldsymbol{x}^{(2)}$ 之间的连接直线用 $\boldsymbol{x}=\alpha\boldsymbol{x}^{(1)}+(1-\alpha)\boldsymbol{x}^{(2)}$ 表达，则凸函数的数学定义为

$$\boldsymbol{x}=f(\alpha\boldsymbol{x}^{(1)}+(1-\alpha)\boldsymbol{x}^{(2)})\leqslant\alpha f(\boldsymbol{x}^{(1)})+(1-\alpha)f(\boldsymbol{x}^{(2)})\quad(\boldsymbol{x},\boldsymbol{x}^{(1)},\boldsymbol{x}^{(2)}\in\Theta)$$

如果目标函数在 Θ 上具有一阶的连续导数，则可利用凸性条件来判断这个函数是否具有凸性，即对任意两点 $\boldsymbol{x}^{(1)}$、$\boldsymbol{x}^{(2)}\in\Theta$，$f(\boldsymbol{x})$ 是凸函数的充分必要条件为

$$f(\boldsymbol{x}^{(2)})\geqslant f(\boldsymbol{x}^{(1)})+(\boldsymbol{x}^{(2)}-\boldsymbol{x}^{(1)})\nabla f(\boldsymbol{x}^{(1)})$$

恒成立。

如果目标函数 $f(\boldsymbol{x})$ 在 Θ 上具有二阶的连续导数，则 $f(\boldsymbol{x})$ 为凸函数的充分必要条件是其 $\boldsymbol{H}(\boldsymbol{x})$ 处处半正定。

为此，如果事先能通过海色矩阵的正定性判断出目标函数是个凸函数，则该函数的极值点就是全域最优点。

例 3-2　试判断 $f(\boldsymbol{x})=x_1^2+2x_2^2$ 的凸性。

解　$$\frac{\partial f(\boldsymbol{x})}{\partial x_1}=2x_1,\quad \frac{\partial f(\boldsymbol{x})}{\partial x_2}=4x_2,\quad \frac{\partial^2 f(\boldsymbol{x})}{\partial x_1^2}=2,\quad \frac{\partial^2 f}{\partial x_2^2}=4,$$

$$\frac{\partial^2 f}{\partial x_1\partial x_2}=\frac{\partial^2 f}{\partial x_2\partial x_1}=0,\quad \boldsymbol{H}(\boldsymbol{x})=\begin{bmatrix}\dfrac{\partial^2 f}{\partial x_1^2} & \dfrac{\partial^2 f}{\partial x_1\partial x_2}\\ \dfrac{\partial^2 f}{\partial x_2\partial x_1} & \dfrac{\partial^2 f}{\partial x_2^2}\end{bmatrix}=\begin{bmatrix}2 & 0\\ 0 & 4\end{bmatrix}$$

由于 $a_{11}=2>0$，$\begin{vmatrix}a_{11} & a_{12}\\ a_{21} & a_{22}\end{vmatrix}=\begin{vmatrix}2 & 0\\ 0 & 4\end{vmatrix}>0$，即 $\boldsymbol{H}(\boldsymbol{x})$ 处处正定，故 $f(\boldsymbol{x})$ 为严格的凸函数。

3）目标函数有约束极值的存在性

目标函数有约束极值还是无约束极值，主要取决于约束条件对极值和极值点的影响。同样的目标函数对于不同的约束条件，可能出现不同的最优值和最优点。当然目标函数的无约束最优值和最优点也可能差异很大，其原因在于不同的约束条件限制了设计变量不同的取值范围。如图 3-7(a)所示为目标函数的无约束最优点与有约束最优点重合，如图 3-7(b)所示为两者的不重合。

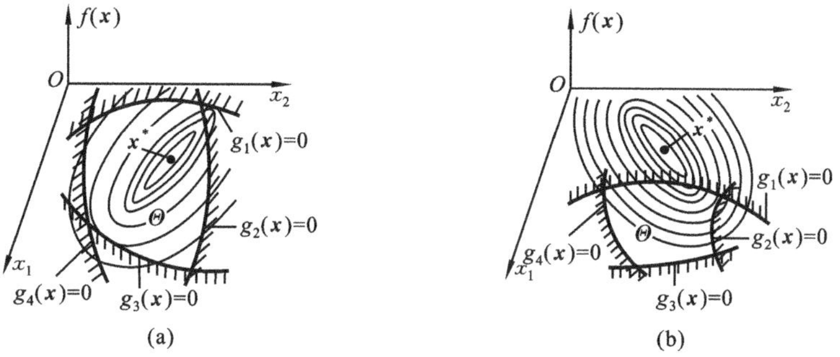

图 3-7　有、无约束最优点的相互关系

与目标函数的无约束最优问题一样，目标函数的有约束最优问题也需要解决以下两个问题：

(1) 判断约束极值点存在的条件；

(2) 判断找到的约束极值点是全域最优点还是局部极值点。

判断约束极值点存在的条件为 Kuhn-Tucker（库恩-塔克）优胜条件，简称 Kuhn-Tucker条件或 K-T 条件，它的定义如下：

设 $\boldsymbol{x}^*=[x_1^*\ x_2^*\ \cdots\ x_n^*]^{\mathrm{T}}$，$\boldsymbol{x}\in\Theta\subset E^n$ 为非线性规划问题

$$\begin{cases} \min f(\boldsymbol{x}) & \boldsymbol{x} \in E^n \\ \text{s. t. } h_v(\boldsymbol{x}) = 0 & (v = 1,2,\cdots,p) \\ \quad g_u(\boldsymbol{x}) \leqslant 0 & (u = 1,2,\cdots,m) \end{cases}$$

的约束极值点，并且在全部等式约束和不等式约束条件中，共有 q 个起作用的约束，即

$$g_i(\boldsymbol{x}^*) = 0, h_j(\boldsymbol{x}^*) = 0 (i + j = 1,2,\cdots,q < m + p)$$

如果对应的梯度向量 $\nabla g_i(\boldsymbol{x}^*) = 0, \nabla h_j(\boldsymbol{x}^*) = 0$ 且线性无关，则存在非零、非负的拉格朗日乘子

$$\lambda_i、\lambda_j (i \neq j, i + j = 1,2,\cdots,q < m + p)$$

使下述条件成立：

$$\nabla f(\boldsymbol{x}^*) + \sum_{i+j=1}^{q} \{\lambda_i \nabla g_i(\boldsymbol{x}^*) + \lambda_j \nabla h_j(\boldsymbol{x}^*)\} = \boldsymbol{0}$$

满足 K-T 条件的点，称为 K-T 点。对于一般的非线性规划问题，K-T 点一定是约束极值点，但却不一定是全域最优点。K-T 点即约束极值点究竟是全域最优点还是局部极值点，这个问题相当复杂，经过多年的大量研究都还没有形成一种统一、有效的判别方法，目前仍是采用多初始点下的极值点是否都是逼近同一点（可看成最优点）的近似方法来判别。不过对于目标函数为凸函数、可行域为凸集的凸规划问题来讲，K-T 点一定是全域最优点。

例 3-3 试判断约束优化问题

$$\begin{cases} \min f(\boldsymbol{x}) = (x_1 - 3)^2 + x_2^2 \\ \boldsymbol{x} = [x_1 \ x_2]^{\mathrm{T}} \\ \text{s. t. } g_1(\boldsymbol{x}) = x_1^2 + x_2 - 4 \leqslant 0 \\ \quad g_2(\boldsymbol{x}) = -x_2 \leqslant 0 \\ \quad g_3(\boldsymbol{x}) = -x_1 \leqslant 0 \end{cases}$$

的全域最优点为 $\boldsymbol{x}^* = [2 \quad 0]^{\mathrm{T}}$。

解 显然，在 $\boldsymbol{x}^* = [2 \quad 0]^{\mathrm{T}}$ 处的起作用约束为 $g_1(\boldsymbol{x})$、$g_2(\boldsymbol{x})$，相关函数在 $\boldsymbol{x}^*$ 点处的梯度为

$$\nabla f(\boldsymbol{x}^*) = \begin{bmatrix} 2(x_1 - 3) \\ 2x_2 \end{bmatrix}_{\boldsymbol{x}=\boldsymbol{x}^*} = \begin{bmatrix} -2 \\ 0 \end{bmatrix}$$

$$\nabla g_1(\boldsymbol{x}^*) = \begin{bmatrix} 2x_1 \\ 1 \end{bmatrix}_{\boldsymbol{x}=\boldsymbol{x}^*} = \begin{bmatrix} 4 \\ 1 \end{bmatrix}, \quad \nabla g_2(\boldsymbol{x}^*) = \begin{bmatrix} 0 \\ -1 \end{bmatrix}$$

则

$$\nabla f(\boldsymbol{x}^*) + \lambda_1 \nabla g_1(\boldsymbol{x}^*) + \lambda_2 \nabla g_2(\boldsymbol{x}^*) = \begin{bmatrix} -2 \\ 0 \end{bmatrix} + \lambda_1 \begin{bmatrix} 4 \\ 1 \end{bmatrix} + \lambda_2 \begin{bmatrix} 0 \\ -1 \end{bmatrix} \xrightarrow{\lambda_1 = \lambda_2 = 0.5} = \begin{bmatrix} 0 \\ 0 \end{bmatrix} = \boldsymbol{0}$$

由于 $\lambda_1 = \lambda_2 = 0.5$ 满足 K-T 条件，并且本题为凸规划问题，所以 $\boldsymbol{x}^* = [2 \quad 0]^{\mathrm{T}}$ 为全域最优点。

3. 函数的方向导数和梯度

由图 3-8 可以看出,对于从同一个设计初始点 $\boldsymbol{x}^{(0)}$ 出发,可以由不同的方向,例如 $\boldsymbol{s}_1$ 和 $\boldsymbol{s}_2$ 向最优点 $\boldsymbol{x}^*$ 逼近。问题是在这些方向中是否存在一个最佳的方向 $\boldsymbol{s}^*$,使逼近最优点的效率最高。答案是肯定的,很显然这个 $\boldsymbol{s}^*$ 就是目标函数值变化最大的梯度方向。

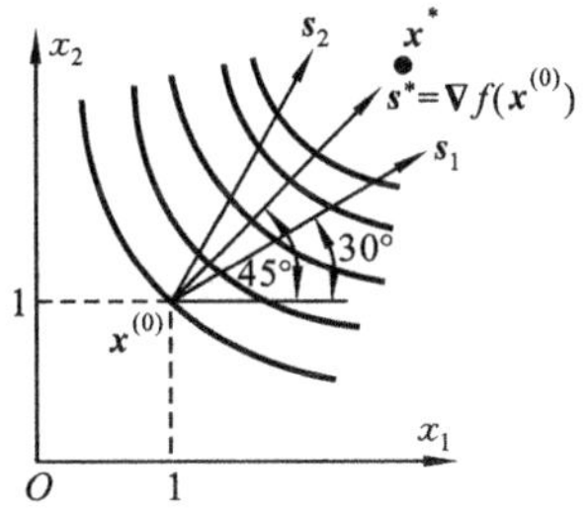

图 3-8 方向导数和梯度

对于 n 元的目标函数,将目标函数在设计点 $\boldsymbol{x}$ 处、沿设计空间坐标轴的一阶偏导数所组成的向量,定义为目标函数在该设计点处的梯度$\nabla f(\boldsymbol{x})$;同样,将目标函数在设计点处、沿任意方向 $\boldsymbol{s}$ 的函数值的变化率,定义为目标函数在该设计点处 $\boldsymbol{s}$ 的方向导数,即方向导数 $\partial f/\partial \boldsymbol{s}$ 。

梯度方向 $\nabla f(\boldsymbol{x})$ 为一向量,定义如下:

$$\boldsymbol{g}=\nabla f(\boldsymbol{x})=\left[\frac{\partial f}{\partial x_1}\ \frac{\partial f}{\partial x_2}\ \cdots\ \frac{\partial f}{\partial x_n}\right]^{\mathrm{T}}$$

梯度方向上,在 $\boldsymbol{x}$ 处目标函数值的变化率定义如下:

$$\|\nabla f(\boldsymbol{x})\|=\sqrt{\left[\frac{\partial f}{\partial x_1}\right]^2+\left[\frac{\partial f}{\partial x_2}\right]^2+\cdots+\left[\frac{\partial f}{\partial x_n}\right]^2}$$

设 $\boldsymbol{x}$ 处的任意方向 $\boldsymbol{s}$ 与坐标轴向量 $\boldsymbol{i}_1$、$\boldsymbol{i}_2$、…、$\boldsymbol{i}_n$ 的夹角为 α_1、α_2、…、α_n,则

$$\begin{aligned}\boldsymbol{s}&=\cos\alpha_1\boldsymbol{i}_1+\cos\alpha_2\boldsymbol{i}_2+\cdots+\cos\alpha_n\boldsymbol{i}_n\\&=[\cos\alpha_1\ \cos\alpha_2\ \cdots\cos\alpha_n]^{\mathrm{T}}[\boldsymbol{i}_1\boldsymbol{i}_2\cdots\boldsymbol{i}_n]=\boldsymbol{h}[\boldsymbol{i}_1\boldsymbol{i}_2\ \cdots\boldsymbol{i}_n]\end{aligned}$$

$$\frac{\partial f}{\partial \boldsymbol{s}}=\frac{\partial f}{\partial x_1}\cos\alpha_1+\frac{\partial f}{\partial x_2}\cos\alpha_2+\cdots+\frac{\partial f}{\partial x_n}\cos\alpha_n$$

梯度和方向导数的关系为

$$\frac{\partial f}{\partial \boldsymbol{s}}=\left[\frac{\partial f}{\partial x_1}\ \frac{\partial f}{\partial x_2}\cdots\ \frac{\partial f}{\partial x_n}\right]\begin{bmatrix}\cos\alpha_1\\\cos\alpha_2\\\vdots\\\cos\alpha_n\end{bmatrix}=\nabla f(\boldsymbol{x})\boldsymbol{h}=\|\nabla f(\boldsymbol{x})\|\cos\theta \qquad (3\text{-}1)$$

式中:θ 为两向量 $\nabla f(\boldsymbol{x})$ 和 $\boldsymbol{h}$ 之间的夹角。

由式(3-1)和图 3-8 显然可看出:

(1) $\boldsymbol{x}^{(0)}$ 处函数的梯度方向是该点函数值上升得最快的方向,与梯度相反的方向是该点函数值下降得最快的方向,它们均为等值线(或等值面)在 $\boldsymbol{x}^{(0)}$ 处的法线方向,梯度的大小就是它的模长;

(2) 梯度方向仅仅反映点 $\boldsymbol{x}^{(0)}$ 邻域内的函数性质,离开该邻域后,再沿着该方向,目标函数值就不一定变化得最快;

(3) 当 $\theta=0$ 时,$\boldsymbol{x}^{(0)}$ 处目标函数的方向导数为最大值的 $\|\nabla f(\boldsymbol{x}^{(0)})\|$,该方向为梯度

方向；

(4) 当 $\theta=\pi/2$ 时，$\boldsymbol{x}^{(0)}$ 处目标函数的方向导数值为 0，该方向为等值线（或等值面）在 $\boldsymbol{x}^{(0)}$ 处的切线方向；

(5) 当 $\theta=\pi$ 时，$\boldsymbol{x}^{(0)}$ 处目标函数值的变化率 $\partial f(\boldsymbol{x}^{(0)})/\partial \boldsymbol{s}$ 的最小值为 $-\|\nabla f(\boldsymbol{x}^{(0)})\|$，该方向为负梯度方向；

(6) $\boldsymbol{x}^{(0)}$ 处目标函数的方向导数等于梯度在该方向上的投影。

例 3-4 试求目标函数 $f(\boldsymbol{x})=f(x_1,x_2)=x_1^2x_2$ 在点 $\boldsymbol{x}^{(0)}=[1\quad 1]^{\mathrm{T}}$ 处，沿图 3-8 中 $\boldsymbol{s}_1$ 和 $\boldsymbol{s}_2$ 的方向导数和该点处的梯度。

解 在由 x_1、x_2 构成的二维设计空间内，$\boldsymbol{x}^{(0)}=[1\quad 1]^{\mathrm{T}}$ 处的目标函数的梯度向量和方向导数分别为

$$\boldsymbol{g}_0=\nabla f(\boldsymbol{x}^{(0)})=\begin{bmatrix}\dfrac{\partial f}{\partial x_1} & \dfrac{\partial f}{\partial x_2}\end{bmatrix}^{\mathrm{T}}_{\boldsymbol{x}=\boldsymbol{x}^{(0)}}=\begin{bmatrix}2x_1x_2\\ x_1^2\end{bmatrix}_{\boldsymbol{x}=\boldsymbol{x}^{(0)}}=\begin{bmatrix}2\\1\end{bmatrix}$$

$$\left.\frac{\partial f}{\partial \boldsymbol{s}}\right|_{\boldsymbol{x}=\boldsymbol{x}^{(0)}}=\cos\alpha_1\left.\frac{\partial f}{\partial x_1}\right|_{\boldsymbol{x}=\boldsymbol{x}^{(0)}}+\cos\alpha_2\left.\frac{\partial f}{\partial x_2}\right|_{\boldsymbol{x}=\boldsymbol{x}^{(0)}}=2\cos\alpha_1+\cos\alpha_2$$

则目标函数分别沿图 3-8 中的 $\boldsymbol{s}_1$ 和 $\boldsymbol{s}_2$ 的方向导数为

$$\left.\frac{\partial f}{\partial \boldsymbol{s}_1}\right|_{\boldsymbol{x}=\boldsymbol{x}^{(0)}}=2\cos\alpha_1\big|_{\alpha_1=30^\circ}+\cos\alpha_2\big|_{\alpha_2=60^\circ}=\frac{1+2\sqrt{3}}{2}$$

$$\left.\frac{\partial f}{\partial \boldsymbol{s}_2}\right|_{\boldsymbol{x}=\boldsymbol{x}^{(0)}}=2\cos\alpha_1\big|_{\alpha_1=45^\circ}+\cos\alpha_2\big|_{\alpha_2=45^\circ}=\frac{3\sqrt{2}}{2}$$

3.3 一维探索优化方法

对于只有一个设计变量的优化问题，在其存在或容易求解其一、二阶导数时，可以采用间接的解析法，计算出它的优化值和最优点。但常见的目标函数相对比较复杂，其一、二阶导数不易求解，甚至根本不存在，此时只能采用直接的迭代方法。这种只有一个设计变量的直接探索方法，通常称为一维探索法。

虽然在实际的优化问题中，一维的情况很少见，但总可以将它们转化为一维的问题来解决。而在下列多变量的优化迭代算法中，当出发点 $x^{(k)}$ 和探索方向 s（例如为设计空间的坐标轴方向）确定时，这样的一个多维优化问题实际上就变成了以步长 $\alpha^{(k)}$ 为唯一变量的一维优化问题。由此可见，一维探索法是优化方法中的最基本的方法，也是多维问题的基础。

$$\begin{cases}f(x^{(k)}+\alpha^{(k)}s^{(k)})=\min f(x^{(k)}+\alpha^{(k)}s)\\ x^{(k+1)}=x^{(k)}+\alpha^{(k)}s\end{cases}$$

谈到优化问题，人们不免会想到：能否采用网格划分的方法，将优化问题的可行域划分成许多个小格子，并得到许多的设计点，然后在比较这些设计点对应的目标函数值后，找出最优的设计点？的确，只要网格划分得足够细密，总能够找到优化问题的最优解，但是这种所谓的“格点法”的探索效率太低。

例如对于可行域为 $[\alpha_s,\alpha_e]$ 的一维问题，假如其收敛精度为 ε，则其最少的格点数为 $(\alpha_s-\alpha_e)/\varepsilon$；对于 n 维问题，假如每个方向上的可行域均为 $[\alpha_s,\alpha_e]$，则其最少的格点数为 $(\alpha_s-\alpha_e)^n/\varepsilon$，其计算量将会大得惊人，导致计算的效率极低而令人无法接受。在这种情况下，人们自然会想到以下三种办法：①能缩短原始可行域 $[\alpha_s,\alpha_e]$ 的长度；②能找到改进的方法来减少新可行域区间内的计算量；③能通过近似等效的方式改变目标函数的性质来降低运算的困难。

下面就这三种办法展开简单的介绍。

1. 探索区间的确定

一维问题的探索方向是确定的，因此，一维探索实际就是要求可行域内的最优步长 $\alpha^{(k)}$，使目标函数达到极小。但首先要确定包含最优点的可行域 $[\alpha_s,\alpha_e]$，主要有外推法和进退法。

1) 外推法

$\alpha^{(k)}$ 的估计值可根据

$$K=\frac{[(0.1\sim0.01)(f(x^{(k+1)})-f(x^{(k)})]}{[\nabla f(x^{(k)})]^{\mathrm{T}}s}$$

选取。当 $0<K\leqslant\|s\|^{-1}$ 时，取 $h=K$；否则取 $h=\|s\|^{-1}$，由此选取试验步长 h。然后，将 $\alpha^{(k)}s=0,h,2h,2^2h,\cdots,2^{l-1}h,2^lh,2^{l+1}h,\cdots$ 分别代入目标函数并计算，设 $\alpha^{(k)}s=2^lh$ 为目标函数值下降的最后一点，$\alpha^{(k)}s=2^{l+1}h$ 为数值上升的第一点，则单峰区间 $[\alpha_s,\alpha_e]$ 可定义为

$$\alpha_s=x^{(k)}+2^{l-1}h,\quad \alpha_e=x^{(k)}+2^{l+1}h$$

2) 进退法

在包含最优点的单峰区间 $[\alpha_s,\alpha_e]$ 内，目标函数值呈现“大—小—大”变化的 U 字形，现假设已找到 $\alpha^{(1)}<\alpha^{(2)}<\alpha^{(3)}$ 的三个相邻点，若 $f(\alpha^{(1)})>f(\alpha^{(2)})<f(\alpha^{(3)})$，可以肯定 $[\alpha^{(1)},\alpha^{(3)}]$ 就是一个包含极小点的区间。

现将 $\alpha^{(k)}$ 和 $\alpha^{(k)}+h$ 代入目标函数，如果 $f(\alpha^{(k)})>f(\alpha^{(k)}+h)$，则将步长增加一倍；否则将步长再增加一倍，如果 $f(\alpha^{(k)}+h)<f(\alpha^{(k)}+3h)$，则探索区间 $[\alpha_1,\alpha_2]$ 为 $[\alpha^{(k)},\alpha^{(k)}+3h]$，否则将步长再增加一倍，并重复上述运算，该算法称为前进运算法。

如果 $f(\alpha^{(k)})<f(\alpha^{(k)}+h)$，则将步长减为 $h/4$；否则将步长加倍，如果 $f(\alpha^{(k)}-h/4)>f(\alpha^{(k)})$，则探索区间 $[\alpha_s,\alpha_e]$ 为 $[\alpha^{(k)}-h/4,\alpha^{(k)}+h]$，否则将步长加倍并重复上述运算，该算法称为后退运算法。

无论是采用带有梯度的外推法，还是采用目标函数值的进退法，一旦探索区间确定后，就可以进入一维优化问题的下一步工作了，即寻找探索区间内目标函数的极小点。

2. Fibonacci 法和 0.618 法

在进退法中，考虑了探索区间内三个相邻点的情况。下面将讨论探索区间$[\alpha_s,\alpha_e]$内第 k 步迭代的 $\alpha_1^{(k)}<\alpha_2^{(k)}$ 的相邻两点的情况。当 $f(\alpha_1^{(k)})<f(\alpha_2^{(k)})$ 时，探索区间缩短为$[\alpha_s^{(k)},\alpha_2^{(k)}]$；而当 $f(\alpha_1^{(k)})\geqslant f(\alpha_2^{(k)})$ 时，探索区间则缩短为$[\alpha_1^{(k)},\alpha_e^{(k)}]$。

假设第 k 次迭代时，存在 $f(\alpha_1^{(k)})<f(\alpha_2^{(k)})$，则探索区间缩短为$[\alpha_s^{(k)},\alpha_2^{(k)}]$，它与原始探索区间$[\alpha_s,\alpha_e]$的比值记为缩短率 $\lambda^{(k)}$。然后将设计点 $\alpha_1^{(k)}$ 和函数值 $f(\alpha_1^{(k)})$，作为下一次即第 $k+1$ 次迭代两点中的一个点。这样，每一次迭代只需要计算一个新点和新点的函数值；而另一个点及其函数值将由上一步继承下来，这样的处理方法称为序列消去法，该法将会使计算量减少，从而提高效率。图 3-9 所示为序列消去法的原理。

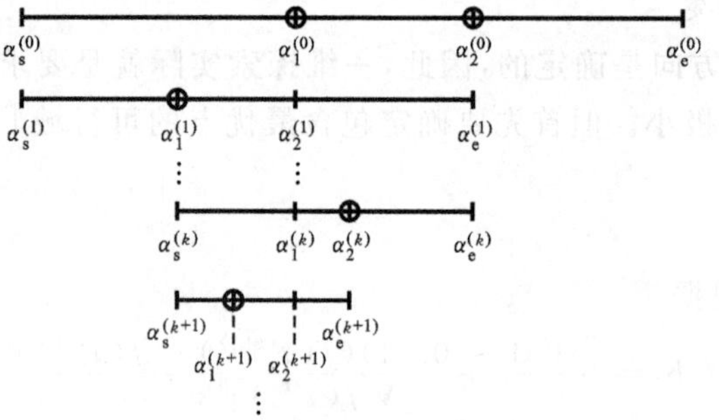

图 3-9　序列消去法的原理

对于缩短率 $\lambda^{(k)}$，当在探索区间内只计算 0 和 1 个点时，原始探索区间没有缩短，即 $\lambda^{(0)}=\lambda^{(1)}=1$；当计算 n 个点时，缩短率 $\lambda^{(k)}$ 按照何种规律取值，决定了不同的优化迭代方法。

1) Fibonacci 法

$$F^{(0)}=F^{(1)}=1,F^{(n)}=F^{(n-1)}+F^{(n-2)}\ (n\geqslant 2) \tag{3-2}$$

Fibonacci 法是按照式(3-2)产生的 Fibonacci 数 $F^{(n)}$，来确定缩短率 $\lambda^{(n)}=1/F^{(n)}$ 取值的。根据这个公式，可以得到 Fibonacci 的一系列 $F^{(n)}$ 的数列。

Fibonacci 法又称为分数法，采用 Fibonacci 数列作为每次确定区间内计算点的位置及所对应的缩短率 $\lambda^{(n)}$，其大致的迭代步骤如下。

(1) 按照缩短率 $\lambda^{(n)}$ 小于相对精度 δ，来计算点的个数 n。

由 $\lambda^{(n)}=\dfrac{1}{F^{(n)}}\leqslant\delta$ 得到 $F^{(n)}>\dfrac{1}{\delta}$ 进而求出点的个数 n。

(2) 选出计算点，第一次时按以下公式选取两个计算点，并根据它们的函数值大小确定新区间和下一步该继承的点：

$$\begin{cases}\alpha_2^{(1)} = \alpha_s^{(0)} + \dfrac{F^{(n-1)}}{F^{(n)}}(\alpha_e^{(0)} - \alpha_s^{(0)}) \\ \alpha_1^{(1)} = \alpha_s^{(0)} + \dfrac{F^{(n-2)}}{F^{(n)}}(\alpha_e^{(0)} - \alpha_s^{(0)}) = \alpha_e^{(0)} - \dfrac{F^{(n-1)}}{F^{(n)}}(\alpha_e^{(0)} - \alpha_s^{(0)})\end{cases}$$

如果 $f(\alpha_2^{(1)}) > f(\alpha_1^{(1)})$，则探索区间$[\alpha_s^{(0)}, \alpha_e^{(0)}]$缩短为$[\alpha_s^{(0)}, \alpha_2^{(1)}]$同时 $\alpha_2^{(2)} = \alpha_1^{(1)}$；

如果 $f(\alpha_2^{(1)}) \leqslant f(\alpha_1^{(1)})$，则探索区间$[\alpha_s^{(0)}, \alpha_e^{(0)}]$缩短为$[\alpha_1^{(1)}, \alpha_e^{(0)}]$同时 $\alpha_1^{(2)} = \alpha_2^{(1)}$。

(3) 按照下面的迭代公式进入下一次的迭代，并进行与(2)完全相同的判断和操作：

$$\begin{cases}\alpha_2^{(k)} = \alpha_s^{(k-1)} + \dfrac{F^{(n-k)}}{F^{(n-k+1)}}(\alpha_e^{(k-1)} - \alpha_s^{(k-1)}) \\ \alpha_1^{(k)} = \alpha_e^{(k-1)} - \dfrac{F^{(n-k)}}{F^{(n-k+1)}}(\alpha_e^{(k-1)} - \alpha_s^{(k-1)})\end{cases}$$

如果 $f(\alpha_2^{(k)}) > f(\alpha_1^{(k)})$，则探索区间$[\alpha_s^{(k-1)}, \alpha_e^{(k-1)}]$缩短为$[\alpha_s^{(k-1)}, \alpha_2^{(k)}]$同时 $\alpha_2^{(k+1)} = \alpha_1^{(k)}$；

如果 $f(\alpha_2^{(k)}) \leqslant f(\alpha_1^{(k)})$，则探索区间$[\alpha_s^{(k-1)}, \alpha_e^{(k-1)}]$缩短为$[\alpha_1^{(k)}, \alpha_e^{(k-1)}]$同时 $\alpha_1^{(k+1)} = \alpha_2^{(k)}$。

(4) 判断迭代次数 k 是否等于 n，如果成立则终止迭代，否则按(3)，继续下一次的迭代。

2) 0.618 法

0.618 法又称为黄金分割法，其采用固定的缩短率 $\mu=0.618$，克服了 Fibonacci 法因每一次迭代缩短率 $\lambda^{(k)}$ 的不同，给优化设计的应用和编程所带来的不便。该方法除了每一次迭代的缩短率固定外，其迭代步骤与 Fibonacci 法完全相同。

由图 3-9 确定 μ 值如下：

$$\alpha_s^{(0)}\alpha_2^{(0)} = \alpha_1^{(0)}\alpha_e^{(0)} = \mu\alpha_s^{(0)}\alpha_e^{(0)}$$

且

$$\frac{\alpha_s^{(0)}\alpha_1^{(0)}}{\alpha_s^{(0)}\alpha_2^{(0)}} = \mu$$

因为

$$\alpha_s^{(0)}\alpha_e^{(0)} - \alpha_s^{(0)}\alpha_1^{(0)} = \alpha_1^{(0)}\alpha_e^{(0)}$$

$$\alpha_s^{(0)}\alpha_1^{(0)} = \mu\alpha_s^{(0)}\alpha_2^{(0)} = \mu^2\alpha_s^{(0)}\alpha_e^{(0)}$$

故

$$\alpha_s^{(0)}\alpha_e^{(0)} - \mu^2\alpha_s^{(0)}\alpha_e^{(0)} = \mu\alpha_s^{(0)}\alpha_e^{(0)}$$

$$\mu^2 + \mu - 1 = 0$$

$$\mu = \frac{\sqrt{5}-1}{2} \approx 0.618$$

Fibonacci 法和 0.618 法都是属于应用序列消去原理的直接探索法，它们的缩短率之间还存在一个重要的联系，即

$$\lim_{k\to\infty}\lambda^{(k)} = \frac{F^{(n-1)}}{F^{(n)}} = \frac{\sqrt{5}-1}{2} \approx 0.61803398874\cdots \approx 0.618 = \mu$$

实际上，当 $k\geqslant 8$ 时，$\lambda^{(k)}\approx 0.618$，并且当 $k\to\infty$时，0.618 法和 Fibonacci 法的缩短率

比值为

$$\lim_{k\to\infty}\frac{\mu^{k-1}}{\lambda^{(k)}}=\frac{\mu^{k-1}}{1/F^{(k)}}\approx 1.17$$

由此可见，0.618 法比 Fibonacci 法不仅更方便，而且更具效率。

例 3-5 用 0.618 法求一元函数 $f(x)=x^2-7x+10$ 在初始区间[1,7]内、迭代精度 $\varepsilon=0.35$ 下的最优解。

解 (1) 在初始区间 $[\alpha_s^{(0)},\alpha_e^{(0)}]=[1,7]$ 内，取计算点 $\alpha_1^{(0)}$、$\alpha_2^{(0)}$ 并计算函数值，有

$$\alpha_1^{(0)}=\alpha_s^{(0)}+0.382(\alpha_s^{(0)}-\alpha_e^{(0)})=3.292,\quad f(\alpha_1^{(0)})=-2.2067$$

$$\alpha_2^{(0)}=\alpha_s^{(0)}+0.618(\alpha_s^{(0)}-\alpha_e^{(0)})=4.708,\quad f(\alpha_2^{(0)})=-0.7907$$

(2) 比较函数值，存在 $f(\alpha_1^{(0)})<f(\alpha_2^{(0)})$，则 $[\alpha_s^{(1)},\alpha_e^{(1)}]=[1,4.708]$，$\alpha_2^{(1)}=3.292$，$\alpha_1^{(1)}=2.416$。

(3) 判断迭代终止条件，$\alpha_e^{(1)}-\alpha_s^{(1)}=3.708<\varepsilon$ 不成立，继续转(1)；

(4) 第 6 次迭代后 $[\alpha_s^{(6)},\alpha_e^{(6)}]=[3.292,3.626]$，$\alpha_e^{(6)}-\alpha_s^{(6)}=0.3341<\varepsilon$ 成立，停止迭代，并取

$$x^*\approx 0.5(\alpha_e^{(6)}+\alpha_s^{(6)})=3.459,\quad f(x^*)\approx -2.248$$

3. 平分法和切线法

假如目标函数具有较好求的一阶导数或二阶导数，还可以采用计算量少、可靠性好、应用更为方便的平分法和切线法。

1) 平分法

平分法是取具有极小点的单峰函数的探索区间 $[\alpha_s,\alpha_e]$ 的中点 α_m 作为计算点，并利用函数在 α_m 处的一阶导数 $\nabla f(\alpha_m)=0$，来判断该消去 α_m 点左右的哪一半探索区间，以达到收缩探索区间的目的，该方法的缩短率约为 0.5。

给定 $k=0$、$\alpha_s^{(0)}$、$\alpha_e^{(0)}$、ε_1、ε_2 时，平分法的迭代计算步骤如下。

(1) 计算 $\alpha_m^{(k)}=(\alpha_s^{(k)}+\alpha_e^{(k)})/2$，如 $|\alpha_e^{(k)}-\alpha_s^{(k)}|\leqslant\varepsilon_1$ 则终止迭代并取 $\alpha^*=\alpha_s^{(k)}$，否则转下一步；

(2) 计算 $\nabla f(\alpha_m^{(k)})$，如 $|\nabla f(\alpha_m^{(k)})|\leqslant\varepsilon_2$ 则终止迭代并取 $\alpha^*=\alpha_s^{(k)}$，否则转下一步；

(3) 如 $\nabla f(\alpha_m^{(k)})<0$，则取新区间为 $[\alpha_s^{(k)},\alpha_m^{(k)}]$，否则为 $[\alpha_m^{(k)},\alpha_e^{(k)}]$，当 $k=k+1$ 后转(1)。

2) 切线法

当目标函数 $f(x)$ 具有的一阶导数和二阶导数均大于 0 时，可以采用牛顿法来求解最优步长 α^*。将该方法用于图 3-10 所示的一维探索时，可用目标函数的 $f'(x)$ 曲线上某点 $x^{(k)}$ 的切线代替该点附近的导函数弧，来逐渐逼近一阶导函数根 α^*，所以将其称为切线法。

在图 3-10 中

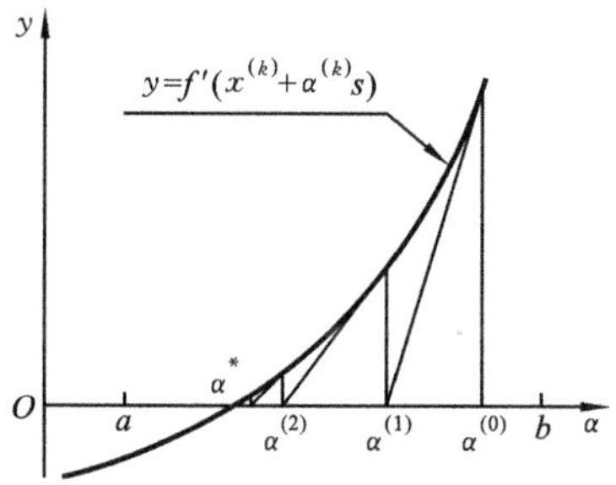

图 3-10 切线法的原理图

$$\alpha^{(0)}-\alpha^{(1)}=\frac{f'(x^{(0)}+\alpha^{(0)}s)}{f''(x^{(0)}+\alpha^{(0)}s)}\Rightarrow$$

$$\alpha^{(k+1)}=\alpha^{(k)}-\frac{f'(x^{(k)}+\alpha^{(k)}s)}{f''(x^{(k)}+\alpha^{(k)}s)}$$

经过有限次这样的迭代，当 k 足够大时，总可以满足

$$\left|\alpha^{(k+1)}-\alpha^{(k)}\right|=\frac{f'(x^{(k)}+\alpha^{(k)}s)}{f''(x^{(k)}+\alpha^{(k)}s)}\leqslant\delta$$

$$\Rightarrow f'(x^{(k)}+\alpha^{(k)}s)\leqslant\varepsilon$$

此时可近似地认为 $\alpha^*=\alpha^{(k)}$，注意要满足 $f''(x)>0$，否则，迭代过程是发散的。

例 3-6 用切线法求一元函数 $f(x)=x^2-7x+10$ 在初始区间[1,7]内、迭代精度 $\varepsilon=0.35$下的最优解。

解 (1) 由于 $f'(x)=2x-7, f'(1)=-5<0, f'(7)=7>0$，$f''(x)=2>0$，则 $f(\boldsymbol{x})$ 为区间[1,7]内的凸函数，存在最小值。

(2) 取 $x^{(0)}=1, \left|f'(x^{(0)})\right|=\left|-5\right|>\varepsilon$，得 $x^{(1)}=x^{(0)}-\dfrac{f'(x^{(0)})}{f''(x^{(0)})}=3.5$，存在 $f'(x^{(1)})=0<\varepsilon$。

(3) 取 $x^*=x^{(1)}=3.5$，则 $f(x^*)=-2.25$。

由此可见，对于正定的二次函数，使用切线法能够一步得到其精确最优解。

4. 插值法

当目标函数比较复杂，不易通过 $\lim f(x^{(k)}+\alpha^{(k)}s)=f(\alpha^*)$ 使目标函数达到极小值时，可以采用一个容易求解极小值的较低次函数 $p(x)$，在满足一定的条件下来近似代替 $f(x)$，这种方法称为插值法。当 $p(x)$为二次函数时称为二次插值法，当 $p(x)$为三次函数时称为三次插值法。插值法的原理如图 3-11 所示。

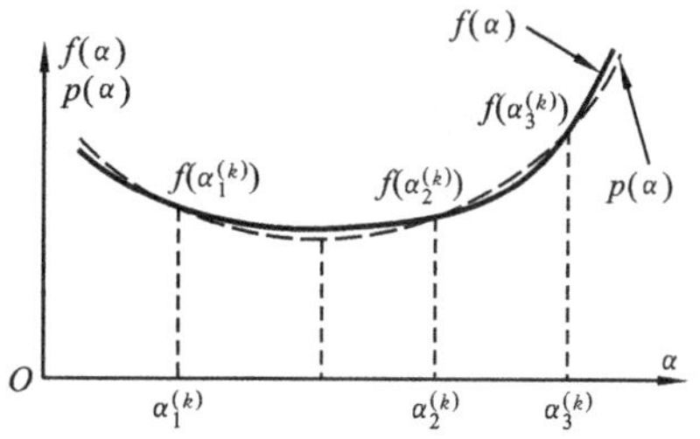

图 3-11 插值法的原理

在包含极小值的第 k 次迭代的单峰区间 $[\alpha_s^{(k)}, \alpha_e^{(k)}]$ 内，假如 $\alpha_1^{(k)}<\alpha_2^{(k)}<\alpha_3^{(k)}$ 为相邻的三个插值点，使用二次插值函数

$$p(\alpha^{(k)})=a^{(k)}+b^{(k)}\alpha^{(k)}+c^{(k)}(\alpha^{(k)})^2$$

代替目标函数，需满足以下条件：

$$p(\alpha_1^{(k)})=f(\alpha_1^{(k)}) \tag{3-3}$$

$$p(\alpha_2^{(k)})=f(\alpha_2^{(k)}) \tag{3-4}$$

$$p(\alpha_3^{(k)})=f(\alpha_3^{(k)}) \tag{3-5}$$

$$\mathrm{d}^2p(\alpha^{(k)})/\mathrm{d}(\alpha^{(k)})^2>0$$

联立式(3-3)、式(3-4)、式(3-5)，可求出系数 $a^{(k)}$、$b^{(k)}$、$c^{(k)}$，并代入 $\mathrm{d}p(\alpha^{(k)})/\mathrm{d}\alpha^{(k)}=0$ 中，则求得 $p(x)$ 在 $[\alpha_s^{(k)},\alpha_e^{(k)}]$ 内的极小值点的最佳步长 $\alpha^*=-b/2c$。

在包含极小值的第 k 次迭代的单峰区间 $[\alpha_s^{(k)},\alpha_e^{(k)}]$ 内，假如 $\alpha_1^{(k)}<\alpha_2^{(k)}$ 为相邻的两个插值点，使用三次插值函数

$$p(\alpha^{(k)})=A^{(k)}(\alpha^{(k)}-\alpha_1^{(k)})^3+B^{(k)}(\alpha^{(k)}-\alpha_1^{(k)})^2+C^{(k)}(\alpha^{(k)}-\alpha_1^{(k)})+D^{(k)}$$

代替目标函数，需满足以下条件：

$$p(\alpha_1^{(k)})=f(\alpha_1^{(k)}) \tag{3-6}$$

$$p(\alpha_2^{(k)})=f(\alpha_2^{(k)}) \tag{3-7}$$

$$\nabla p(\alpha_1^{(k)})=\nabla f(\alpha_1^{(k)}) \tag{3-8}$$

$$\nabla p^2(\alpha_2^{(k)})=\nabla f^2(\alpha_2^{(k)}) \tag{3-9}$$

$$\mathrm{d}^2p(\alpha^{(k)})/\mathrm{d}(\alpha^{(k)})^2>0$$

联立式(3-6)～式(3-9)，可求出 $A^{(k)}$、$B^{(k)}$、$C^{(k)}$、$D^{(k)}$，并代入 $\nabla p(\alpha^{(k)})=0$，则求得 $p(x)$ 在区间 $[\alpha_s^{(k)},\alpha_e^{(k)}]$ 内的极小值点的最佳步长

$$\alpha^*=\alpha_1^{(k)}-C^{(k)}/(B^{(k)}+\sqrt{(B^{(k)})^2-3A^{(k)}C^{(k)}})$$

例 3-7 用二次插值法求一元函数 $f(x)=(x-3)^2$ 在初始区间[1,7]内、迭代精度 $\varepsilon=0.35$ 下的最优解。

解 (1) 取插值点 $\alpha_1=1$、$\alpha_2=4$、$\alpha_3=7$，则 $f(\alpha_1)=4$、$f(\alpha_2)=1$、$f(\alpha_3)=16$。

(2) 求得二次插值函数 $p(\alpha)=a+b\alpha+c\alpha^2$ 的系数 $a=9$、$b=-6$、$c=2$。

(3) 求二次插值函数的极小点和极小值，$\mathrm{d}p(\alpha)/\mathrm{d}\alpha=0\Rightarrow\alpha^{(1)}=3$，$f(\alpha^{(1)})=0$。

(4) 由于 $\alpha^{(1)}<\alpha_2$，$f(\alpha^{(1)})<f(\alpha_2)$，则区间缩小为[1,4]。

(5) 取插值点 $\alpha_1=1$、$\alpha_2=3$、$\alpha_3=4$，重复(1)～(3)，得到 $\alpha^{(2)}=3$，$f(\alpha^{(2)})=0$。

(6) 判断迭代终止条件，存在 $|\alpha^{(2)}-\alpha^{(1)}|=0<\varepsilon$，停止迭代，并取 $x^*=\alpha^{(2)}=3$，$f(x^*)=0$。

由此可见，对于正定的二次函数，使用二次插值法也能够一步就得到其精确的最优解。即使对于非二次函数，插值法也是非常有效的。

3.4 无约束多维问题的优化方法

根据目标函数和约束条件的性质，多维优化问题同样包括解析法和迭代法，由于多维优化问题的目标函数和约束条件普遍比较复杂，故多维探索法也就自然是处理多变量优化问题的主要方法。多维探索法是利用已有的信息，通过一步一步地直接移动计算点，逐步逼近并最后达到最优点，因此，每一步的计算都应该达到两个目的：获得目标的改进值；为下一步计算提出有用的信息。

相对于一维探索法只需要确定探索步长而言，多维探索法要复杂得多，它不仅要确定探索方向及其对应的最优探索步长，而且对于有约束的优化问题，还要保证每次迭代的设

计点必须在可行区域内。由于可以使用前面的一维探索法探索出最优的探索步长，因此，对于多维探索法来说，探索方向的确定是重点也是难点。下面先介绍无约束多维优化问题的探索法，然后在 3.5 节中再进行有约束多维优化问题探索法的介绍。

1．坐标轮换法

坐标轮换法又叫变量轮换法，其基本原理是沿着多维优化设计空间的每一个坐标轴作一维探索，求得最小值。

现以图 3-12 所示的二维优化问题来说明坐标轮换法的基本原理。在第 1 次迭代时，先固定 $x_2 = x_2^{(0)}$ 变量值不动，由初始点 $\boldsymbol{x}^{(0)}$ 沿 x_1 轴向进行一维探索，得到该轴向上的最优点 $\boldsymbol{x}^{(0,1)} = [x_1^{(1)}, x_2^{(0)}]$；然后固定 $x_1 = x_1^{(1)}$ 变量值不动，由初始点 $\boldsymbol{x}^{(0,1)}$ 沿 x_2 轴向进行一维探索，得到该轴向上的最优点 $\boldsymbol{x}^{(1)} = [x_1^{(1)}, x_2^{(1)}]$。将 $\boldsymbol{x}^{(1)}$ 作为第 1 次迭代的改进点，然后完全依照第 1 次的步骤，进行第 2、3、…、k 次的坐标轮换迭代，直到满足精度要求后停止迭代。

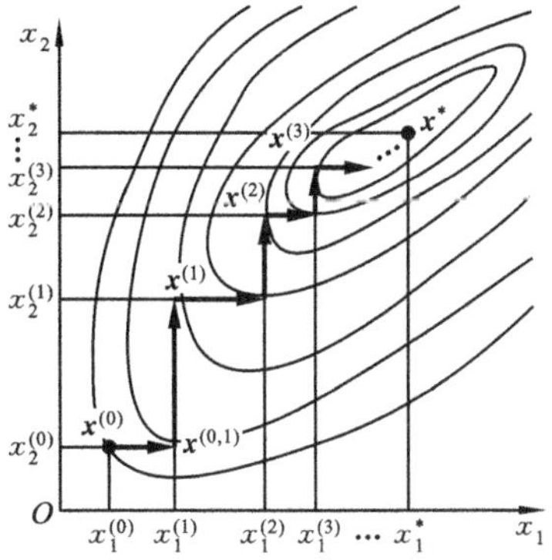

图 3-12　坐标轮换法的基本原理

至于每一轴向的移动步长，除了可以通过一维探索来确定最优步长外，还可以采用随机步长法和加速步长法来简化步长的选择，从而达到减少步长计算量的目的。

坐标轮换法是一种简单易行的多维算法，对特定性质的目标函数，有时会出现收敛速度很快的现象，如图 3-13(a)所示，但这种情况很少见，绝大多数情况下是收敛速度慢、效率低，如图 3-13(b)所示，尤其当目标函数的等值线与坐标轴出现“脊线”相交时，如图 3-13(c)所示，这种方法将完全失去求优的效能。

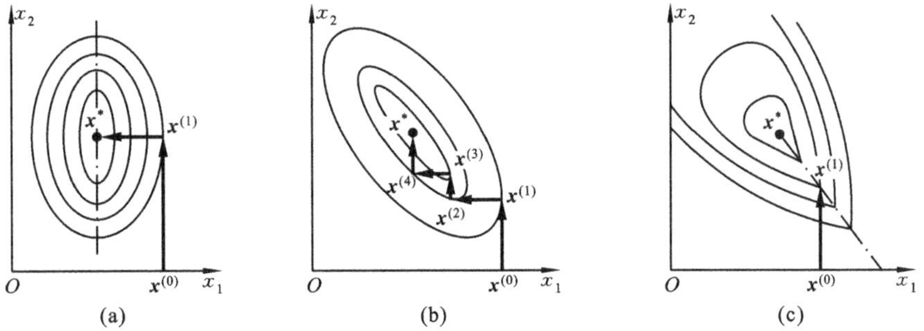

图 3-13　不同性质目标函数坐标轮换法的求优效能

2．一阶梯度法

由梯度的概念可知，负梯度方向是目标的函数值变化最快的方向，因此，选择负梯度方向作为探索方向，将会很可观地改进坐标轮换法的不足，该方法称为一阶梯度法或最速下降法。由于要计算目标函数的梯度，故该方法是一种间接的求优方法。

目标函数 $f(\boldsymbol{x})$ 在 $\boldsymbol{x}^{(k)}$ 点的梯度方向为

$$\nabla f(\boldsymbol{x}^{(k)})=\left[\frac{\partial f}{\partial x_1}\ \frac{\partial f}{\partial x_2}\cdots\ \frac{\partial f}{\partial x_n}\right]^{\mathrm{T}}_{x=x^{(k)}}$$

以单位负梯度方向作为探索方向，即

$$\boldsymbol{s}^{(k)}=-\frac{\nabla f(\boldsymbol{x}^{(k)})}{\|\nabla f(\boldsymbol{x}^{(k)})\|}$$

则第 $k+1$ 次迭代计算所得到的新点为

$$\boldsymbol{x}^{(k+1)}=\boldsymbol{x}^{(k)}-\alpha^{(k)}\frac{\nabla f(\boldsymbol{x}^{(k)})}{\|\nabla f(\boldsymbol{x}^{(k)})\|}$$

这里的步长 $\alpha^{(k)}$，既可以采用 $f(\boldsymbol{x}^{(k)}+\alpha^{(k)}\boldsymbol{s}^{(k)})\leqslant f(\boldsymbol{x}^{(k)})$ 的任意步长；也可以通过一维的优化方法，探索出负梯度方向上的最优步长。这样反复迭代，直至符合精度要求后停止迭代计算。

确切地讲，负梯度方向应该是在计算点附近的微小邻域内的目标函数值变化最快的方向，这样的微小邻域并不能代表目标函数的整体变化规律。所以，用一阶梯度法求目标函数的最小值时，在最初几步迭代中函数值下降很快，随着迭代次数的增加，当计算点越来越逼近最小值，函数值将下降得很慢，甚至遇到如图 3-13 所示的“脊线”时，优化效率则几乎为零。

例 3-8 用一阶梯度法求目标函数 $f(\boldsymbol{x})=x_1^2+4x_2^2$ 在初始点 $\boldsymbol{x}^{(0)}=[2\quad 2]^{\mathrm{T}}$、迭代精度 $\varepsilon_1=10^{-2}$ 下的最优解。

解 (1) $\nabla f(\boldsymbol{x})=\begin{bmatrix}2x_1\\8x_2\end{bmatrix}\Rightarrow\nabla f(\boldsymbol{x}^{(0)})=\begin{bmatrix}4\\16\end{bmatrix}\Rightarrow\|\nabla f(\boldsymbol{x}^{(0)})\|=16.492\Rightarrow\boldsymbol{s}^{(0)}$

$$=-\frac{\nabla f(\boldsymbol{x}^{(0)})}{\|\nabla f(\boldsymbol{x}^{(0)})\|}=\begin{bmatrix}-0.243\\-0.970\end{bmatrix}$$

如果 $\|\nabla f(\boldsymbol{x}^{(0)})\|>\varepsilon_1$ 转(2)，否则转(5)。

(2) $\boldsymbol{x}^{(1)}=\boldsymbol{x}^{(0)}-\alpha^{(0)}\boldsymbol{s}^{(0)}=\begin{bmatrix}2\\2\end{bmatrix}+\alpha^{(0)}\begin{bmatrix}0.243\\0.970\end{bmatrix}\Rightarrow\dfrac{\mathrm{d}f(\boldsymbol{x}^{(1)})}{\mathrm{d}\alpha^{(0)}}=7.645\alpha^{(0)}+16.492$。

(3) $\dfrac{\mathrm{d}f(\boldsymbol{x}^{(1)})}{\mathrm{d}\alpha^{(0)}}=0\Rightarrow\alpha^{(0)}=2.157\Rightarrow\boldsymbol{x}^{(1)}=\begin{bmatrix}1.476\\0.092\end{bmatrix}$，并转(1)。

(4) 第 7 次迭代后 $\boldsymbol{x}^{(7)}=[0.0016-0.000096]^{\mathrm{T}}$，$\|\nabla f(\boldsymbol{x}^{(7)})\|\approx 0.0032<\varepsilon_1=0.01$ 成立，停止迭代。

(5) 取 $\boldsymbol{x}^*=\boldsymbol{x}^{(7)}=[0.0016-0.000096]^{\mathrm{T}}$ 时，$f(\boldsymbol{x}^*)=2.596\times 10^{-6}\approx 0$。

3. *二阶梯度法*

二阶梯度法又称为牛顿法，是一种收敛速度很快的方法，而且当计算点越来越逼近最小值时，其收敛的快速度也不改变，这一点正好弥补了一阶梯度法的缺点。其基本思想是采用一个容易求解极小值点的二次函数 $\varphi(\boldsymbol{x})$，在满足一定的条件下来近似代替原目标函数 $f(\boldsymbol{x})$，以 $\varphi(\boldsymbol{x})$ 的极小值点近似 $f(\boldsymbol{x})$ 的极小值点，并逐渐逼近该点。

现以图 3-14 所示的一维问题来说明二阶梯度法的求优过程。一维目标函数 $f(x)$在 $x^{(k)}$点的二次近似函数 $\varphi^{(k)}(x)$为

$$\varphi^{(k)}(x)=f(x^{(k)})+f'(x^{(k)})(x-x^{(k)})+\frac{1}{2}f''(x^{(k)})(x-x^{(k)})^2$$

此二次函数的极小值点可由 $\mathrm{d}\varphi^{(k)}(x)/\mathrm{d}x=0$ 求得。

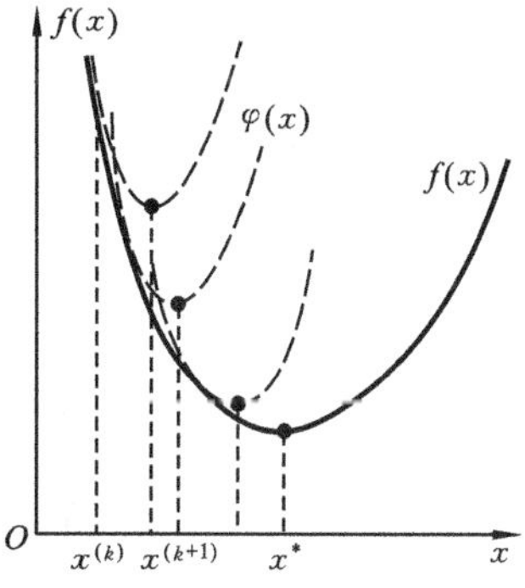

图 3-14 二阶梯度法的求优过程

同理，n 维目标函数在 $\boldsymbol{x}^{(k)}$ 点的二次近似函数 $\varphi^{(k)}(\boldsymbol{x})$ 为

$$\varphi^{(k)}(\boldsymbol{x})=f(\boldsymbol{x}^{(k)})+[\nabla f(\boldsymbol{x}^{(k)})]^{\mathrm{T}}[\boldsymbol{x}-\boldsymbol{x}^{(k)}]+\frac{1}{2}[\boldsymbol{x}-\boldsymbol{x}^{(k)}]^{\mathrm{T}}\nabla^2 f(\boldsymbol{x}^{(k)})[\boldsymbol{x}-\boldsymbol{x}^{(k)}]$$

此二次函数的极小值点可由 $\nabla\varphi^{(k)}(\boldsymbol{x})=\boldsymbol{0}$ 求得，将该极小值点作为本次迭代的新点 $\boldsymbol{x}^{(k+1)}$，则

$$\nabla\varphi^{(k)}(\boldsymbol{x}^{(k+1)})=\nabla f(\boldsymbol{x}^{(k)})+\nabla^2 f(\boldsymbol{x}^{(k)})[\boldsymbol{x}^{(k+1)}-\boldsymbol{x}^{(k)}]=\boldsymbol{0}$$
$$[\nabla^2 f(\boldsymbol{x}^{(k)})]^{-1}\nabla f(\boldsymbol{x}^{(k)})+I_n[\boldsymbol{x}^{(k+1)}-\boldsymbol{x}^{(k)}]=\boldsymbol{0}$$
$$\boldsymbol{x}^{(k+1)}=\boldsymbol{x}^{(k)}-[\nabla^2 f(\boldsymbol{x}^{(k)})]^{-1}\nabla f(\boldsymbol{x}^{(k)})$$

这里的“$-[\nabla^2 f(\boldsymbol{x}^{(k)})]^{-1}\nabla f(\boldsymbol{x}^{(k)})$”称为牛顿方向，通过这种迭代，可逐次逼近极小值点。

二阶梯度法的最大缺点是，要计算二阶偏导数矩阵和它的逆矩阵，当 n 较大时，计算量和存储量都与 n^2 成正比例增加，由此可见，二阶梯度法的计算相当繁杂。而且，若二阶偏导数矩阵为零，其逆矩阵根本就不存在，二阶梯度法也就无效了。

例 3-9 用二阶梯度法解例 3-8 中的问题。

解 (1) $\nabla f(\boldsymbol{x})=\begin{bmatrix}2x_1\\8x_2\end{bmatrix}\Rightarrow\nabla f(\boldsymbol{x}^{(0)})_{x=x^{(0)}}=\begin{bmatrix}4\\16\end{bmatrix}$，$\boldsymbol{H}(\boldsymbol{x}^{(0)})=\nabla^2 f(\boldsymbol{x}^{(0)})=\begin{bmatrix}2&0\\0&8\end{bmatrix}$。

(2) $\boldsymbol{x}^{(1)}=\boldsymbol{x}^{(0)}-[\boldsymbol{H}(\boldsymbol{x}^{(0)})]^{-1}\boldsymbol{s}^{(0)}\Rightarrow\boldsymbol{x}^{(1)}=[0\quad 0]^{\mathrm{T}}$，$f(\boldsymbol{x}^{(1)})=0\Rightarrow\nabla f(\boldsymbol{x}^{(1)})=0$。

(3) 如果 $\nabla f(\boldsymbol{x}^{(1)})=0<\varepsilon_1$ 成立，停止迭代；否则重复执行(1)。

(4) 取 $\boldsymbol{x}^*=\boldsymbol{x}^{(1)}=[0\quad 0]^{\mathrm{T}}$，$f(\boldsymbol{x}^*)=0$。

由此可见，对于正定的二次函数，使用二阶梯度法能够一步得到其精确最优解。

4. 共轭梯度法

由于一阶梯度法在极值点的收敛速度慢，二阶梯度法在极值点的计算繁杂，故如何加

快极值点附近的收敛速度，就成为改善优化方法的关键。

由前面关于目标函数极值的存在性的论述知，任何函数在极小点附近的等值线或等值面，都可以近似地用同心椭圆族或同心椭球族来代替。从图3-15(a)中可以看出，同心椭圆族上的任意两平行切线 $\boldsymbol{s}_1$ 和 $\boldsymbol{s}_2$ 的切点连线 $\boldsymbol{s}$，必定经过目标函数的极小点。一旦确定了连线方向，通过在该方向上的一维探索，极小点还是很容易求得的。这里 $\boldsymbol{s}$ 称为 $\boldsymbol{s}_1$ 的共轭方向，这种以共轭方向作为探索方向的优化方法，称为共轭梯度法。

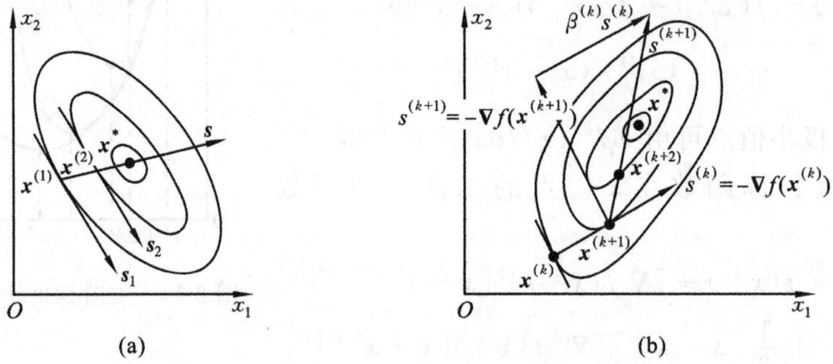

图3-15　同心椭圆族属性和共轭梯度法的探索路线

在图3-15(b)中，共轭梯度法探索的原始方向，采用的是负梯度方向，现由点 $\boldsymbol{x}^{(k)}$ 沿 $\boldsymbol{s}^{(k)}=-\nabla f(x^{(k)})$ 经一维探索找到 $\boldsymbol{x}^{(k+1)}$ 点，根据 $\boldsymbol{s}^{(k+1)}=-\nabla f(x^{(k+1)})+\beta^{(k)}\boldsymbol{s}^{(k)}$ 和 $\boldsymbol{s}^{(k)}$ 之间的共轭性质得

$$\beta^{(k)}=\frac{[\nabla f(\boldsymbol{x}^{(k+1)})]^{\mathrm{T}}\nabla f(\boldsymbol{x}^{(k+1)})}{[\nabla f(\boldsymbol{x}^{(k)})]^{\mathrm{T}}\nabla f(\boldsymbol{x}^{(k)})}=\frac{\|\nabla f(\boldsymbol{x}^{(k+1)})\|^2}{\|\nabla f(\boldsymbol{x}^{(k)})\|^2}$$

然后，沿着 $\boldsymbol{s}^{(k+1)}$ 进行直接探索得到新点 $\boldsymbol{x}^{(k+2)}$。以这样的步骤循环直至找到最优值点 $\boldsymbol{x}^*$。

一阶梯度法初始收敛速度快，共轭方向法在极值点附近的收敛速度快，而共轭梯度法则综合了两者各自的优势，可以扬长避短，更好地加快收敛速度，故经常被用于求解多变量的优化设计问题。

5. 变尺度法

二阶梯度法中二阶偏导数矩阵的逆矩阵为 $[\nabla^2 f(\boldsymbol{x}^{(k)})]^{-1}$，如果能用一个构造的正定矩阵 $\boldsymbol{A}^{(k)}$ 来代替它，并在迭代过程中，设法让 $\boldsymbol{A}^{(k)}$ 逐渐逼近 $[\nabla^2 f(\boldsymbol{x}^{(k)})]^{-1}$，那么就可以简化二阶梯度法的计算。这种迭代方法称为变尺度法，其迭代的主要步骤如下：

$$k=0,\boldsymbol{x}^{(0)},\boldsymbol{A}^{(k)}=\boldsymbol{A}^{(0)}=I\Rightarrow\nabla f(\boldsymbol{x}^{(k)})=\nabla f(\boldsymbol{x}^{(0)})\Rightarrow\boldsymbol{s}^{(k)}=-\boldsymbol{A}^{(\mathrm{k})}\nabla f(\boldsymbol{x}^{(k)})$$
$$\Rightarrow\min f(\boldsymbol{x}^{(k)})=f(\boldsymbol{x}^{(k)}-\alpha^{(k)}\nabla f(\boldsymbol{x}^{(k)}))\Rightarrow\alpha^{(k)}\Rightarrow\boldsymbol{x}^{(k+1)}=\boldsymbol{x}^{(k)}+\alpha^{(k)}\boldsymbol{s}^{(k)}$$
$$\Rightarrow\nabla f(\boldsymbol{x}^{(k+1)})\Rightarrow\Delta\boldsymbol{x}^{(k)}=\boldsymbol{x}^{(k+1)}-\boldsymbol{x}^{(k)};\Delta g^{(k)}=\nabla f(\boldsymbol{x}^{(k+1)})-\nabla f(\boldsymbol{x}^{(k)})$$
$$\Rightarrow\boldsymbol{E}^{(k)}=\boldsymbol{E}_1^{(k)}\text{ or }\boldsymbol{E}_2^{(k)}\Rightarrow\boldsymbol{A}^{(k+1)}=\boldsymbol{A}^{(k)}+\boldsymbol{E}^{(k)}$$

依据采用的校正矩阵 $\boldsymbol{E}^{(k)}$ 的不同，变尺度法目前主要有DFP法和BFGS法。

$\boldsymbol{E}^{(k)}$ 有式(3-10)和式(3-11)两种形式。

$$\boldsymbol{E}_1^{(k)} = \frac{\Delta\boldsymbol{x}^{(k)}\,[\Delta g^{(k)}]^{\mathrm{T}}}{[\Delta\boldsymbol{x}^{(k)}]^{\mathrm{T}}\Delta g^{(k)}} - \frac{A^{(k)}\Delta g^{(k)}\,[\Delta g^{(k)}]^{\mathrm{T}}A^{(k)}}{[\Delta g^{(k)}]^{\mathrm{T}}A^{(k)}\Delta g^{(k)}} \tag{3-10}$$

$$\begin{aligned}\boldsymbol{E}_2^{(k)} = {} & ([\Delta\boldsymbol{x}^{(k)}]^{\mathrm{T}}\Delta g^{(k)})^{-1}\{\Delta\boldsymbol{x}^{(k)}\,[\Delta\boldsymbol{x}^{(k)}]^{\mathrm{T}}\,[\Delta g^{(k)}]^{\mathrm{T}}A^{(k)}\Delta g^{(k)}\,([\Delta\boldsymbol{x}^{(k)}]^{\mathrm{T}}\Delta g^{(k)})^{-1} \\ & + \Delta\boldsymbol{x}^{(k)}[\Delta\boldsymbol{x}^{(k)}]^{\mathrm{T}} - A^{(k)}\Delta g^{(k)}[\Delta\boldsymbol{x}^{(k)}]^{\mathrm{T}} - \Delta\boldsymbol{x}^{(k)}\,[\Delta g^{(k)}]^{\mathrm{T}}A^{(k)}\}\end{aligned} \tag{3-11}$$

当 $\boldsymbol{E}^{(k)}$ 采用 $\boldsymbol{E}_1^{(k)}$ 时为 DFP 法，而当 $\boldsymbol{E}^{(k)}$ 采用 $\boldsymbol{E}_2^{(k)}$ 时则为 BFGS 法。

6. 单纯形法

采用前述的除了坐标轮换法外的各种方法，都要计算导数，这就与大多数实际问题的导数难求相矛盾，因此，单纯形法便应运而生。单纯形法是利用只计算目标函数值求最优解的一种直接解法。

在 n 维空间中由 $n+1$ 个线性独立的点所构成的简单图形或凸多面体，称为 n 维欧氏空间的单纯形。例如，二维空间中不共线的三点所构成的图形为二维单纯形；三维空间中不共面的四点所构成的图形为三维单纯形等。

单纯形法是在 n 维优化问题中，先选取合适的单纯形，通过不断比较这 $n+1$ 个顶点的目标函数值，得出其中的最大值点，据此来判断目标函数值的下降方向，然后再设法找到一个较好的新点，代替这个具有最大值的顶点，从而形成下一次迭代的新单纯形。将这些单纯形不断地向最小值点逼近，经过若干次迭代后，总能找到一个满足收敛准则的近似最优解。

所以，应用单纯形法的关键是要找到这样一个较好的新点。寻找新点的方法主要包括反射、扩张和压缩。下面以二维问题为例来说明单纯形法的求优过程。

现假设图 3-16 中的点 $\boldsymbol{x}_l^{(k)}$、$\boldsymbol{x}_g^{(k)}$、$\boldsymbol{x}_h^{(k)}$ 为目标函数经第 k 次迭代后所得的单纯形的三个顶点。如果它们的目标函数值存在关系 $f(\boldsymbol{x}_h^{(k)}) > f(\boldsymbol{x}_g^{(k)}) > f(\boldsymbol{x}_l^{(k)})$，则说明 $\boldsymbol{x}_l^{(k)}$ 为本次单纯形中最好的顶点，$\boldsymbol{x}_g^{(k)}$ 次之，$\boldsymbol{x}_h^{(k)}$ 最差。

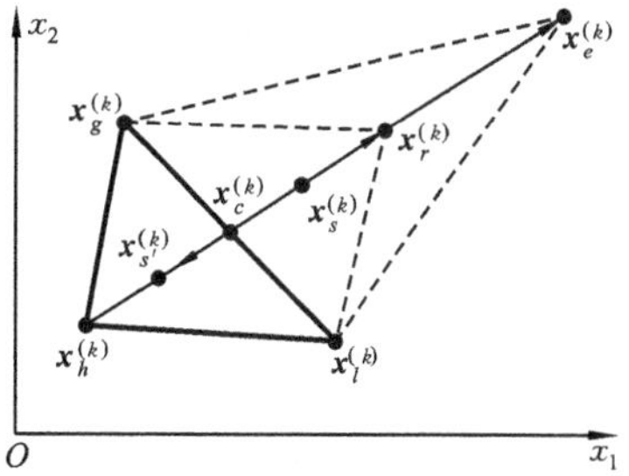

图 3-16 单纯形法的原理图

设 $\boldsymbol{x}_c^{(k)} = 0.5(\boldsymbol{x}_l^{(k)} + \boldsymbol{x}_g^{(k)})$ 为除最差点外所有顶点的形心，则由 $\boldsymbol{x}_h^{(k)}$ 指向 $\boldsymbol{x}_c^{(k)}$ 的方向应该为目标函数值下降的最佳方向。设 $\boldsymbol{x}_r^{(k)}$ 为该下降方向上的一点，取反射系数 $\alpha^{(k)} = 1$，则

$$\boldsymbol{x}_r^{(k)} = \boldsymbol{x}_c^{(k)} + \alpha^{(k)}(\boldsymbol{x}_c^{(k)} - \boldsymbol{x}_h^{(k)})$$

$\boldsymbol{x}_r^{(k)}$ 点称为最差点 $\boldsymbol{x}_h^{(k)}$ 的反射点，这个步骤称为反射。下面就要根据这个反射点的目标函数值，来判断下一步是该进行扩张还是进行压缩。

如果 $f(\boldsymbol{x}_r^{(k)}) < f(\boldsymbol{x}_g^{(k)})$，说明探索方向正确，还有在该方向继续探索即扩张的余地，取扩张系数 $\gamma^{(k)} = 1.2 \sim 2$，则扩张点为 $\boldsymbol{x}_e^{(k)} = \boldsymbol{x}_c^{(k)} + \gamma^{(k)}(\boldsymbol{x}_r^{(k)} - \boldsymbol{x}_c^{(k)})$。如果

$f(\boldsymbol{x}_e^{(k)}) < f(\boldsymbol{x}_l^{(k)})$，说明扩张有利，则用 $\boldsymbol{x}_e^{(k)}$ 代替 $\boldsymbol{x}_h^{(k)}$ 构成下一步第 $k+1$ 次迭代的单纯形；否则说明扩张不利，则仍用 $\boldsymbol{x}_r^{(k)}$ 代替 $\boldsymbol{x}_h^{(k)}$ 构成下一步第 $k+1$ 次迭代的单纯形。

如果 $f(\boldsymbol{x}_l^{(k)}) < f(\boldsymbol{x}_r^{(k)}) < f(\boldsymbol{x}_g^{(k)})$，说明不能扩张，则仍可用 $\boldsymbol{x}_r^{(k)}$ 代替 $\boldsymbol{x}_h^{(k)}$ 构成下一步第 $k+1$ 次迭代的单纯形。

如果 $f(\boldsymbol{x}_g^{(k)}) < f(\boldsymbol{x}_r^{(k)}) < f(\boldsymbol{x}_h^{(k)})$，说明 $\boldsymbol{x}_r^{(k)}$ 走得太远了，应缩回一些，即进行压缩，设压缩系数 $\beta^{(k)} = 0.5$，则压缩点为 $\boldsymbol{x}_s^{(k)} = \boldsymbol{x}_c^{(k)} + \beta^{(k)}(\boldsymbol{x}_h^{(k)} - \boldsymbol{x}_c^{(k)})$。这时如果 $f(\boldsymbol{x}_s^{(k)}) < f(\boldsymbol{x}_h^{(k)})$，则用 $\boldsymbol{x}_s^{(k)}$ 代替 $\boldsymbol{x}_h^{(k)}$ 构成第 $k+1$ 次迭代的单纯形；否则须再压缩到点 $\boldsymbol{x}_s^{(k)} = \boldsymbol{x}_c^{(k)} - \beta^{(k)}(\boldsymbol{x}_h^{(k)} - \boldsymbol{x}_c^{(k)})$，并代替 $\boldsymbol{x}_h^{(k)}$ 构成第 $k+1$ 次迭代的单纯形。

如果在由 $\boldsymbol{x}_h^{(k)}$ 向 $\boldsymbol{x}_c^{(k)}$ 的方向上找不到任何更好的点，说明该方向无效，则可以通过使单纯形向 $\boldsymbol{x}_l^{(k)}$ 整体收缩的办法来解决这个问题。

例 3-10 用单纯形法，求目标函数 $f(\boldsymbol{x}) = 4(x_1-5)^2 + (x_2-6)^2$ 在初始点 $\boldsymbol{x}^{(0)} = [8 \quad 9]^{\mathrm{T}}$、迭代精度 $\varepsilon_1 = 10^{-6}$ 下的最优解。

解 （1）给定初始三角形单元的三个顶点：$\boldsymbol{x}_1^{(0)} = [8 \quad 9]^{\mathrm{T}}$，$\boldsymbol{x}_2^{(0)} = [10 \quad 11]^{\mathrm{T}}$，$\boldsymbol{x}_3^{(0)} = [8 \quad 11]^{\mathrm{T}}$。

（2）计算对应的目标函数值：$f(\boldsymbol{x}_1^{(0)}) = 45$，$f(\boldsymbol{x}_2^{(0)}) = 125$，$f(\boldsymbol{x}_3^{(0)}) = 65$。

（3）得到 $\boldsymbol{x}_l^{(0)} = \boldsymbol{x}_1^{(0)}$，$\boldsymbol{x}_g^{(0)} = \boldsymbol{x}_3^{(0)}$，$\boldsymbol{x}_h^{(0)} = \boldsymbol{x}_2^{(0)}$。

（4）求 $\boldsymbol{x}_l^{(0)}$ 和 $\boldsymbol{x}_g^{(0)}$ 的形心及目标函数值：$\boldsymbol{x}_c^{(0)} = [8 \quad 10]^{\mathrm{T}}$，$f(\boldsymbol{x}_c^{(0)}) = 52$。

（5）求 $\boldsymbol{x}_h^{(0)}$ 的反射点及目标函数值：$\boldsymbol{x}_r^{(0)} = [6 \quad 9]^{\mathrm{T}}$，$f(\boldsymbol{x}_r^{(0)}) = 13$。

（6）因 $f(\boldsymbol{x}_r^{(0)}) < f(\boldsymbol{x}_h^{(0)})$，则应求扩张点及目标函数值：$\boldsymbol{x}_e^{(0)} = [4 \quad 8]^{\mathrm{T}}$，$f(\boldsymbol{x}_e^{(0)}) = 8$。

（7）因 $f(\boldsymbol{x}_e^{(0)}) < f(\boldsymbol{x}_l^{(0)})$，故 $\boldsymbol{x}_h^{(0)} = \boldsymbol{x}_e^{(0)}$。

（8）因 $\sqrt{(f(\boldsymbol{x}_h^{(0)}) - f(\boldsymbol{x}_c^{(0)})^2 + (f(\boldsymbol{x}_g^{(0)}) - f(\boldsymbol{x}_c^{(0)})^2 + (f(\boldsymbol{x}_l^{(0)}) - f(\boldsymbol{x}_c^{(0)})^2/3} = 26.8 < \varepsilon$ 不成立，故继续下一步。

（9）在形成的新三角形上重复以上步骤，直到(8)成立。

7. 其他方法

1）Marquardt 法

Marquardt 法结合了一阶梯度法和二阶梯度法的优势，其既具有远离最小值点时一阶梯度法目标函数值下降快的优点，又具有接近最小值点时二阶梯度法目标函数值收敛速度快的长处。其迭代公式中的步长取为 1，而方向取为

$$\boldsymbol{s}^{(k)} = -[\boldsymbol{H}(\boldsymbol{x}^{(k)}) + \lambda^{(k)} I]^{-1} \nabla f(\boldsymbol{x}^{(k)})$$

远离最小值点时，$\lambda^{(k)}$ 为一很大的数，此时 $\boldsymbol{s}^{(k)} \approx -[1/\boldsymbol{\lambda}^{(k)}] \nabla f(\boldsymbol{x}^{(k)})$ 相当于一阶梯度法；当接近最小值点时 $\lambda^{(k)} \to 0$，此时 $\boldsymbol{s}^{(k)} \approx -[H(\boldsymbol{x}^{(k)})]^{-1} \nabla f(\boldsymbol{x}^{(k)})$ 相当于二阶梯度法。该算法简单而且有效，但因需要计算 $[\boldsymbol{H}(\boldsymbol{x}^{(k)})]^{-1}$，工作量比较大。

2）最小二乘法

当目标函数表现为

$$f(\boldsymbol{x}) = \sum_{i=1}^{m} f_i^2(\boldsymbol{x})\boldsymbol{x} \in \boldsymbol{E}^n (m \geqslant n)$$

这一特殊形式时，可以采用最小二乘法求解，而不必计算二阶偏导数矩阵，其迭代公式为

$$\boldsymbol{J}(\boldsymbol{x}) = \begin{bmatrix} \frac{\partial f_1}{\partial x_1} & \frac{\partial f_1}{\partial x_2} & \cdots & \frac{\partial f_1}{\partial x_n} \\ \frac{\partial f_2}{\partial x_1} & \frac{\partial f_2}{\partial x_2} & \cdots & \frac{\partial f_2}{\partial x_n} \\ \vdots & \vdots & \vdots & \vdots \\ \frac{\partial f_m}{\partial x_1} & \frac{\partial f_m}{\partial x_2} & \cdots & \frac{\partial f_m}{\partial x_n} \end{bmatrix} \Rightarrow \begin{cases} \nabla f(\boldsymbol{x}) = 2\boldsymbol{J}(\boldsymbol{x}) f(\boldsymbol{x}) \\ \nabla^2 f(\boldsymbol{x}) \approx 2\boldsymbol{J}(\boldsymbol{x})[\boldsymbol{J}(\boldsymbol{x})]^{\mathrm{T}} \\ \boldsymbol{x}^{(k+1)} = \boldsymbol{x}^{(k)} - \alpha^{(k)} \dfrac{[\boldsymbol{J}(\boldsymbol{x}^{(k)})]^{\mathrm{T}} f(\boldsymbol{x}^{(k)})}{\boldsymbol{J}(\boldsymbol{x}^{(k)})[\boldsymbol{J}(\boldsymbol{x}^{(k)})]^{\mathrm{T}}} \end{cases}$$

最小二乘法又称为Gauss-Newton(高斯-牛顿)法，上面迭代公式中，当 $\alpha^{(k)} \equiv 1$ 时，称为Gauss-Newton 最小二乘法，当 $\alpha^{(k)}$ 采用一维探索的最优步长时，称为修正Gauss-Newton最小二乘法。

3.5 约束问题的优化方法

设计变量的取值范围受到某种限制时的优化方法，称为约束问题的优化方法，它是处理实际工程中绝大部分问题的基本方法。由于约束条件的存在，对于可行域为一凸集的要求，基本很难满足。但只要目标函数和约束函数为连续、可微的函数，且存在一个有界的非空可行域，那么约束优化问题就一定有解。

约束问题的优化方法也包括直接法和间接法，直接法主要用于求解不等式约束条件的优化问题；而间接法对于不等式约束和等式约束均有效。同样，约束问题的优化方法既要解决好探索方向和步长的问题，还要解决好初始可行点的选择问题。

1. 约束优化问题的直接法

在可行域内按照一定的原则，直接探索出问题的最优点，而无须将约束问题转换成无约束问题去求优的方法，称为约束优化问题的直接法。由于约束条件常常使得可行域为非凸集而出现众多的局部极值点，不同的初始点往往也会导致探索点逼近于不同的局部极值点，因此多次变更初始点进行多路线探索就非常必要。

1) 随机试验法

随机试验法，又称为统计模拟试验法，其基本思想是利用计算机产生的伪随机数，从设计方案集合中分批抽样。每批抽样均包含若干方案，对每个方案都做约束检验，不满足则重抽，满足则按照它们的函数值的大小进行排列，取出前几个或者几十个相差不是很大的函数值，然后再做下批试验。当每批抽样试验的前几个函数值不再明显变动时，则可认为它已经按概率收敛于某一最优方案，其迭代算法主要如下。

(1) 选定设计变量的上下限 $[a_i, b_i]$，$(i = 1, 2, \cdots, n)$，其中 n 为方案中的设计变量数。

(2) 产生[0, 1]区间内服从均匀分布的一个伪随机数列 $\{r_i\}$。

(3) 形成随机试验点 $x_i^{(k)}=a_i+r_i^{(k)}(b_i-a_i)$；$i=1,2,\cdots,n$；$k=1,2,\cdots,N$；其中 N 为每批试验中的方案数。

(4) 约束条件的检验，$g_u(x_1^{(k)},x_2^{(k)},\cdots,x_n^{(k)})\leqslant 0(u=1,2,\cdots,m)$。

(5) 计算试验点的函数值，并循环转向(2)进行 N 次。

(6) 将 N 个试验点的函数值按大小排序，找出最优点及其函数值，即

$$f(\boldsymbol{x}^{(L)})=\min\{f(\boldsymbol{x}^{(k)})\quad(k=1,2,\cdots,N)\}。$$

(7) 确定前 p 个最好试验点的均值 $\boldsymbol{x}_i$ 和均方根差 $\boldsymbol{\delta}_i$，当 $\boldsymbol{x}_i$ 基本不变动或者 $\boldsymbol{\delta}_i\leqslant\varepsilon$ 时，近似得最优点，否则转向下一步。

(8) 构造新的试验区间 $[\boldsymbol{x}_i-3\delta_i,\ \boldsymbol{x}_i+3\delta_i]$ 并转向(3)。

随机试验法具有方法简单、便于编制程序等特点，但同时也具有计算量大和效率低的缺点，故比较适用于小型的优化问题。

2) **随机方向探索法**

当探索方向采用随机方向的探索方向时，称为随机方向探索法，该方法一般包括初始点、探索方向和探索步长随机选择三部分。下面以图 3-17 所示的二维约束优化问题来说明它的基本思想。

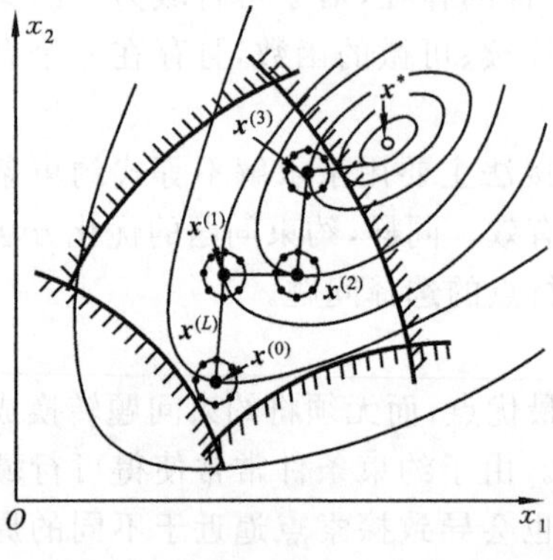

图 3-17 约束随机方向探索法的基本原理

(1) 在可行域内选取一个初始点 $\boldsymbol{x}^{(0)}$ 并检验约束条件是否满足，如满足则转下一步，否则重新选取 $\boldsymbol{x}^{(0)}$。

(2) 产生 N 个随机单位向量 $\boldsymbol{e}^{(j)}(j=1,2,\cdots,N)$，在以 $\boldsymbol{x}^{(0)}$ 点为中心、以 H_0 为半径的超球面上产生 N 个随机点 $\boldsymbol{x}^{(j)}=\boldsymbol{x}^{(0)}+H_0\boldsymbol{e}^{(j)}$，并判断出函数值最小的点 $\boldsymbol{x}^{(L)}$。如果 $f(\boldsymbol{x}^{(L)})\leqslant f(\boldsymbol{x}^{(0)})$，则继续沿 $f(\boldsymbol{x}^{(L)})-f(\boldsymbol{x}^{(0)})$ 方向以适当步长向前跨步，得到新点 $\boldsymbol{x}^{(1)}$。

(3) 如果 $f(\boldsymbol{x}^{(1)})\leqslant f(\boldsymbol{x}^{(L)})$，则以 $\boldsymbol{x}^{(1)}$ 为新的初始点，转向(2)重复前面的过程，否则，以较小的试验步长向前探索，直到目标函数值不再下降而又符合约束条件为止。然后将探索得到的新点作为下一次的初始点，重复(2)和(3)。

(4) 当同一次迭代的初始点和末点的函数值满足收敛准则时，则停止迭代，并取 $\boldsymbol{x}^*=\boldsymbol{x}^{(k)}$ 和 $f(\boldsymbol{x}^*)=f(\boldsymbol{x}^{(k)})$。

随机方向探索法具有程序结构简单，使用方便，对目标函数的形态无特殊要求等优点，但同样由于需要对初始点、探索方向和探索步长分别作随机选择，故也多用于小型的优化问题。

3) 复合形法

约束优化问题复合形法的基本原理,与无约束优化问题的单纯形法完全相同,这里仅结合图3-18给出它的迭代步骤如下。

(1) 采用伪随机数在可行域内选取一个初始点 $\boldsymbol{x}^{(k)}=\boldsymbol{x}^{(0)}$ 并检验其是否满足约束条件,如满足则转下一步,否则重选 $\boldsymbol{x}^{(0)}$。

(2) 计算复合形各顶点的目标函数值,并找出其中的最好值点 $\boldsymbol{x}_h^{(k)}$、最差值点 $\boldsymbol{x}_l^{(k)}$,以及次差值点 $\boldsymbol{x}_g^{(k)}$。

(3) 计算除 $\boldsymbol{x}_g^{(k)}$ 外其他各顶点的形心 $\boldsymbol{x}_c^{(k)}$,并检查 $\boldsymbol{x}_c^{(k)}$ 点的可行性。

(4) 如果 $\boldsymbol{x}_c^{(k)}$ 点在可行域内,则沿 $\boldsymbol{x}_c^{(k)}-\boldsymbol{x}_h^{(k)}$ 方向求反射点 $\boldsymbol{x}_r^{(k)}$。

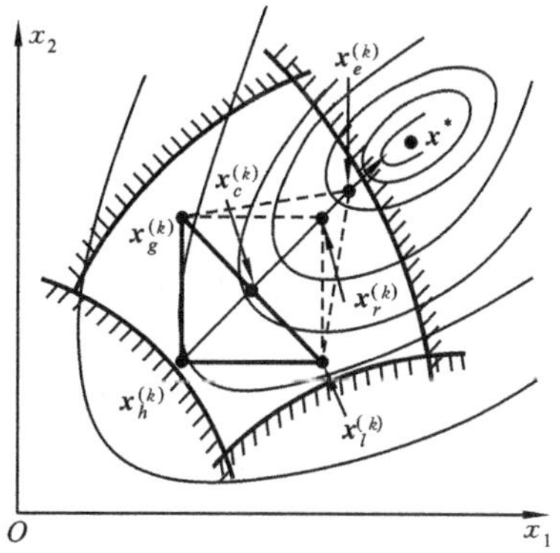

图3-18 复合形法的原理图

(5) 如果 $\boldsymbol{x}_c^{(k)}$ 点不在可行域内,则采用伪随机数重新生成新的复合形,并转(2),直到 $\boldsymbol{x}_c^{(k)}$ 点在可行域内为止。

(6) 如果 $\boldsymbol{x}_r^{(k)}<\boldsymbol{x}_h^{(k)}$,用 $\boldsymbol{x}_r^{(k)}$ 代替 $\boldsymbol{x}_h^{(k)}$ 组成新的复合形,并转(2);否则,转(7)。

(7) 如果 $\boldsymbol{x}_r^{(k)}>\boldsymbol{x}_h^{(k)}$,则反复利用步长减半的方法,寻找 $\boldsymbol{x}_r^{(k)}$ 点;当步长减为一个很小的正数(如 10^{-5})时还无效的话,可将 $\boldsymbol{x}_h^{(k)}$ 换成 $\boldsymbol{x}_g^{(k)}$ 并转(3),重新进行迭代计算,直到满足计算精度为止。

复合形法只用到目标函数值,而不必计算导数,也不必进行一维探索,对目标函数和约束函数的形态也无特殊要求,程序编制简单,但当设计变量和约束函数增多时,计算效率将显著降低,故也多用于中、小型的优化问题。

4) 可变容差法

可变容差法同样是从单纯形法发展而来的,也称为有约束的单纯形法,其基本思想是将多个约束条件简化为如下的约束条件来求解。

$$\begin{cases}\min f(\boldsymbol{x})\ \boldsymbol{x}\in E^n\\ \text{s. t. } h_v(\boldsymbol{x})=0(v=1,2,\cdots,p)\\ \qquad g_u(\boldsymbol{x})\leqslant 0(u=1,2,\cdots,m)\end{cases}\Rightarrow\begin{cases}\min f(\boldsymbol{x})\ \boldsymbol{x}\in E^n\\ \text{s. t. } \phi^{(k)}-T(\boldsymbol{x})\geqslant 0\end{cases}\tag{3-12}$$

式中:$\phi^{(k)}$ 表示在 k 次迭代中,给出的可以违背约束的允许误差准则。它仅仅是关于单纯形顶点的一个递减的正函数,既不依赖于 n 维目标函数值,也不依赖于约束值。$\phi^{(k)}$ 的表达式如下:

$$\phi^{(k)}=\min\{\phi^{(k-1)},\theta^{(k)}\}$$

且
$$\theta^{(k)}=\frac{p+1}{n-p+1}\sum_{j=1}^{r+1}\|x_j^{(k)}-x_{r+2}^{(k)}\|,\quad \phi^{(0)}=2(p+1)h\tag{3-13}$$

式中:$\theta^{(k)}$ 表示第 k 次迭代中的单纯形各顶点 $x_j^{(k)}$ 到形心 $x_{r+2}^{(k)}$ 的平均距离,其中 p 为等式约束的数目，h 为初始单纯形法的步长。

由 $\theta^{(k)}$ 随着单纯形的逐步收缩而变小，可知允许误差准则 $\phi^{(k)}$ 是 $\boldsymbol{x}$ 的一个正递减的函数。当趋向于最优点时，$\phi^{(k)}$ 将趋近于零。

式(3-12)中的 $T(\boldsymbol{x})$ 表示约束被破坏程度的估计量，可用下列表达式来描述。

$$T(\boldsymbol{x})=\sqrt{\sum_{v=1}^{p}h_v^2(\boldsymbol{x})+\sum_{u=1}^{m}\chi_u g_u^2(\boldsymbol{x})},\quad \chi_u=\begin{cases}0(g_u(\boldsymbol{x})\leqslant 0)\\1(g_u(\boldsymbol{x})>0)\end{cases}$$

可变容差法的迭代过程，除移步的近似可行性判断外，基本与单纯形法一致，下面仅给出近似可行性的判断准则。$\boldsymbol{x}^{(k)}$ 移步到 $\boldsymbol{x}^{(k+1)}$ 是否可行，对于一个已知的 $\phi^{(k)}$ 值，可用比较 $\phi^{(k)}$ 和 $T(\boldsymbol{x}^{(k+1)})$ 的方法来确定。

(1) 若 $T(\boldsymbol{x}^{(k+1)})=0$，则移步可行。

(2) 若 $0\leqslant T(\boldsymbol{x}^{(k+1)})<\phi^{(k)}$，则移步近似可行。

(3) 若 $T(\boldsymbol{x}^{(k+1)})>\phi^{(k)}$，则移步不可行，可用极小化 $T(\boldsymbol{x})$，直至找到满足 $T(\boldsymbol{x}^{(k+1)})\leqslant\phi^{(k)}$ 的 $\boldsymbol{x}^{(k+1)}$ 点为止。

当然，对于求解约束条件为线性的非线性目标函数的优化问题，仍可以使用单纯形法的求解思想，即所谓的简约梯度法和广义简约梯度法，限于篇幅，具体参见相关文献。

5) 可行方向法

可行方向法是采用梯度法求解非线性优化问题的一种最具代表性的解析法。其基本思想是，从初始点出发，沿着目标函数的负梯度方向前进至约束条件的边界上，然后继续寻找既能满足约束条件，又能使目标函数值有所改善的新方向，直至找到最优点为止。

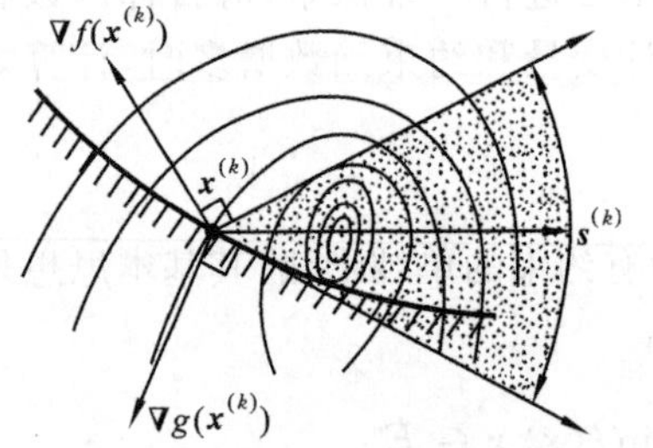

图 3-19 可行下降方向所在的区域

在图 3-19 中，假设现已由初始点沿着目标函数的负梯度方向，找到处于约束条件边界上的点 $\boldsymbol{x}^{(k)}$，此时目标函数的梯度为 $\nabla f(\boldsymbol{x}^{(k)})$，约束条件 $g_i(\boldsymbol{x})\leqslant 0$ 的梯度为 $\nabla g_i(\boldsymbol{x}^{(k)})$，并设下一步的迭代方向为 $\boldsymbol{s}^{(k)}$。要求沿 $\boldsymbol{s}^{(k)}$ 方向迭代时，既能满足使目标函数值有所下降的条件，即 $[\nabla f(\boldsymbol{x}^{(k)})]^{\mathrm{T}}\boldsymbol{s}^{(k)}<0$，又能满足约束条件，即 $[\nabla g_u(\boldsymbol{x}^{(k)})]^{\mathrm{T}}\boldsymbol{s}^{(k)}<0$，则 $\boldsymbol{s}^{(k)}$ 必须位于图 3-19 中的阴影区域。满足 $[\nabla f(\boldsymbol{x}^{(k)})]^{\mathrm{T}}\boldsymbol{s}^{(k)}<0$ 的 $\boldsymbol{s}^{(k)}$ 称为下降方向；满足 $[\nabla g_u(\boldsymbol{x}^{(k)})]^{\mathrm{T}}\boldsymbol{s}^{(k)}<0$ 的 $\boldsymbol{s}^{(k)}$ 称为可行方向；两者都满足的 $\boldsymbol{s}^{(k)}$ 称为可行下降方向。综上所述，可行方向法的求优过程可归结为

$$\begin{cases}\boldsymbol{x}^{(k+1)}=\boldsymbol{x}^{(k)}+\alpha^{(k)}\boldsymbol{s}^{(k)}\\ \text{s. t. } g_u(\boldsymbol{x}^{(k)})\leqslant 0(u=1,2,\cdots,m)\\ f(\boldsymbol{x}^{(k+1)})<f(\boldsymbol{x}^{(k)})\end{cases}\Rightarrow\begin{cases}\min\,[\nabla f(\boldsymbol{x}^{(k)})]^{\mathrm{T}}\boldsymbol{s}^{(k)}\\ \text{s. t. }[\nabla g_u(\boldsymbol{x}^{(k)})]^{\mathrm{T}}\boldsymbol{s}^{(k)}\leqslant 0\\ [\nabla f(\boldsymbol{x}^{(k)})]^{\mathrm{T}}\boldsymbol{s}^{(k)}<0\end{cases}$$

这是一个线性优化问题。知道了可行下降方向，相应的步长可用一维探索方法求得；当可行下降方向为零向量或 $\|\boldsymbol{s}^{(k)}\|\leqslant\varepsilon$ 时，表明目标函数值已无法进一步改善，所以此

时的 $\boldsymbol{x}^{(k)}$ 即为最优点 $\boldsymbol{x}^*$ 。

可行方向法收敛速度快，效果较好，故适用于大、中型约束优化问题，但程序比较复杂。

2. 等式约束优化问题的间接法

等式约束优化问题可表示为如下形式：

$$\begin{cases}\min f(\boldsymbol{x})\ \boldsymbol{x} \in E^n \\ \text{s.t. } h_v(\boldsymbol{x}) = 0 (v = 1,2,\cdots,p < n)\end{cases}$$

显然当 $p=n$ 时，上述优化问题将具有唯一解，也就无所谓优化解了。

等式约束优化问题的间接解法主要包括消元法、拉格朗日乘子法、惩罚函数法和增广拉格朗日乘子法等。消元法主要是通过将 p 个等式约束，变换为 p 个设计变量的等式，并代入到目标函数中去，从而达到降维的目的。对于降维后的无约束优化问题，则可直接采用前面介绍的无约束一维或多维优化方法求解，故这里对消元法不作过多描述。

1）拉格朗日乘子法

对于简单的线性约束条件，消元法尚能对付，但当约束条件为多维高次非线性方程时，消元法将无能为力，这时就可采用拉格朗日乘子法。现以二维目标函数 $f(x_1,x_2)$ 为例介绍用拉格朗日乘子法求解等式约束优化问题的具体做法。由前述可知，目标函数在等式约束条件 $h(x_1,x_2)$ 下的最优点处，已经不再存在可行的下降方向，即既满足 $[\nabla f(\boldsymbol{x}^*)]^{\mathrm{T}}\boldsymbol{s} = 0$ 又满足 $[\nabla h_v(\boldsymbol{x}^*)]^{\mathrm{T}}\boldsymbol{s} = 0$ 的下降方向 。换句话说，在最优点处任何方向允许的位移 $[\mathrm{d}x_1 \quad \mathrm{d}x_2]^{\mathrm{T}}$ 都必须满足

$$\begin{cases}\dfrac{\partial f(\boldsymbol{x}^*)}{\partial x_1}\mathrm{d}x_1 + \dfrac{\partial f(\boldsymbol{x}^*)}{\partial x_2}\mathrm{d}x_2 = 0 \\ \dfrac{\partial h(\boldsymbol{x}^*)}{\partial x_1}\mathrm{d}x_1 + \dfrac{\partial h(\boldsymbol{x}^*)}{\partial x_2}\mathrm{d}x_2 = 0\end{cases}$$

令拉格朗日函数和拉格朗日乘子为

$$L(\boldsymbol{x},\lambda) = f(\boldsymbol{x}) - \lambda h(\boldsymbol{x}), \quad \lambda = \frac{\partial f(\boldsymbol{x}^*)/\partial x_1}{\partial h(\boldsymbol{x}^*)/\partial x_1} = \frac{\partial f(\boldsymbol{x}^*)/\partial x_2}{\partial h(\boldsymbol{x}^*)/\partial x_2}$$

则

$$\begin{cases}\dfrac{\partial f(\boldsymbol{x}^*)}{\partial x_1} - \lambda\dfrac{\partial h(\boldsymbol{x}^*)}{\partial x_1} = 0 \\ \dfrac{\partial f(\boldsymbol{x}^*)}{\partial x_2} - \lambda\dfrac{\partial h(\boldsymbol{x}^*)}{\partial x_2} = 0 \\ h(x_1^*,x_2^*) = 0\end{cases} \Rightarrow \begin{cases}\dfrac{\partial L(\boldsymbol{x},\lambda)}{\partial x_1} = 0 \\ \dfrac{\partial L(\boldsymbol{x},\lambda)}{\partial x_2} = 0 \\ \dfrac{\partial L(\boldsymbol{x},\lambda)}{\partial \lambda} = 0\end{cases}$$

通过解此拉格朗日函数 $L(\boldsymbol{x},\lambda)$ 的无约束极值 $\boldsymbol{x}^*$ 和拉格朗日乘子 λ^* ，来求解等式约束条件下目标函数极值的方法，即为拉格朗日乘子法。

对于有 p 个等式约束条件的 n 维优化问题，其拉格朗日函数为

$$L(\boldsymbol{x},\lambda) = f(\boldsymbol{x}) - \sum_{v=1}^{p}\lambda_v h_v(\boldsymbol{x})$$

对应的极值点存在的必要条件为

$$\begin{cases}\dfrac{\partial L(\boldsymbol{x},\lambda)}{\partial x_i} = 0 \quad (i = 1,2,\cdots,n)\\ \dfrac{\partial L(\boldsymbol{x},\lambda)}{\partial \lambda_v} = 0 \quad (v = 1,2,\cdots,p)\end{cases}$$

解此方程式组,可以求出 $n+p$ 个数值 $x_1^*, x_2^*, \cdots, x_n^*, \lambda_1^*, \lambda_2^*, \cdots, \lambda_p^*$ 。从而求得原问题的优化解 $\boldsymbol{x}^* = [x_1^* \ x_2^* \cdots x_n^*]^{\mathrm{T}}$ 。

2) 惩罚函数法

惩罚函数法也是一种使用待定乘子,将约束优化问题转换成无约束优化问题的一种间接解法。其基本原理是将原目标函数 $f(\boldsymbol{x})$,用所谓的“惩罚函数” $\varphi(\boldsymbol{x},m)$ 来代替,而变成一个无约束的优化问题。$\varphi(\boldsymbol{x},m)$ 的定义如下:

$$\varphi(\boldsymbol{x},m) = f(\boldsymbol{x}) + B(\boldsymbol{x},m) = f(\boldsymbol{x}) + \sum_{v=1}^{p} m_v [h_v(\boldsymbol{x})]^2$$

式中:m_v 代表第 v 个等式约束条件的待定乘子或惩罚因子。

当迭代点越出可行域时,$h_v(\boldsymbol{x}) \neq 0$,因此,只要 m_v 足够大,$B(\boldsymbol{x},m) \gg f(\boldsymbol{x})$ 将成立,说明 $B(\boldsymbol{x},m)$ 在新目标函数中起主导作用,相当于是对违反约束条件的一个很大惩罚,让 $f(\boldsymbol{x})$ 难于得到最小值的解;相反,当迭代点在可行域内时,$h_v(\boldsymbol{x}) = 0$,无论 m_v 多大,$B(\boldsymbol{x},m)=0$ 都成立,说明此时不受惩罚。

对于无约束优化问题的目标函数 $\varphi(\boldsymbol{x},m)$,其极值随着 m 取值的不同而不同,且在 $m^{(k)} \to \infty$ 的情况下,只有当 $h_v(\boldsymbol{x}) = 0$ 时,新的目标函数才有可能达到最小值,也就是说无约束的优化解就是原目标函数的约束优化解。当然,在实际的每一次迭代计算中,只要取 $m^{(k)}$ 逐渐增大到能够满足一定的精度要求即可,而不必真的无穷大。

例 3-11 试用惩罚函数法求下列优化问题的解:

$$\begin{cases}\min f(\boldsymbol{x}) = x_1^2 + x_2^2 - x_1x_2 - 10x_1 - 4x_2 + 60\\ \mathrm{s.t.}\ h(\boldsymbol{x}) = x_1 + x_2 - 8 = 0\end{cases}$$

解 (1) 构造惩罚函数

$$\begin{aligned}\varphi(\boldsymbol{x},m) &= f(\boldsymbol{x}) + m[h(\boldsymbol{x})]^2\\ &= x_1^2 + x_2^2 - x_1x_2 - 10x_1 - 4x_2 + 60 + m(x_1 + x_2 - 8)^2\end{aligned}$$

(2) 列出下列方程组

$$\begin{cases}\partial\varphi(\boldsymbol{x},m)/\partial x_1 = 2x_1 - x_2 - 10 + 2m = 0\\ \partial\varphi(\boldsymbol{x},m)/\partial x_2 = 2x_2 - x_1 - 4 + 2m = 0\\ \partial\varphi(\boldsymbol{x},m)/\partial m = (x_1 + x_2 - 8)^2 = 0\end{cases}$$

(3) 求解上面的三阶方程组，得最优解 $x_1^* = 5, x_2^* = 3$ 。

3) **增广拉格朗日乘子法**

增广拉格朗日乘子法是将拉格朗日乘子引入到惩罚函数法的“惩罚项”中的一种方法，该方法能够很好地避免惩罚函数法在迭代次数 $k \to \infty$ 时，给数值计算带来的困难。增广拉格朗日函数 $A(\boldsymbol{x},\lambda,m)$ 的表达式如下：

$$A(\boldsymbol{x},\lambda,m) = f(\boldsymbol{x}) - \sum_{v=1}^{p}\lambda_v h_v(\boldsymbol{x}) + m\sum_{v=1}^{p}[h_v(\boldsymbol{x})]^2 = L(\boldsymbol{x},\lambda) + m\sum_{v=1}^{p}[h_v(\boldsymbol{x})]^2$$

很显然，当 $\lambda_v = 0$ 时即为惩罚函数法；当 $m=0$ 时即为拉格朗日乘子法。

由拉格朗日乘子法极值点存在的必要条件，可以推出增广拉格朗日函数极值点存在的必要条件，即

$$\nabla A(\boldsymbol{x},\lambda,m) = \nabla f(\boldsymbol{x}) + \sum_{v=1}^{p}[-\lambda_v \nabla h_v(\boldsymbol{x}) + 2\boldsymbol{m}\sum_{v=1}^{p}h_v(\boldsymbol{x})\nabla h_v(\boldsymbol{x})] = 0$$

式中：λ 是利用 $\lambda^{(k+1)} = \lambda^{(k)} - 2mh_v(\boldsymbol{x}^{(k)})$ 的迭代公式逐渐逼近 λ^* 的。这意味着，如果 $\boldsymbol{x}^{(k)} = \boldsymbol{x}^*$ 为可行点，而且对于 $\lambda^{(k)} = \lambda^*$ 以及某个固定的 m，$\boldsymbol{x}^*$ 是 $A(\boldsymbol{x},\lambda,m)$ 的无约束极值点，也就是原问题的解。本算法迭代的终止准则为以下式子之任一：

$$\lambda^{(k+1)} = \lambda^{(k)}, \quad \| f(\boldsymbol{x}^{(k+1)}) - f(\boldsymbol{x}^{(k)}) \| \leqslant \varepsilon_1, \quad \| h_v(\boldsymbol{x}^{(k+1)}) \| \leqslant \varepsilon_2$$

4) **不等式约束优化问题的间接法**

不等式约束的优化问题，既包括只有不等式约束的情况，也包括不等式约束和等式约束兼而有之的情况。将不等式约束通过公式

$$g_u(\boldsymbol{x}) \leqslant 0 \Rightarrow G_u(\boldsymbol{x}) = g_u(\boldsymbol{x}) + \omega_u^2 = 0 \quad (u = 1,2,\cdots,m)$$

转换成等式约束后，该优化问题的间接解法就完全类似于前面的等式约束优化问题的间接解法，也主要包括拉格朗日乘子法、惩罚函数法和增广拉格朗日乘子法。

由拉格朗日乘子法的原问题

$$\begin{cases} \min f(\boldsymbol{x}) & \boldsymbol{x} \in E^n \\ \text{s. t. } h_v(\boldsymbol{x}) = 0 & (v = 1,2,\cdots,p) \\ \qquad g_u(\boldsymbol{x}) \leqslant 0 & (u = 1,2,\cdots,m) \end{cases}$$

构造出的新目标函数为

$$L(\boldsymbol{x},\lambda) = f(\boldsymbol{x}) - \sum_{v=1}^{p}\lambda_v h_v(\boldsymbol{x}) - \sum_{v=p+1}^{p+m}\lambda_v(g_v(\boldsymbol{x}) + \omega_v^2)$$

其极值条件为

$$\begin{cases} \dfrac{\partial L}{\partial x_i} = 0 & (i = 1,2,\cdots,n) \\ \dfrac{\partial L}{\partial \lambda_v} = 0 & (v = 1,2,\cdots,p+m) \\ \dfrac{\partial L}{\partial \omega_v} = 2\lambda_v\omega_v & (v = p+1,p+2,\cdots,p+m) \end{cases}$$

根据迭代途径是从可行域的内部逼近极值点，还是从可行域的外部逼近极值点，惩罚函数法可分为内点法、外点法和混合法。采用这几种方法的原问题、构造的新目标函数分别如下。

内点法：

$$\begin{cases}\min f(\boldsymbol{x}) & \boldsymbol{x}\in E^n\\ \text{s. t. } g_u(\boldsymbol{x})\leqslant 0\,(u=1,2,\cdots,m)\end{cases}\Rightarrow\begin{cases}\varphi(\boldsymbol{x},r^{(k)})=f(\boldsymbol{x})-r^{(k)}\sum\limits_{u=1}^{m}(g_u(\boldsymbol{x}))^{-1}\\ r^{(0)}>r^{(1)}>\cdots>r^{(k)}\to\lim\limits_{k\to\infty}r^{(k)}=0\end{cases}$$

外点法：

$$\begin{cases}\min f(\boldsymbol{x}) & \boldsymbol{x}\in E^n\\ \text{s. t. } g_u(\boldsymbol{x})\leqslant 0\,(u=1,2,\cdots,m)\end{cases}\Rightarrow\begin{cases}\varphi(\boldsymbol{x},m^{(k)})=f(\boldsymbol{x})-m^{(k)}\sum\limits_{v=1}^{m}\{\max[g_u(\boldsymbol{x}),0]\}^2\\ 0<m^{(0)}<m^{(1)}<\cdots<m^{(k)}\to\lim\limits_{k\to\infty}m^{(k)}=+\infty\\ \max[g_u(\boldsymbol{x}),0]=\dfrac{g_u(\boldsymbol{x})+|g_u(\boldsymbol{x})|}{2}\\ \qquad=\begin{cases}g_u(\boldsymbol{x}) & (g_u(\boldsymbol{x})>0)\\ 0 & (g_u(\boldsymbol{x})\leqslant 0)\end{cases}\end{cases}$$

混合法：

$$\begin{cases}\min f(\boldsymbol{x}) & \boldsymbol{x}\in E^n\\ \text{s. t. } h_v(\boldsymbol{x})=0\,(v=1,2,\cdots,p)\\ \qquad g_u(\boldsymbol{x})\leqslant 0\,(u=1,2,\cdots,m)\end{cases}\Rightarrow\begin{cases}\varphi=f(\boldsymbol{x})-r^{(k)}\sum\limits_{u=1}^{m}(g_u(\boldsymbol{x})^{-1}+m^{(k)}\sum\limits_{v=1}^{p}[h_v(\boldsymbol{x})]^2\\ 0<m^{(0)}<m^{(1)}<\cdots<m^{(k)}\to\lim\limits_{k\to\infty}m^{(k)}=+\infty\\ r^{(0)}>r^{(1)}>\cdots>r^{(k)}\to\lim\limits_{k\to\infty}r^{(k)}=0,\\ m^{(k)}=(r^{(k)})^{-\frac{1}{2}}\end{cases}$$

由增广拉格朗日乘子法的原问题构造出新目标函数如下。

$$\begin{cases}\min f(\boldsymbol{x}) & \boldsymbol{x}\in E^n\\ \text{s. t. } h_v(\boldsymbol{x})=0\,(v=1,2,\cdots,p)\\ \qquad g_u(\boldsymbol{x})\leqslant 0\,(u=1,2,\cdots,m)\end{cases}\Rightarrow\begin{cases}A(\boldsymbol{x},\lambda,\delta,m)=f(\boldsymbol{x})-\sum\limits_{u=1}^{m}\lambda_u\varphi_u(\boldsymbol{x})\\ \qquad\qquad+m\sum\limits_{u=1}^{m}[\varphi_u(\boldsymbol{x})]^2\\ \qquad\qquad-\sum\limits_{v=1}^{p}\delta_v h_v(\boldsymbol{x})+m\sum\limits_{v=1}^{p}[h_v(\boldsymbol{x})]^2\\ \varphi_u(\boldsymbol{x})=\max[g_u(\boldsymbol{x}),\lambda(2m^{(k)})^{-1}]\\ \lambda_u^{(k+1)}=\lambda_u^{(k)}-2m^{(k)}\varphi_u(\boldsymbol{x})\\ \delta_v^{(k+1)}=\lambda_v^{(k)}-2m^{(k)}h_v(\boldsymbol{x})\\ 0<m^{(0)}<m^{(1)}<\cdots<m^{(k)}\to\lim\limits_{k\to\infty}m^{(k)}=+\infty\end{cases}$$

例 3-12 试用拉格朗日乘子法求下列优化问题的解。

$$\begin{cases} \min f(\boldsymbol{x}) = 2x_1^2 - 2x_1x_2 + 2x_2^2 - 6x_1 \\ \text{s. t. } g_1(\boldsymbol{x}) = 3x_1 + 4x_2 - 6 \leqslant 0 \\ \quad g_2(\boldsymbol{x}) = -x_1 + 4x_2 - 2 \leqslant 0 \end{cases}$$

解 (1) 构造拉格朗日函数 $L(\boldsymbol{x},\lambda) = f(\boldsymbol{x}) - \lambda_1[g_1(\boldsymbol{x}) + \omega_1^2] - \lambda_2[g_2(\boldsymbol{x}) + \omega_2^2]$；

(2) 列出下列方程组

$$\begin{cases} \partial L/\partial x_1 = (4+\lambda_2)x_1 - 2x_2 - 6 - 3\lambda_1 = 0 \\ \partial L/\partial x_2 = -2x_1 + 4x_2 - 4\lambda_1 - 4\lambda_2 = 0 \\ \partial L/\partial \omega_1 = -2\omega_1\lambda_1 = 0 \\ \partial L/\partial \omega_2 = -2\omega_2\lambda_2 = 0 \\ \partial L/\partial \lambda_1 = 3x_1 + 4x_2 - 6 + \omega_1^2 = 0 \\ \partial L/\partial \lambda_2 = -x_1 + 4x_2 - 2 + \omega_2^2 = 0 \end{cases}$$

(3) 求解上面的六阶方程组，得最优解

$$x_1^* = 1.459\ 4, \quad x_2^* = 0.405\ 4;$$
$$\omega_1 = 0, \quad \omega_2 = 1.355\ 7;$$
$$\lambda_1 = -0.324\ 5, \quad \lambda_2 = 0;$$
$$f(\boldsymbol{x}^*) = -5.351\ 3$$

3.6 多目标函数的优化方法

前述的各种优化方法，均是只有一个目标函数的“单目标函数的优化方法”，不能满足实际工程设计问题多指标的优化需求，这种涵盖多指标的优化问题，就是所谓的“多目标函数的优化问题”。各个分目标往往是相互矛盾的，不可能期盼它们均在同一点收敛为最小值，实际中常通过相互的让步或者一定的牺牲来取得整体上最好的优化方案，虽然此时的各分目标函数没有达到各自的最优值，但设计的整体效果却最好。较之单目标函数通过比较函数值大小的优化方法，多目标函数的优化问题要复杂得多，求解难度也较大。目前仍没有最好的普适的多目标函数优化方法，实际运用中应根据具体的优化问题，有选择地采用下面介绍的各类方法。

1. 统一目标法

统一目标法的基本思想是，在一定的组合方式下，将各个分目标函数 $f_k(\boldsymbol{x})$ $(k=1,2,\cdots,q)$ 统一组合到一个总的“统一目标函数” $f(\boldsymbol{x})$ 中，即 $f(\boldsymbol{x}) = \{f_1(\boldsymbol{x}), f_2(\boldsymbol{x}),\cdots,f_k(\boldsymbol{x})\}$。那么原来的优化问题就可以转化为一个统一的单目标函数的优化问题，这样就可以直接采用前述单目标函数的相关优化方法了。其优化模型为

$$\begin{cases} \min\limits_{x\in E^n} f(\boldsymbol{x}) = \{f_1(\boldsymbol{x}), f_2(\boldsymbol{x}),\cdots,f_k(\boldsymbol{x})\} \ (k=1,2,\cdots,q) \\ \text{s. t. } g_u(\boldsymbol{x}) \leqslant 0 (u=1,2,\cdots,m) \end{cases}$$

所以，运用统一目标法的关键问题就是使用什么样的组合方式，才能保证在极小化“统一目标函数”的过程中，各个分目标函数能均匀一致地尽可能趋向各自的最优值。常采用的组合方式有加权组合法、目标规划法、功效系数法和乘除法等。

目标规划法是在先求出每个分目标函数的最优值 $f_k(\boldsymbol{x}^*)$ 后，根据多目标函数优化问题的总体要求，适当地选取对应的理想最优值 $f_k(\boldsymbol{x}^0)$，由

$$f(\boldsymbol{x}) = \sum_{k=1}^{q}\left[\frac{f_k(\boldsymbol{x}) - f_k(\boldsymbol{x}^0)}{f_k(\boldsymbol{x}^0)}\right]^2$$

来统一目标函数。

采用功效系数法时，一般是在给每个分目标函数分配一个表示设计好坏的功效系数 $0 \leqslant \eta_k \leqslant 1$ 后，通过各个分功效系数的几何平均 $\sqrt[q]{\eta_1 \cdot \eta_2 \cdot \cdots \cdot \eta_q}$ 来统一目标函数。

乘除法主要用于分目标函数中的求最大（如利润）和最小（如成本）问题，它利用求最小的分目标函数除以求最大的分目标函数来统一目标函数。

目标规划法、功效系数法和乘除法相对于加权组合法而言比较简单，在此不过多介绍，下面着重介绍加权组合法。

加权组合法又称加权因子法，是根据每个分目标函数在优化问题中的重要程度以及数量级上的差异，以加权因子 α_k 为系数来统一目标函数的一种方法，此方法的关键在于 α_k 的确定和选择。因此，原问题可归结为如下形式：

$$f(\boldsymbol{x}) = \{f_1(\boldsymbol{x}), f_2(\boldsymbol{x}), \cdots, f_k(\boldsymbol{x})\} = \sum_{k=1}^{q}\alpha_k f_k(\boldsymbol{x})(k = 1, 2, \cdots, q)$$

选择 α_k 的方法有两种。第一种方法利用分目标函数变动范围的倒数来实现 α_k 的选择，即

$$a_k \leqslant f_k(\boldsymbol{x}) \leqslant b_k \Rightarrow \Delta f_k(\boldsymbol{x}) = \frac{b_k - a_k}{2} \Rightarrow \alpha_k = \frac{1}{[\Delta f_k(\boldsymbol{x})]^2} = \frac{4}{(b_k - a_k)^2}$$

第二种方法通过选择 α_k 中反映相对重要性的本征加权因子 α_{1k} 和调整数量级差异的校正加权因子 α_{2k} 来实现 α_k 的选择，即

$$\alpha_k = \alpha_{1k} \cdot \alpha_{2k} = \frac{\alpha_{1k}}{\| \nabla f_k(\boldsymbol{x}) \|^2}$$

式中：α_{1k} 须由设计者根据具体情况给定，而 α_{2k} 可以采用分目标函数梯度的倒数。

本章案例优化模型的构造和求解如下。

对于本章案例的三个目标，采用统一目标法构建出统一的优化目标函数为

$$f(\boldsymbol{x}) = \mu_1 f_1(\boldsymbol{x}) + \mu_2 f_2(\boldsymbol{x}) + (1 - \mu_1 - \mu_2) f_3(\boldsymbol{x})$$

式中：μ_1、μ_2、$(1 - \mu_1 - \mu_2)$ 分别为各自对应的分目标函数在总目标函数中的加权因子。

因此，外啮合齿轮泵齿轮设计的优化模型为

$$\begin{cases}\min \quad f(\boldsymbol{x}) \\ \boldsymbol{x}=[x_1,x_2,x_3]^{\mathrm{T}}=[m,z,k]^{\mathrm{T}} \\ \text{s.t. } g_u(\boldsymbol{x})\leqslant 0(u=1,2,3,\cdots,12)\end{cases}$$

UG 软件提供了一个适用于中、小模型的优化模块，并且优化的算法也是由系统根据模型的类型和规模自动选择的。在正式使用 UG 软件的优化模块之前，必须将齿轮优化模型涉及的所有直接、间接变量和函数，在如图 3-20 左侧所示的 UG 表达式窗口中予以定义。然后，在如图 3-20 右侧所示的优化模块中分别指定相应的设计变量、目标函数和约束函数。并在如图 3-20 右下方所示的窗口中设置一定的收敛准则后，就可以很方便地优化出齿轮最佳的设计参数。对 UG 软件优化模块的具体使用，有兴趣者可参阅相关文献。

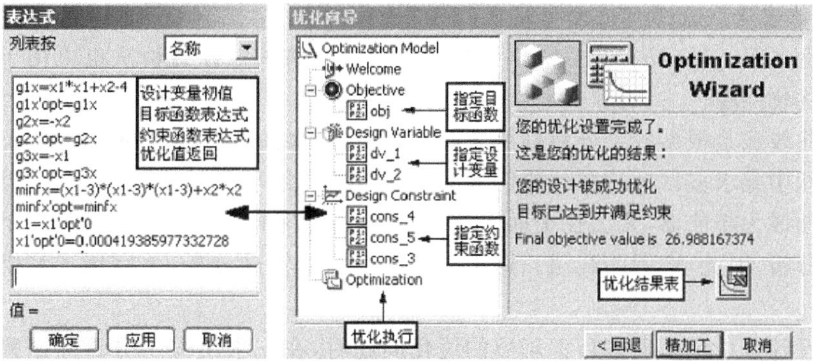

图 3-20　UG 下使用优化模块的流程图示

采用现已引进的 16 型系列齿轮泵作为优化设计的原型，该泵的主要技术参数为 $p=17.5$ MPa，$Q=16$ L/r，$n=2000$ r/min，$\sigma_F=666.67$ MPa，$\sigma_H=1176$ MPa，并给定初始值 $X^{(0)}=[x_1^{(0)}\quad x_2^{(0)}\quad x_3^{(0)}]^{\mathrm{T}}=[5\quad 10\quad 0.5]^{\mathrm{T}}$。

从表 3-1 的优化结果值与产品实际值比较看，优化的模型和结果是可靠的。

表 3-1　优化结果值与产品实际值

	m	z	k	B	f_1	f_2	f_3
优化结果	2.5	12	0.354	29.8	13.24	3.78	0.83
实际结果	3.0	12	0.347	28.0	16.78	4.12	0.86

2. 主要目标法

实际上在每个具体优化问题中，各分目标函数的重要程度肯定是不一样的，例如在关于性能和利润的两目标函数的优化问题中，性能指标显然要比利润指标重要。也就是说，多目标函数优化问题的各个分目标函数是有主次之分的。

现按分目标函数的重要程度为其排序，将最重要的排在最前面，最不重要的排在最后面，依此类推。优化过程中首先考虑排在前面的若干个比较重要的目标，在情况允许的条件下兼顾次要目标。对于需要考虑的比较重要的目标，依次求出各自的单目标的约束最优值；而对于在每一个单目标优化过程中没有考虑到的目标，则以最优估计值转化成约束条件来处理，优化完毕后，则以实际的优化值来替换该最优估计值。第 t 个分目标函数的约束优化模型，可归纳为

$$\begin{cases}\min\limits_{x\in E^n} f(\boldsymbol{x}) = \{f_1(\boldsymbol{x}), f_2(\boldsymbol{x}), \cdots, f_t(\boldsymbol{x})\}(1 \leqslant t \leqslant q) \\ \text{s. t. } g_u(\boldsymbol{x}) \leqslant 0(u = 1,2,\cdots,m) \\ f_{m+k}(\boldsymbol{x}) = f_k(\boldsymbol{x}) - f_k(\boldsymbol{x}^*) \leqslant 0\ (k = 1,2,\cdots,t-1,t+1,\cdots,q)\end{cases}$$

3. 其他方法

除了上述统一目标法和主要目标法外，协调曲线法和设计分析法也可用于求解多目标函数的优化问题。

协调曲线法是根据各个分目标函数的等值面、约束面在设计空间上的协调关系，在整个设计空间中寻求多目标函数优化问题的优化方案。随着设计空间的自由度增加，等值面和约束面成为超曲面，无法在平面上直观表现，并且等值面和约束面相互间的协调关系属于定性分析，因此，协调曲线法只适用于低维的定性辅助分析，不宜用于高维分析和定量分析。

采用设计分析法处理多目标函数的优化问题时，在先求出每个分目标函数的约束最优解的基础上，再通过它们之间的相互制约，对设计进行分析、协调、修改，把各个分目标函数调整到要求值上，并得到最理想的协调关系。本法的缺点与协调曲线法相同，只适用于低维的定性辅助分析，不适用于高维分析和定量分析。

3.7 LINGO 在优化设计中的应用

LINGO(language for interactive general optimization)软件是优秀的优化设计软件之一，属于数学、运筹学软件工具，由 LINDO System, Inc 公司出品。LINGO 是用来求解线性和非线性优化问题的简易工具。LINGO 内置了一种建立优化模型的语言，可以简便地表达大规模问题，利用 LINGO 高效的求解器可快速求解并分析结果。

3.7.1 LINGO 快速入门

1. LINGO 函数

1）基本运算符：包括算术运算符、逻辑运算符和关系运算符。

这些运算符是非常基本的，甚至可以不认为它们是一类函数。事实上，在 LINGO 中

它们是非常重要的。

(1) 算术运算符。

算术运算符是针对数值进行操作的。LINGO 提供了 5 种二元算术运算符：

^ 乘方， * 乘，/ 除， + 加， - 减。

LINGO 唯一的一元算术运算符是取反运算符“¯”。

这些运算符的优先级由高到低为

高 ¯(取反)

^

*/

低 +-

运算符的运算次序为从左到右，由高到低。运算的次序可以用圆括号“()”来改变。

算术运算符示例：

2-5/3，(2+4)/5 等。

(2) 逻辑运算符。

在 LINGO 中，逻辑运算符主要用于循环函数的条件表达式中，以决定在函数中哪些集成员被包含，哪些被排斥。在创建稀疏集时用在成员资格过滤器中。

LINGO 具有 9 种逻辑运算符：

#not# 否定该操作数的逻辑值，#not# 是一个一元运算符

#eq# 若两个运算数相等，则为 true；否则为 false

#ne# 若两个运算数不相等，则为 true；否则为 false

#gt# 若左边的运算数严格大于右边的运算数，则为 true；否则为 false

#ge# 若左边的运算数大于或等于右边的运算数，则为 true；否则为 false

#lt# 若左边的运算数严格小于右边的运算数，则为 true；否则为 false

#le# 若左边的运算数小于或等于右边的运算数，则为 true；否则为 false

#and# 仅当两个参数都为 true 时，结果为 true；否则为 false

#or# 仅当两个参数都为 false 时，结果为 false；否则为 true

这些运算符的优先级由高到低为

高 #not#

#eq# #ne# #gt# #ge# #lt# #le#

低 #and# #or#

逻辑运算符示例：

2 #gt# 3 #and# 4 #gt# 2，其结果为假(0)。

(3) 关系运算符。

在 LINGO 中，关系运算符主要用在模型中，以决定一个表达式的左边是等于、小于

等于、还是大于等于右边，形成模型的一个约束条件。关系运算符与逻辑运算符 #eq#、#le#、#ge# 截然不同，前者是模型中该关系运算符所指定关系的为真的描述；而后者仅仅判断该关系是否被满足，满足为真，不满足为假。

LINGO 有三种关系运算符："＝"、"＜＝"和"＞＝"。在 LINGO 中还能用"＜"表示小于等于关系，用"＞"表示大于等于关系。LINGO 并不支持严格小于和严格大于关系运算符。然而，如果需要严格小于和严格大于关系，比如让 A 严格小于 B：$A \lt B$，那么可以把它变成如下的小于等于表达式：$A+\varepsilon \lt = B$，其中 ε 是一个小的正数，它的值取决于模型中 A 与 B 的差值。

以上三类基本运算符的优先级由高到低为

高　#not#　¯（取反）

　　^

　　* /

　　+ -

　　#eq#　#ne#　#gt#　#ge#　#lt#　#le#

　　#and#　#or#

低　＜＝　＝　＞＝

2）数学函数

LINGO 提供了大量的标准数学函数：

@abs(x)	返回 x 的绝对值
@sin(x)	返回 x 的正弦值，x 采用弧度制
@cos(x)	返回 x 的余弦值
@tan(x)	返回 x 的正切值
@exp(x)	返回常数 e 的 x 次方
@log(x)	返回 x 的自然对数
@lgm(x)	返回 x 的 gamma 函数的自然对数
@sign(x)	如果 x＜0，返回-1；否则，返回 1
@floor(x)	返回 x 的整数部分。当 x＞＝0 时，返回不超过 x 的最大整数；当 x＜0 时，返回不低于 x 的最大整数。
@smax(x1,x2,…,xn)	返回 x1,x2,…,xn 中的最大值
@smin(x1,x2,…,xn)	返回 x1,x2,…,xn 中的最小值

例 3-13　给定一个直角三角形，求包含该三角形的最小正方形。

解　如图 3-21 所示。

$CE=a\sin x$，$AD=b\cos x$，$DE=a\cos x+b\sin x$，

求最小的正方形就相当于求如下的最优化问题：

min max $\{CE, AD, DE\}$

$0 \leqslant x \leqslant \frac{\pi}{2}$

LINGO 代码如下：

```
model:
sets:
  object/1..3/: f;
endsets
data:
  a, b = 3, 4; ! 两个直角边长,修改很方便;
enddata
  f(1) = a * @sin(x);
  f(2) = b * @cos(x);
  f(3) = a * @cos(x) + b * @sin(x);
  min = @smax(f(1),f(2),f(3));
  @bnd(0,x,1.57);
end
```

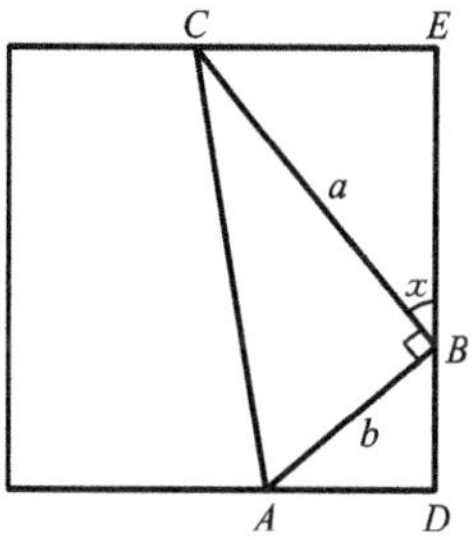

图 3-21 例 3-13 图

3）变量界定函数

变量界定函数用于实现对变量取值范围的附加限制，共 4 种：

@bin(x)	限制 x 为 0 或 1
@bnd(L,x,U)	限制 L≤x≤U
@free(x)	取消对变量 x 的默认下界为 0 的限制，即 x 可以取任意实数
@gin(x)	限制 x 为整数

在默认情况下，LINGO 规定变量是非负的，也就是说下界为 0，上界为 +∞。@free 取消了默认的下界为 0 的限制，使变量也可以取负值。@bnd 用于设定一个变量的上下界，它也可以取消默认下界为 0 的约束。

2. LINGO 模型的建立

1）要求

当优化问题的数学模型建立以后，需要用 LINGO 软件建立 LINGO 模型，以备 LINGO软件进行求解，建立 LINGO 模型的基本要求如下。

(1) LINGO 模型的建立以“model:”开始，以“end”结束，冒号“:”要在英文状态下输入。

(2) 变量名必须以字母 a～z 开头，后面可跟下划线或数字 0～9。构成变量名的字母不区分大小写，名称最多由 32 位组成。

(3) LINGO 中的每个语句以英文状态下的“;”结尾。

(4) 可在语句的任意位置插入注释，以提高程序的可读性。注释以惊叹号“!”开头，以“;”结尾。

(5) 在 LINGO 中完成模型的建立后，就要对模型进行求解。LINGO 软件中对模型进行求解的操作是，点击下拉菜单“LINGO”，选择“solve”，或者选择工具栏中的工具按钮。求解模型时，LINGO 首先对用户输入的程序语句进行编译，检查程序语句是否符合语法要求。如果模型未通过检查，LINGO 将提示“出现错误”信息，并通知用户该错误发生的具体的行的位置(行号)及该错误在行中的具体位置。例如，如果在模型语句中忘记输入计算机表达式中的乘号“*”，LINGO 就会给出一错误信息，通知用户在所建模型中有一个语法错误。

2) **注意事项**

(1) “＞”(或“＜”)号与“＞＝”(或“＜＝”)功能相同。

(2) 变量与系数间可有空格(甚至回车)，但无运算符。

(3) 变量名以字母开头，不能超过 8 个字符。

(4) 变量名不区分大小写(包括 LINGO 中的关键字)。

(5) 目标函数所在行是第一行，第二行起为约束条件。

(6) 行号(行名)自动产生或人为定义。行名以“)”结束。

(7) 行中注有“!”符号的后面部分为注释，如

! It's Comment;

(8) 在模型的任何地方都可以用“TITLE”对模型命名(最多 72 个字符)，如

TITLE This model is only an example

(9) 变量不能出现在一个约束条件的右端。

(10) 表达式中不接受括号和逗号等任何符号，如 400(X1＋X2)需写为 400X1＋400X2。

(11) 表达式应化简，如 2X1＋3X2－4X1 应写成－2X1＋3X2。

(12) 缺省时假定所有变量非负，可在模型的“end”语句后用“FREE name”，将变量 name 的非负假定取消。

(13) 可在“end”语句后用“SUB”或“SLB”，设定变量上下界。

例如：“sub x1 10”的作用等价于“x1＜＝10”，但用“SUB”和“SLB”表示的上下界约束不计入模型的约束中，也不能给出其松紧判断和敏感性分析。

(14) “end”后对 0－1 变量说明：INT n 或 INT name。

(15) “end”后对整数变量说明：GIN n 或 GIN name。

3.7.2 LINGO的应用

1. LINGO在一维无约束优化中的应用

例 3-14 min $2x^2+5x-16$

解 在模型窗口中输入如下代码：

```
Model：
@free(x)；
min=2*x^2+5*x-16；
end
```

然后点击工具条上的按钮即可。

运行结果如下：

Local optimal solution found at iteration: 8

Objective value: -19.12500

Variable	Value	Reduced Cost
x	-1.250000	0.000000
Row	Slack or Surplus	Dual Price
1	-19.12500	-1.000000

2. LINGO在多维无约束优化中的应用

例 3-15 min $2x_1^4+x_1x_2+x_2^4+12$

解 在模型窗口中输入如下代码：

```
Model：
@free(x1)；
@free(x2)；
min=2*x1^4+x1*x2+x2^4+12；
end
```

然后点击工具条上的按钮即可。

运行结果如下：

Local optimal solution found at iteration: 17

Objective value: 11.91161

Variable	Value	Reduced Cost
x1	0.3855526	-0.1013606E-06
x2	-0.4585020	0.1317249E-06
Row	Slack or Surplus	Dual Price
1	11.91161	-1.000000

本章重难点及知识拓展

本章重难点:优化设计数学模型的建立,掌握常用的优化方法如一维探索优化方法、无约束多维问题的优化方法、约束问题的优化方法、多目标函数的优化方法等。运用LINGO软件解决工程应用中的优化设计问题等。

随着数学理论和电子计算机技术的进一步发展,优化设计已逐步成为一门新兴的独立的工程学科,目前已深入到各个生产与科学领域,如化学工程、机械工程、建筑工程、运输工程、生产控制、经济规划和经济管理等,并取得了重大的经济效益与社会效益。近年来,为了普及和推广应用优化方法,已经将各种优化计算程序组成一个使用十分方便的程序包,并已发展到建立优化技术的专家系统,这种系统能帮助使用者自动选择算法,自动运算以及评价计算结果,用户只需很少的优化数学理论和程序知识,就可有效地解决实际优化问题。

思考与练习

3-1 如何理解优化设计方法与传统设计方法的异同点?优化设计方法较传统设计方法有何优势?

3-2 如何理解优化设计三要素在数学模型中的地位和作用?

3-3 如何理解优化设计迭代解法的基本思想?

3-4 有、无约束目标函数极值的存在条件有什么异同,如何判别它们的存在性?

3-5 如何理解目标函数的凸性和正定性的关系?

3-6 如何理解函数的方向导数和梯度的关系及它们的异同点?

3-7 如何理解无约束多维问题的优化方法与无约束一维问题的优化方法的关系?

3-8 无约束多维优化方法总的迭代思想是什么?

3-9 尝试比较各种无约束多维优化方法的特点和使用场合。

3-10 如何理解约束多维问题的优化方法与无约束一(多)维问题的优化方法的关系?

3-11 约束多维优化方法总的迭代思想是什么?

3-12 等式约束和不等式约束多维优化的间接方法处理上有何不同?尝试比较内点

法、外点法和混合法各自的优缺点。

3-13 试判断函数 $f(\boldsymbol{x})=3x_1^2+2x_2^2-4x_1-2x_2+5$ 的凸性。

3-14 对于下列模型，试用 K-T 条件判断点(1,0)是否为约束极值点。

$$\begin{cases}\min f(\boldsymbol{x})=(x_1-2)^2+x_2^2\\ \text{s. t. } g_1(\boldsymbol{x})=x_1^2+x^2-1\leqslant 0\\ \quad g_2(\boldsymbol{x})=-x_2\leqslant 0\\ \quad g_3(\boldsymbol{x})=-x_1\leqslant 0\end{cases}$$

3-15 试求目标函数 $f(\boldsymbol{x})=x_1x_2^2$ 在点 $\boldsymbol{x}^{(0)}=[1\quad 1]^{\mathrm{T}}$ 处，沿图 3-8 中的 $\boldsymbol{s}_1$ 和 $\boldsymbol{s}_2$ 的方向导数和该点处的梯度。

3-16 用 Fibonacci 法求一元函数 $f(x)=3x^4-16x^3+30x^2-24x+8$ 在初始区间[0,4]内、迭代精度 $\varepsilon=0.05$ 下的最优解。

3-17 用 0.618 法求一元函数 $f(x)=0.25x^4-2x^3/3-2x^2-7x+8$ 在初始区间[2,5]内、迭代精度 $\varepsilon=0.05$ 下的最优解。

3-18 用切线法求一元函数 $f(x)=0.25x^4-2x^3/3-2x^2-7x+8$ 在初始区间[2,5]内、迭代精度 $\varepsilon=0.05$ 下的最优解。

3-19 用梯度法求目标函数 $f(\boldsymbol{x})=x_1^2+x_2^2-x_1x_2-10x_1-4x_2+60$ 的极小值，设初始点 $\boldsymbol{x}^{(0)}=[0\quad 0]^{\mathrm{T}}$，$\varepsilon=0.01$。

3-20 用复合形法求解约束优化问题(迭代 2 次)

$$\begin{aligned}&\min f(x)=4x_1-x_2^2\\ &\text{s. t. } g_1(\boldsymbol{x})=x_1^2+x_2^2-25\leqslant 0\\ &\quad g_2(\boldsymbol{x})=-x_1\leqslant 0\\ &\quad g_3(\boldsymbol{x})=-x_2\leqslant 0\end{aligned}$$

取 $\boldsymbol{x}_1^{(0)}=[2\quad 1]^{\mathrm{T}}$，$\boldsymbol{x}_2^{(0)}=[4\quad 1]^{\mathrm{T}}$，$\boldsymbol{x}_3^{(0)}=[3\quad 3]^{\mathrm{T}}$为初始复合形的顶点。

3-21 用可行方向法从 $\boldsymbol{x}^{(0)}=[8\quad 8]^{\mathrm{T}}$对下面的问题开始一个迭代过程

$$\begin{aligned}&\min f(\boldsymbol{x})=x_1+2x_2^2\\ &\text{s. t. } g_1(\boldsymbol{x})=1-x_1-x_2\leqslant 0\end{aligned}$$

第4章　有限元法

案例　飞机结构分析的数值计算

进行飞机结构分析时，由于求解对象的几何形状比较复杂，无法得到问题的精确解析解。借助计算机技术的发展，采用数值计算方法求解复杂工程问题，可以获得问题的近似解。科学技术领域的许多工程分析问题，如固体力学的位移场和应力场分析，传热学中温度场分析，流体力学中的流体分析，振动特性分析以及电磁学中的场分析等，可归结为在给定边界条件下求解控制方程的问题。这些问题中，能用解析方法求出精确解的只是少数方程性质比较简单，而且几何形状相当规则的问题。对于大多数工程技术问题，由于求解对象的几何形状比较复杂，或者问题的非线性性质，无法得到问题的解析解。目前，在工程技术领域，数值分析方法主要有：有限元法、边界元法和有限差分法等，其中有限元法已成为当今工程问题中应用最广泛的数值计算方法。

4.1　有限元法概述

4.1.1　问题的提出

如图 4-1 所示为一变截面杆，杆的一端固定，另一端承受负荷 P。杆的上端宽度为 W_1，杆的下端宽度为 W_2，杆的厚度为 T，长度为 L。杆的弹性模量用 E 表示。求杆自由端的位移(忽略杆的重量)。

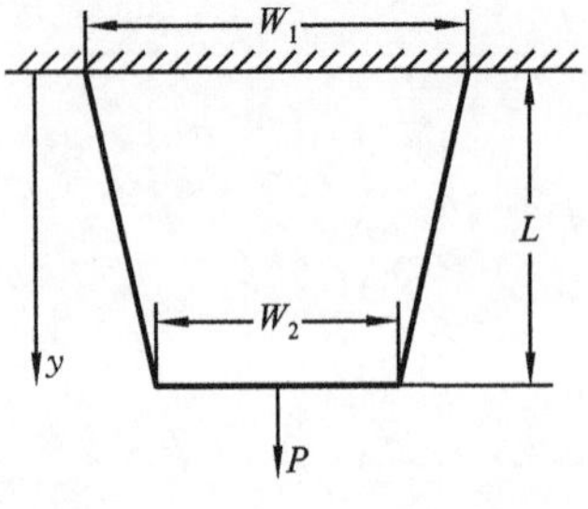

图 4-1　变截面轴向负荷杆

1. 将杆离散成有限的单元

用五个节点和四个单元的模型来代表杆，如图 4-2 所示。现在杆的模型有四个独立的分段，每个分段有一个统一的横截面。每个单元的横截面积由定义单元的节点处的横截面的平均面积来表示。

2. 假设近似单元行为的近似解

考虑一均匀横截面 A 的杆，杆的长度为 L，承受外力为 F，如图 4-3 所示。

由材料力学可知，实体的平均应力为

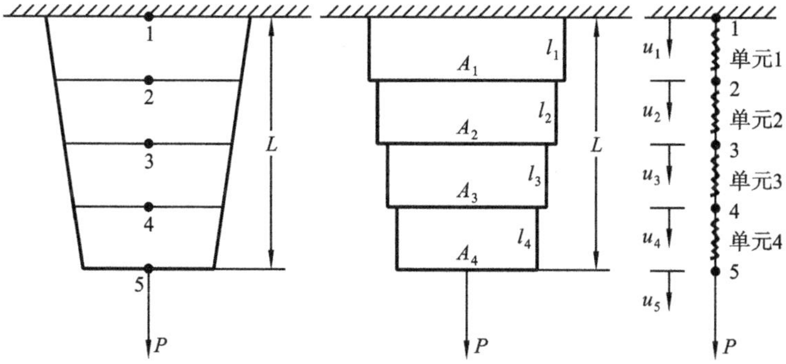

图 4-2　将杆分解成节点和单元

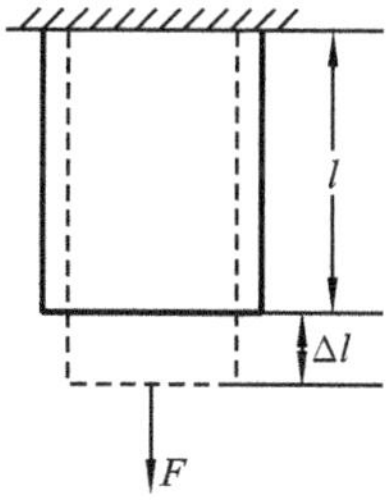

图 4-3　承受外力 F 的统一横截面的实体

$$\sigma = \frac{F}{A} \tag{4-1}$$

实体的平均应变为

$$\varepsilon = \frac{\Delta l}{l} \tag{4-2}$$

在变形区域内，应力和应变与胡克(Hooke)定律相关，根据方程

$$\sigma = E\varepsilon$$

并结合前面的方程，简化后有

$$F = \left(\frac{AE}{l}\right)\Delta l \tag{4-3}$$

注意到该方程和线性弹簧的方程很相似。因此，一个中心点集中受力且横截面相等的实体可以视为一个弹簧，其等价的刚度为

$$k_{eq} = \frac{AE}{l} \tag{4-4}$$

由于杆的横截面在 y 方向是变化的，可以视为由四个弹簧串接起来组成的模型，每个单元可以由相应的线性弹簧模型描述，与每个单元等价的弹簧刚度由下式给出：

$$k_{eq} = \frac{(A_{i+1} + A_i)E}{2l} \tag{4-5}$$

式中：A_i 和 A_{i+1} 分别是 i 和 $i+1$ 处的节点的横截面面积，l 为单元的长度。图 4-4 描述了模型中节点 1 到节点 5 的受力情况。图中，$k_1, k_2, \cdots, k_5$ 为各弹簧的刚度；$u_1, u_2, \cdots, u_5$ 为各节点的位移。

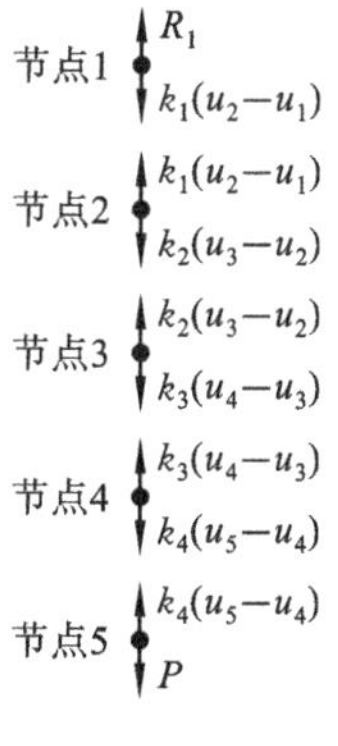

图 4-4　节点受力图

对于简化后的模型使用两种求解方法：静力学平衡法和有限元法。

1) 用静力学平衡法求解

根据静力学平衡条件，得到如下五个方程：

$$\begin{cases}\text{节点 }1:R_1-k_1(u_2-u_1)=0\\ \text{节点 }2:k_1(u_2-u_1)-k_2(u_3-u_2)=0\\ \text{节点 }3:k_2(u_3-u_2)-k_3(u_4-u_3)=0\\ \text{节点 }4:k_3(u_4-u_3)-k_4(u_5-u_4)=0\\ \text{节点 }5:k_4(u_5-u_4)-P=0\end{cases} \tag{4-6}$$

重组方程组，并用矩阵形式表示，有：

$$\begin{bmatrix} k_1 & -k_1 & 0 & 0 & 0\\ -k_1 & k_1+k_2 & -k_2 & 0 & 0\\ 0 & -k_2 & k_2+k_3 & -k_3 & 0\\ 0 & 0 & -k_3 & k_3+k_4 & -k_4\\ 0 & 0 & 0 & -k_4 & k_4\end{bmatrix}\begin{bmatrix}u_1\\u_2\\u_3\\u_4\\u_5\end{bmatrix}=\begin{bmatrix}-R_1\\0\\0\\0\\P\end{bmatrix} \tag{4-7}$$

将上面矩阵中反作用力和外力负荷分开，得到以下矩阵：

$$\begin{bmatrix}-R_1\\0\\0\\0\\0\end{bmatrix}=\begin{bmatrix} k_1 & -k_1 & 0 & 0 & 0\\ -k_1 & k_1+k_2 & -k_2 & 0 & 0\\ 0 & -k_2 & k_2+k_3 & -k_3 & 0\\ 0 & 0 & -k_3 & k_3+k_4 & -k_4\\ 0 & 0 & 0 & -k_4 & k_4\end{bmatrix}\begin{bmatrix}u_1\\u_2\\u_3\\u_4\\u_5\end{bmatrix}-\begin{bmatrix}0\\0\\0\\0\\P\end{bmatrix} \tag{4-8}$$

可以看出，在附加节点负荷和其他固定的边界条件下，上面矩阵方程组可以写成一般的形式：

$$\boldsymbol{R}=\boldsymbol{KU}-\boldsymbol{F} \tag{4-9}$$

即表示：

［反作用力矩阵］＝［刚度矩阵］［位移矩阵］－［负荷矩阵］

注意到杆的上端是固定的，节点 1 的位移量是零。因此，系统方程组的第一行应为 $u_1=0$。所以应用边界条件可得到如下矩阵方程：

$$\begin{bmatrix} 1 & 0 & 0 & 0 & 0\\ -k_1 & k_1+k_2 & -k_2 & 0 & 0\\ 0 & -k_2 & k_2+k_3 & -k_3 & 0\\ 0 & 0 & -k_3 & k_3+k_4 & -k_4\\ 0 & 0 & 0 & -k_4 & k_4\end{bmatrix}\begin{bmatrix}u_1\\u_2\\u_3\\u_4\\u_5\end{bmatrix}=\begin{bmatrix}0\\0\\0\\0\\P\end{bmatrix} \tag{4-10}$$

求解上面的矩阵方程将得到节点的位移量。

2) 用有限元法求解

(1) 对每个单元单独建立方程。

由于每个单元有两个节点，而且每个节点对应一个位移量，因此需要对每个单元建立两个方程。这些方程必须和节点的位移量及单元的刚度有关。考虑单元内部传递的力 f_i 和 f_{i+1}，以及端点的位移量 u_i 和 u_{i+1}，如图 4-5 所示。

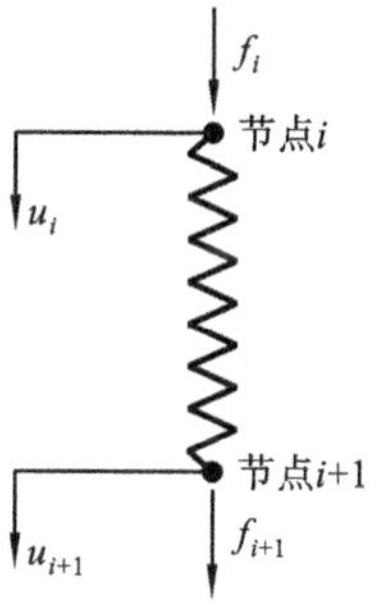

图 4-5　通过任意单元内部传递的力

按照静力平衡条件要求 f_i 与 f_{i+1} 之和为零，这样可根据如下的方程写出在节点 i 及 $i+1$ 处传递的力

$$f_i = k_{cq}(u_i - u_{i+1}), \quad f_{i+1} = k_{cq}(u_{i+1} - u_i) \tag{4-11}$$

可表示为如下的矩阵形式：

$$\begin{bmatrix} k_{cq} & -k_{cq} \\ -k_{eq} & k_{eq} \end{bmatrix}\begin{bmatrix} u_i \\ u_{i+1} \end{bmatrix} \tag{4 12}$$

(2) 将单元组合起来表示整个问题。

单元 1 的刚度矩阵如下：

$$\boldsymbol{K}^{(1)} = \begin{bmatrix} k_1 & -k_1 \\ -k_1 & k_1 \end{bmatrix}$$

它在总体刚度矩阵中的位置如下：

$$\boldsymbol{K}^{(1G)} = \begin{bmatrix} k_1 & -k_1 & 0 & 0 & 0 \\ -k_1 & k_1 & 0 & 0 & 0 \\ 0 & 0 & 0 & 0 & 0 \\ 0 & 0 & 0 & 0 & 0 \\ 0 & 0 & 0 & 0 & 0 \end{bmatrix}$$

类似地，对于单元 2、3 和 4，刚度矩阵分别为

$$\boldsymbol{K}^{(2)} = \begin{bmatrix} k_2 & -k_2 \\ -k_2 & k_2 \end{bmatrix}, \quad \boldsymbol{K}^{(3)} = \begin{bmatrix} k_3 & -k_3 \\ -k_3 & k_3 \end{bmatrix}, \quad \boldsymbol{K}^{(4)} = \begin{bmatrix} k_4 & -k_4 \\ -k_4 & k_4 \end{bmatrix}$$

它们在总体刚度矩阵中的位置分别如下：

$$\boldsymbol{K}^{(2G)} = \begin{bmatrix} 0 & 0 & 0 & 0 & 0 \\ 0 & k_2 & -k_2 & 0 & 0 \\ 0 & -k_2 & k_2 & 0 & 0 \\ 0 & 0 & 0 & 0 & 0 \\ 0 & 0 & 0 & 0 & 0 \end{bmatrix}$$

$$\boldsymbol{K}^{(3G)} = \begin{bmatrix} 0 & 0 & 0 & 0 & 0 \\ 0 & 0 & 0 & 0 & 0 \\ 0 & 0 & k_3 & -k_3 & 0 \\ 0 & 0 & -k_3 & k_3 & 0 \\ 0 & 0 & 0 & 0 & 0 \end{bmatrix}$$

$$\boldsymbol{K}^{(4G)} = \begin{bmatrix} 0 & 0 & 0 & 0 & 0 \\ 0 & 0 & 0 & 0 & 0 \\ 0 & 0 & 0 & 0 & 0 \\ 0 & 0 & 0 & k_4 & -k_4 \\ 0 & 0 & 0 & -k_4 & k_4 \end{bmatrix}$$

最终的总体刚度矩阵可以由组合或使每个单元在总体刚度矩阵中的位置相加得到：

$$\boldsymbol{K}^{(G)} = \boldsymbol{K}^{(1G)} + \boldsymbol{K}^{(2G)} + \boldsymbol{K}^{(3G)} + \boldsymbol{K}^{(4G)}$$

$$\boldsymbol{K}^{(G)} = \begin{bmatrix} 1 & 0 & 0 & 0 & 0 \\ -k_1 & k_1+k_2 & -k_2 & 0 & 0 \\ 0 & -k_2 & k_2+k_3 & -k_3 & 0 \\ 0 & 0 & -k_3 & k_3+k_4 & -k_4 \\ 0 & 0 & 0 & -k_4 & k_4 \end{bmatrix} \tag{4-13}$$

可以看出，该总体刚度矩阵和式(4-10)的左端是完全一样的。

应用边界条件和负荷。杆的顶端是固定的，即有边界条件 $u_1=0$ 。在节点 5 处应用外力 P，可得到与式(4-10)一样的线性方程组。再次注意到该方程组中矩阵的第一行必须包含一个 1 和四个 0，以读取给定的边界条件 $u_1=0$ 。在固体力学的问题中，有限元公式一般会有如下的一般形式：

［刚度矩阵］［位移矩阵］＝［负荷矩阵］

现在假设在本例中各参数数值为

$E=7.17\times10^4$ MPa（铝），$W_1=50.8$ mm，$W_2=25.4$ mm，$T=3.175$ mm，$L=254$ mm，$P=4\ 448$ N。表 4-1 所示为本例中的单元属性。

表 4-1 单元属性

单元	节点	平均横截面积/mm²	长度/mm	弹性模量/MPa
1	1、2	151.21	63.5	7.17×10^4
2	2、3	131.06	63.5	7.17×10^4
3	3、4	110.88	63.5	7.17×10^4
4	4、5	90.72	63.5	7.17×10^4

利用弹性力学积分求解，可以得到精确解（解题过程略），将它与有限元离散得到的结果相比较，可以清楚地看出各结果相互吻合得很好，如表 4-2 所示。如果增加单元的数量，还可以进一步逼近精确值。

表 4-2 各点位移值的求解结果比较

点在杆上的位置/mm	精确值结果/mm	有限元法结果/mm
$y=0$	0	0
$y=63.5$	0.026 08	0.026 06
$y=127$	0.056 21	0.056 13
$y=190.5$	0.091 82	0.091 64
$y=254$	0.135 4	0.135 1

4.1.2 有限元法的历史

在电子计算机问世之前,传统的结构分析是建立在手算的基础上的。人们往往寻找各种解题技巧,以期解决较为复杂的和计算繁杂的结构分析问题。其中最典型的例子是"力矩分配法"。这些结构分析的计算技巧只能针对一些特殊问题,应用范围有限。1943年,第一次提出假设翘曲函数在一个人为划分的三角形单元集合体的每个单元上为简单的线性函数,求得了扭转问题的近似解。当时,一些应用数学家、物理学家和工程师由于各种原因也都涉足过有限元法,但由于当时计算技术的制约,不能将其用于解决工程实际问题,因而有限元法也就没有引起科学及工程界的重视。

20世纪50年代,随着喷气式飞机逐步取代螺旋桨飞机,飞机的结构愈加复杂,这对航空设计部门提出了更高要求。以美国波音公司、英国伦敦大学为代表,提出了结构矩阵分析方法,并以刚刚问世不久的电子计算机为工具,进行结构分析。同时,他们将矩阵位移的方法和原理推广应用到弹性力学平面问题上。1960年,美国加州大学伯克利分校首先正式使用"有限元法"这一术语。这以后,随着电子计算机硬、软件技术的飞速发展,制约有限元法发展的条件消除了,从而导致了有限元法异常迅猛的发展。有限元法的出现是20世纪力学界和工程界的一个重大事件,有限元法开辟了解决大型复杂工程问题的新天地,使过去人们不敢碰的一些计算难题变成常规问题,过去不得已而采用的一些过于粗糙的计算模型被更加接近实际的精确模型所代替,计算的未知数可以达到成千上万个,并且计算精度高、计算速度快。

经过半个多世纪的发展,有限元法已成为一门成熟的学科。有限元法的应用部门已从航空航天扩展到土木、机械、交通、水利等几乎所有的工业部门。有限元法的研究对象已从静力分析、线性问题扩展到动力分析、非线性问题;从弹性问题扩展到弹塑性、黏弹性问题和断裂问题;从固体力学扩展到流体力学;从工程力学扩展到生物力学。同时,有限元法本身在理论上也日趋完善,包括各种类型单元的建立,有限元法的数学基础,以及各种大型通用结构分析程序的编制等。

4.2 有限元法的基本步骤

4.2.1 基本过程和步骤

从 4.1.1 小节所反映的基本思想中,可以看出有限元的分析过程。

1. 结构离散化

将待分析的结构用一些假想的线或面进行切割,使其成为具有选定切割形状的有限个单元体(注意单元体和材料力学中的微元体是根本不相同的,它的尺度是有限值而不是微量)。单元体之间由一些指定点相互连接,这些单元上的点称为单元的节点。将求解域离散为有限单元后,根据基本场变量与坐标关系而决定采用一维、二维或三维单元。一维单元用线段表示;二维单元可用三角形或四边形表示;三维单元常用四面体或六面体表示,如图 4-6所示。单元划分越密,计算精度越高,但计算工作量也越大。通常,在场变量变化剧烈处可将单元取密些,反之则取疏些。

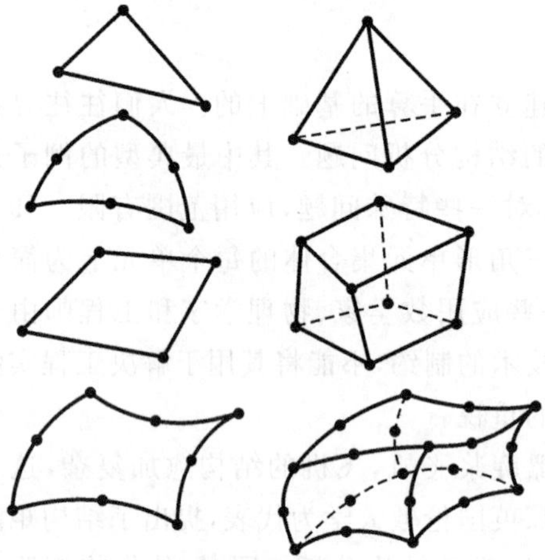

图 4-6 单元体

为了便于理论推导和用计算机进行分析,一般来说结构离散化的具体步骤是:建立单元和整体坐标系,对单元和节点进行合理的编号,为后续有限元分析准备所必需的数据化信息。

2. 确定单元位移模式

结构离散化后,接下来的工作就是对结构离散化所得的任一典型单元进行单元特性分析,即选择合理的位移模式。这是有限元法的最重要内容之一。创建一种新型的单元,位移模式是其核心内容。首先,必须对该单元中的任一点的位移分布做出假设,即在单元内用只具有有限自由度的简单位移代替真实位移,就是将单元中任一点的位移近似地表示成该单元节点位移的函数,称为单元的位移函数。位移函数的假设合理与否,将直接影响到有限元分析的计算精度、效率和可靠性。其次,要确定插值函数(形函数),在有限元法中,单元内任一点的场变量都需通过选定的插值形式由单元节点值插值求得。

3. 单元特性分析

确定了单元位移模式后,可以对单元进行如下三个方面的工作。

(1) 利用应变和位移之间关系即几何方程,将单元中任一点的应变 $\boldsymbol{\varepsilon}$ 用待定的单元

节点位移 $\boldsymbol{\delta}^e$ 来表示，即建立如下的矩阵方程：

$$\boldsymbol{\varepsilon} = \boldsymbol{B}\boldsymbol{\delta}^e \tag{4-14}$$

式中：$\boldsymbol{B}$ 为变形矩阵（也可称为应变矩阵），一般其元素也是坐标的函数。

(2) 利用应力和应变之间关系即物理方程，推导出用单元节点位移 $\boldsymbol{\delta}^e$ 表示的单元中任一点应力 $\boldsymbol{\sigma}$ 的矩阵方程：

$$\boldsymbol{\sigma} = \boldsymbol{D}\boldsymbol{B}\boldsymbol{\delta}^e = \boldsymbol{S}\boldsymbol{\delta}^e \tag{4-15}$$

式中：$\boldsymbol{D}$ 为由单元材料弹性常数所确定的弹性矩阵，一般称为应力矩阵，它的元素一般也是坐标的函数。

(3) 利用虚位移原理或最小势能原理（对其他类型的一些有限元将应用其他对应的变分原理等）建立单元刚度方程：

$$\boldsymbol{K}^e\boldsymbol{\delta}^e = \boldsymbol{F}^e + \boldsymbol{F}_E^e \tag{4-16}$$

式中：$\boldsymbol{F}^e$ 为单元节点力矩阵，它是相邻单元对所讨论单元产生节点作用力所排列成的矩阵；$\boldsymbol{F}_E^e$ 为作用在该单元上的外荷载转换而成的、作用于单元节点上的单元等效载荷矩阵；$\boldsymbol{K}^e$ 由虚位移原理或最小势能原理推导所得，是将单元节点位移和单元节点力、单元等效节点载荷联系起来的联系矩阵，称为单元刚度矩阵。

4. 建立表示整个结构节点平衡的方程组

与结构力学中解超静定的位移法一样，有了单元特性分析的结果，就可以按照离散情况集成所有单元的特性，对各单元仅在节点相互连接的单元集合体用虚位移原理或最小势能原理进行推导，建立整个结构（单元集合体）节点平衡的方程组，即总体刚度方程：

$$\boldsymbol{K}\boldsymbol{\Delta} = \boldsymbol{P}_d + \boldsymbol{P}_E = \boldsymbol{P} \tag{4-17}$$

式中：$\boldsymbol{K}$ 为总体刚度矩阵；$\boldsymbol{P}$ 为整体综合节点载荷矩阵（它包含直接节点载荷 $\boldsymbol{P}_d$ 和等效节点载荷 $\boldsymbol{P}_E$ 两部分）；$\boldsymbol{\Delta}$ 为整体节点位移矩阵。通过直接刚度法，可以用"对号入座"的方式，由各单元的单元刚度矩阵和单元等效节点载荷矩阵集成总体刚度矩阵和整体等效节点载荷矩阵。

5. 解方程组和输出计算结果

对于线弹性计算问题，总体刚度方程式一般是一组高阶的线性代数方程组。由于总体刚度矩阵具有带状、稀疏和对称等特性，计算机处理时，不同的存储方式和计算方法，计算效率是不同的。在有限元法发展过程中，人们通过研究，建立了许多不同的存储方式和计算方法，目的是节省计算机的存储空间和提高计算效率。利用相应的计算方法，即可求出全部未知的节点位移。

求出结构全部节点位移后，利用分析过程中已建立的一些关系，即可以进一步计算单元中的应力和内力，并以数表或图形的方式输出计算结果。依据这些结果，就可以进行具体结构的进一步设计（目前许多计算机辅助设计软件都已将有限元分析作为核心计算分析模块）。

4.2.2 总体刚度矩阵的特性

现在来研究有限元方程组的系数矩阵，即总体刚度矩阵。仍然讨论 4.1.1 小节中的例子，为了研究方便，将变截面杆简化为两段截面阶梯杆（即两个单元和三个节点）。首先分析矩阵元素的物理意义。

根据矩阵方程(4-10)，其总体方程可写为

$$\begin{bmatrix} k_{11} & k_{12} & k_{13} \\ k_{21} & k_{22} & k_{23} \\ k_{31} & k_{32} & k_{33} \end{bmatrix} \begin{bmatrix} u_1 \\ u_2 \\ u_3 \end{bmatrix} = \begin{bmatrix} F_1 \\ F_2 \\ F_3 \end{bmatrix} \tag{4-18}$$

其中，第一个方程式可写为

$$k_{11}u_1 + k_{12}u_2 + k_{13}u_3 = F_1 \tag{4-19}$$

式中：F_1 为作用于节点 1（第一个自由度）上的外力。

式(4-19)中，若令 $u_1 = 1, u_2 = u_3 = 0$，则由式(4-4)和式(4-19)得

$$k_{11} = \frac{A^{(1)}E}{L^{(1)}} = F_1$$

也就是说，k_{11} 的数值等于第一自由度 $u_1 = 1$ 而其余自由度为零时，为实现平衡状态需在第 1 个自由度上所加的外力，如图 4-7(a)所示。

若令 $u_2 = 1$，$u_1 = u_3 = 0$，同理得

$$k_{12} = \frac{A^{(2)}E}{L^{(2)}} = F_2$$

k_{12} 数值上等于当 $u_2 = 1$ 而其余自由度为零时，为实现平衡状态需在第一个自由度上施加的外力，如图 4-7(b)所示。

k_{13} 的数值等于当 $u_3 = 1$ 而其余自由度为零时，为实现平衡状态需在第一个自由度上施加的外力，如图 4-7(c)所示。

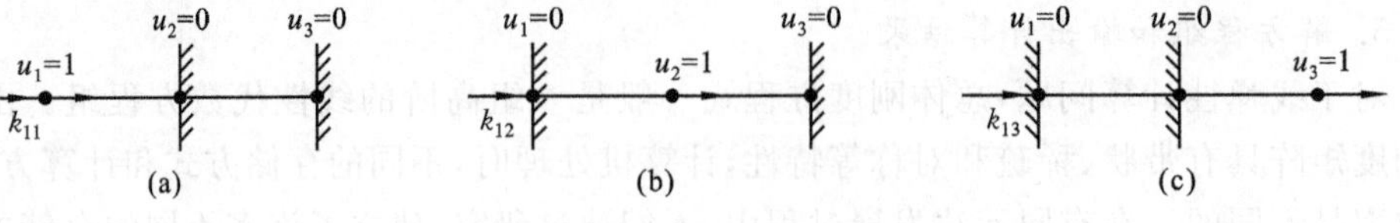

图 4-7 整体刚度矩阵元素的意义

(a) k_{11}；(b) k_{12}；(c) k_{13}

由此可以推知，若 i 和 j 分别为总体刚度矩阵的行号和列号，则元素 k_{ij} 的数值为当 $u_j = 1$ 而其余自由度为零时，为实现平衡状态需在第 i 个自由度上施加的外力。据此，就易于理解总体刚度矩阵的下述特点。

(1) 对称性。根据上述的含义以及材料力学中功的互等定理或互易定理可知，总体

刚度矩阵必然是对称的。

(2) 稀疏性(非零元素的带状分布)。由总刚度元素 k_{ij} 的含义可知,k_{ij} 可能不为零的条件是第 i 个自由度和第 j 个自由度位于同一单元内(见图 4-7),否则 k_{ij} 必为零。下面用图 4-8(a)所示的有限元模型具体说明。该模型由 6 个单元、7 个节点组成。设每一节点只有一个自由度(如 x 向位移)。若 $i=4$,则在所有 $k_{4j}(j=1\sim7)$ 中,只有 k_{43}、k_{44} 和 k_{45} 可能不为零,其余元素 k_{41}、k_{42}、k_{46} 和 k_{47} 必然为零。这就是总体刚度矩阵的稀疏性。对于不为零的矩阵元素 k_{ij} 来说,由于自由度总体编号 i 和 j 位于同一单元内,i 和 j 的差值一般不大,也就是说,总体刚度矩阵中不为零的元素通常集中在矩阵对角线附近(对角线元素为 k_{ij}),或者说,矩阵中不为零的元素呈带状分布(见图 4-8(b)),容易理解,总体刚度矩阵的带宽 B(见图 4-8(b))可由下式计算:

$$B=(D+1)f \tag{4-20}$$

式中:D 为单元中节点编号的最大差值;f 为一个节点所包含的自由度数目。若图 4-2 中节点总体编号次序自上而下不是 1、2、3、4、5 而是 1、4、2、3、5,则单元中节点编号的最大差值将为 $D=3$,由式(4-20)得 $B=4$。由此可以看出,为减小总体刚度矩阵的带宽,即为了减小对计算机内存的占有量,应使单元中总体节点编号的最大差值尽量小。

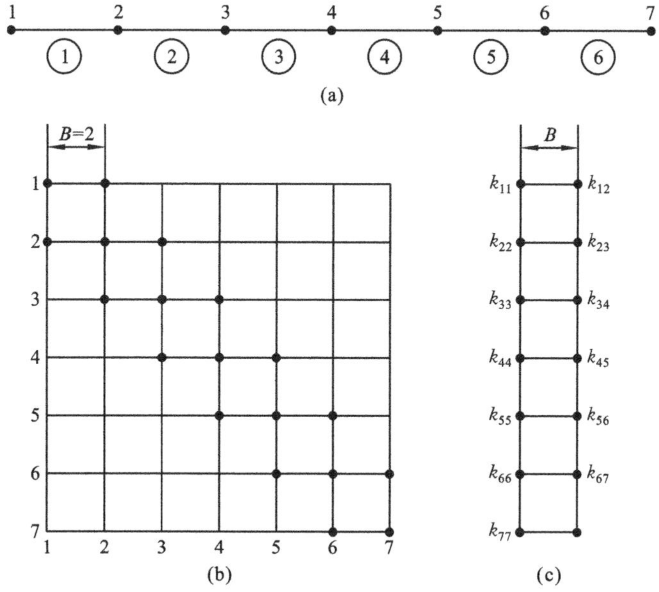

图 4-8 总体刚度矩阵元素的稀疏性

(a) 一维有限元模型;(b) 方阵存储;(c) 带状存储

总体刚度矩阵的上述两个特点,即对称性和稀疏性是有限元法的突出优点。设总自由度数为 n,原总体刚度矩阵元素共有 $n\times n$ 个,但利用矩阵的对称性和带状特点只需存

储 $n \times B$ 个元素就可获得矩阵的全部信息，因而可显著节省计算机内存。

4.2.3 变形体虚位移原理和最小势能原理

4.2.1小节介绍过，在有限元法原理的推导中，将用到虚位移原理和最小势能原理。下面简单介绍一下这方面的知识。

弹性体系统的势能包括两部分，一部分是弹性体的应变能，另一部分是外载荷的势能。

从材料力学的胡克定律可知，弹性体在单向应力状态下，单位体积的应变能为 $\frac{1}{2}\sigma\varepsilon$，其中，$\sigma$ 是受力方向的正应力，ε 是该方向的线应变。对于平面应力状态下单位体积的应变能，根据能量守恒定律可得

$$U_0 = \frac{1}{2}(\sigma_x\varepsilon_x + \sigma_y\varepsilon_y + \tau_{xy}\gamma_{xy}) \tag{4-21}$$

同样，对于空间应力状态的单位体积的应变能可写成

$$U_0 = \frac{1}{2}(\sigma_x\varepsilon_x + \sigma_y\varepsilon_y + \sigma_z\varepsilon_z + \tau_{xy}\gamma_{xy} + \tau_{yz}\gamma_{yz} + \tau_{zx}\gamma_{zx}) \tag{4-22}$$

式(4-22)可缩写成矩阵形式

$$\boldsymbol{U}_0 = \frac{1}{2}\boldsymbol{\varepsilon}^{\mathrm{T}}\boldsymbol{\sigma} \tag{4-23}$$

式中：$\boldsymbol{\varepsilon} = [\varepsilon_x\varepsilon_y\varepsilon_z\gamma_{xy}\gamma_{yz}\ \gamma_{zx}]^{\mathrm{T}}$ 称为应变列阵；$\boldsymbol{\sigma} = [\sigma_x\sigma_y\sigma_z\tau_{xy}\tau_{yz}\tau_{zx}]$ 称为应力列阵。将广义胡克定律代入，得

$$\boldsymbol{U}_0 = \frac{1}{2}\boldsymbol{\varepsilon}^{\mathrm{T}}\boldsymbol{D}\boldsymbol{\varepsilon}$$

式中：$\boldsymbol{D}$ 为弹性矩阵。

故弹性体的应变能可写为

$$\begin{aligned} U &= \frac{1}{2}\iiint_V (\sigma_x\varepsilon_x + \sigma_y\varepsilon_y + \sigma_z\varepsilon_z + \tau_{xy}\gamma_{xy} + \tau_{yz}\gamma_{yz} + \tau_{zx}\gamma_{zx})\mathrm{d}V \\ &= \frac{1}{2}\iiint_V \boldsymbol{\varepsilon}^{\mathrm{T}}\boldsymbol{\sigma}\mathrm{d}V = \frac{1}{2}\iiint \boldsymbol{\varepsilon}^{\mathrm{T}}\boldsymbol{D}\boldsymbol{\varepsilon}\,\mathrm{d}V \end{aligned} \tag{4-24}$$

载荷的势能可写为

$$\begin{aligned} V &= -\iiint_V (X\cdot u + Y\cdot v + Z\cdot w)\mathrm{d}V - \iint_A (\overline{X}\cdot u + \overline{Y}\cdot v + \overline{Z}\cdot w)\mathrm{d}A \\ &= -\iiint_V \boldsymbol{f}^{\mathrm{T}}\boldsymbol{p}_v\mathrm{d}V - \iint_A \boldsymbol{f}^{\mathrm{T}}\boldsymbol{p}_s\mathrm{d}A \end{aligned} \tag{4-25}$$

式中：$\boldsymbol{p}_v$ 为弹性体受到的体力，$\boldsymbol{p}_v = [p_{vx}\quad p_{vy}\quad p_{vz}]^{\mathrm{T}}$；$\boldsymbol{p}_s$ 为弹性体边界表面上受到的面力，$\boldsymbol{p}_s = [p_{sx}\quad p_{sy}\quad p_{sz}]^{\mathrm{T}}$。

1. 虚位移原理

虚位移是一种假想加到结构上的可能的任意的微小的位移，是结构所允许的任意的微小的假想位移。在发生虚位移过程中真实力所做的功，称为虚功。

当一刚体在力系(力、力偶)作用下处于静力平衡时，给刚体任一虚位移，在发生虚位移过程中，各外力所做的总虚功必等于零，这是刚体的虚位移原理。相反，刚体在力系作用下，如果诸外力在任意的虚位移上的总虚功为零，则此刚体必处于平衡状态。

把虚位移原理推广到变形体上，对于变形体，不仅必须考虑外力的虚功，而且还需要考虑与内力或应力有关的虚功。按照式(4-22)，考虑平衡微分方程和应力边界条件，总虚变形功为

$$W_{总} = \int_V (\sigma_x \delta\varepsilon_x + \sigma_y \delta\varepsilon_y + \tau_{xy} \delta\gamma_{xy}) \mathrm{d}V \tag{4-26}$$

微元体上的力分为变形体所受的外力和切割面内力。对于二维问题，所有微元体上的力所做的总虚功，可写成：

$$W_{总} = W_{外} + W_{面}$$

$$W_{外} = \int_S (\overline{X}\delta u + \overline{Y}\delta v) \mathrm{d}S + \int_V (X\delta u + Y\delta v) \mathrm{d}V, \quad W_{面} = 0 \tag{4-27}$$

所以变形体虚位移原理也可表述为：受给定外力的变形体处于平衡状态的充分、必要条件是对一切任意微小虚位移，外力所做的总虚功必等于变形体所“接受”的总虚变形功。这就是变形体的虚位移原理，即

$$\int_S (\overline{X}\delta u + \overline{Y}\delta v) \mathrm{d}S + \int_V (X\delta u + Y\delta v) \mathrm{d}V = \int_V (\sigma_x \delta\varepsilon_x + \sigma_y \delta\varepsilon_y + \tau_{xy} \delta\gamma_{xy}) \mathrm{d}V \tag{4-28}$$

式(4-28)是二维变形体的虚功方程式，等号左边表示变形体在虚位移情况下外力所做的总虚功，右边表示在相同情况下，变形体所“接受”的总虚变形功，二者相等。同理，变形体在给定外力作用下，给以满足约束的任意虚位移，如果变形体所“接受”的总虚变形功等于外力所做的总虚功，则变形体各处都必定处于平衡状态。

2. 最小势能原理

根据式(4-24)和式(4-25)，弹性体的总势能泛函为

$$\prod\nolimits_p = U + V = \iiint_V \left(\frac{1}{2} \boldsymbol{\varepsilon}^{\mathrm{T}} \boldsymbol{D\varepsilon} - \boldsymbol{f}^{\mathrm{T}} \boldsymbol{p}_v \right) \mathrm{d}V - \iint_A \boldsymbol{f}^{\mathrm{T}} \boldsymbol{p}_s \mathrm{d}A \tag{4-29}$$

最小势能原理指出，在给定的外力作用下，满足已知位移边界条件和协调条件的所有各组位移中，真正发生的位移使总势能取最小值，即总势能泛函的变分等于零：

$$\delta \prod\nolimits_p = \delta(U + V) = 0 \tag{4-30}$$

需要说明的是：①真实位移是满足平衡条件的位移，也是即平衡又协调的位移；②最小势能原理和虚位移原理等价，只不过一个以能的形式，另一个以功的形式表达。

4.3 二维线弹性问题

根据弹性体的几何形状和受力状态，二维线弹性问题可分为平面应力、平面应变和轴对称问题。

对于薄板类弹性体，当载荷方向平行于板平面(见图 4-9(a))时，可认为沿板厚方向(z 向)各应力为零，即只在平面内存在应力 σ_x、σ_y 和 τ_{xy} 。这类问题称为平面应力问题。

对于等截面长柱体，当载荷沿横截面方向作用且沿长度方向载荷大小基本不变时(如图 4-9(b)、(c)中的水坝和长滚柱)，可认为各截面处于同样的应变状态。若柱体两端面受到轴向变形约束，则各截面无轴向位移，即轴向(设为 z 向)各应变为零，即只在平面内存在应变 ε_x、ε_y 和 γ_{xy} ，这类问题称为平面应变问题。

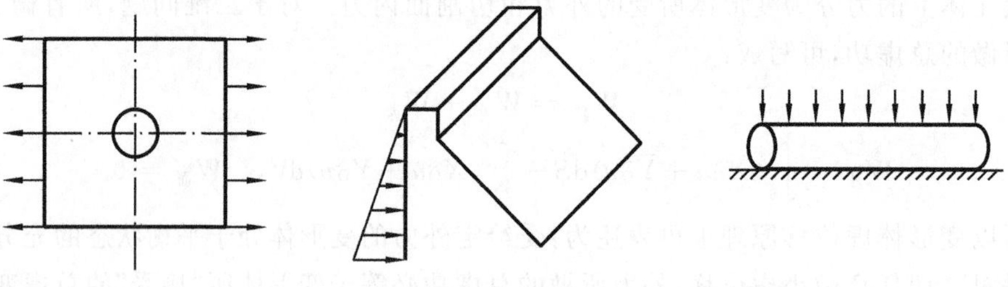

(a) (b) (c)

图 4-9 平面应力和平面应变问题

另外，如果弹性体的几何形状、材料、载荷和边界条件都对称于某一轴线，则弹性体受载后产生的位移、应变和应力也都对称于该轴线。这类问题称为轴对称问题。由于轴对称问题中各点位移、应力和应变只是半径和轴向坐标的函数而和角度无关，弹性体任意点只有两个位移分量，即径向位移和轴向位移，因此可将这类本来是三维的问题转化为二维问题处理。

在二维线弹性问题中，有限元法把弹性连续体(指物体或结构)划分为有限大小、彼此只在有限个点相连接、有限个多边形(对于平面二维区域)的组合体来研究。这就成为多边形有限单元。而节点就是多边形的顶点，取节点处的位移作为基本未知量，进行连续体的有限单元离散化。

下面就有限元法的三个主要内容，即平面连续体的有限单元离散化、单元分析、整体分析(单元的组集)来对二维平面问题进行介绍。

前面介绍过，常用的二维单元有直边或曲边三角单元和直边或曲边四边单元，轴对称问题采用轴截面内为二维单元的环形单元。本节主要介绍代表性强、计算精度高的直边三角形单元。

4.3.1 三角形单元分析

如图 4-10 所示，一个三角形单元，三个节点按逆时针顺序编号为 i、j、m，节点坐标分别为 $i(x_i,y_i)$，$j(x_j,y_j)$，$m(x_m,y_m)$。一个连续体，每点应有两个位移，因此，每个节点应有两个位移分量，则三角形单元共有六个自由度：$u_i,v_i;u_j,v_j;u_m,v_m$。因此，三角形单元的节点位移向量可写为

$$\boldsymbol{\delta}^e=[\delta_i \quad \delta_j \quad \delta_m]^{\mathrm{T}}=[u_i \quad v_i \quad u_j \quad v_j \quad u_m \quad v_m]^{\mathrm{T}} \tag{4-31}$$

与这六个节点位移分量对应的节点力也有六个分量，如图 4-10 所示，节点力向量可表示为

$$\boldsymbol{F}^e=[F_i \quad F_j \quad F_m]^{\mathrm{T}}=[F_{xi} \quad F_{yi} \quad F_{xj} \quad F_{yj} \quad F_{xm} \quad F_{ym}]^{\mathrm{T}} \tag{4-32}$$

在有限单元位移法中，是取节点位移作为基本未知量的。单元分析任务是建立单元节点力与节点位移之间的关系，在每个单元上，节点的位移向量和节点力向量间存在以下关系：

$$\boldsymbol{F}^e=\boldsymbol{K}^e\boldsymbol{\delta}^e \tag{4-33}$$

式中：$\boldsymbol{K}^e$ 是 6×6 阶的矩阵，称为单元刚度矩阵。

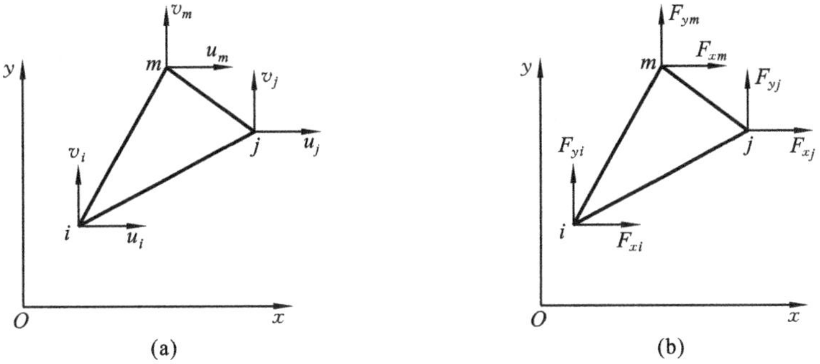

图 4-10 直边三角形单元的节点位移和节点力

4.3.2 单元位移模式和形函数

弹性单元体内任一点的位移与其节点位移的函数关系称为位移模式。显然，弹性体内部的位移规律是很复杂的。试图建立这种函数关系来逼近真实的位移规律，在数学上表现为某种插值函数，函数的阶次越高，逼近精度越高，最简单的插值函数模式是线性模式。本章采用线性模式。

假设单元位移分量是坐标 x、y 的线性函数，即认为位移在弹性体内部按线性规律变化，其位移函数为

$$u(x,y)=a_1+a_2x+a_3y, \quad v(x,y)=a_4+a_5x+a_5y \tag{4-34}$$

在式(4-34)中，含有六个参数 $a_1,a_2,\cdots,a_6$，恰好由三个节点的六个位移分量完全确定，即式(4-34)对单元内任意点均成立，对节点也应成立，故在 i、j、m 三点应当有：

$$\begin{cases} u_i(x,y)=a_1+a_2x_i+a_3y_i, & v_i(x,y)=a_4+a_5x_i+a_6y_i \\ u_j(x,y)=a_1+a_2x_j+a_3y_j, & v_j(x,y)=a_4+a_5x_j+a_6y_j \\ u_m(x,y)=a_1+a_2x_m+a_3y_m, & v_m(x,y)=a_4+a_5x_m+a_6y_m \end{cases} \tag{4-35}$$

求解式(4-35)，可以将参数用节点位移表示出来，即

$$\begin{cases} a_1=(a_iu_i+a_ju_j+a_mu_m)/2A, & a_4=(a_iv_i+a_jv_j+a_mv_m)/2A \\ a_2=(b_iu_i+b_ju_j+b_mu_m)/2A, & a_5=(b_iv_i+b_jv_j+b_mv_m)/2A \\ a_3=(c_iu_i+c_ju_j+c_mu_m)/2A, & a_6=(c_iv_i+c_jv_j+c_mv_m)/2A \end{cases} \tag{4-36a}$$

式中：
$$\begin{cases} a_i=(x_jy_m-x_my_j), & b_i=y_i-y_m, & c_i=x_m-x_j \\ a_j=(x_my_i-x_iy_m), & b_j=y_m-y_i, & c_j=x_i-x_m \\ a_m=(x_iy_j-x_jy_i), & b_m=y_i-y_j, & c_m=x_j-x_i \end{cases} \tag{4-36b}$$

$$A=\frac{1}{2}\begin{vmatrix} 1 & x_i & y_i \\ 1 & x_j & y_j \\ 1 & x_m & y_m \end{vmatrix}=\frac{1}{2}(x_jy_m+x_my_i+x_iy_j-x_my_j-x_iy_m-x_jy_i) \tag{4-37}$$

A 为三角形单元的面积。

将式(4-36a)代入式(4-34)，并注意到单元节点位移向量，得到用单元节点位移表示的单元位移模式，即

$$\boldsymbol{f}^e=\begin{bmatrix} u(x,y) \\ v(x,y) \end{bmatrix}$$
$$=\begin{bmatrix} N_i(x,y) & 0 & N_j(x,y) & 0 & N_m(x,y) & 0 \\ 0 & N_i(x,y) & 0 & N_j(x,y) & 0 & N_m(x,y) \end{bmatrix}\boldsymbol{\delta}^e \tag{4-38}$$

式中：N_i、N_j、N_m 可由下式轮换得出：

$$N_i(x,y)=(a_i+b_ix+c_iy)/2A \quad (i,j,m\text{ 轮换})$$

式(4-38)也可以简写成

$$\boldsymbol{f}^e=[\boldsymbol{I}N_i \quad \boldsymbol{I}N_j \quad \boldsymbol{I}N_m]\boldsymbol{\delta}^e \tag{4-39}$$

式中：$\boldsymbol{I}$ 为二阶单位矩阵。$\boldsymbol{\delta}^e$ 为定义的单元节点位移列阵。可以看出 N_i、N_j、N_m 是坐标的连续函数，反映单元内位移分布状态，称为位移的形态函数，简称形函数。$\boldsymbol{N}$ 称为形态函数的矩阵，将其写成分块形式为

$$\boldsymbol{N}=[N_i \quad N_j \quad N_m] \tag{4-40}$$

其中子矩阵

$$\boldsymbol{N}_i=\begin{bmatrix} N_i & 0 \\ 0 & N_i \end{bmatrix}=N_i\boldsymbol{I} \quad (i,j,m\text{ 轮换}) \tag{4-41}$$

根据形函数的这些性质，单元位移模式可以直接通过单元节点位移 $\boldsymbol{\delta}^e$ 插值表示出来。根据位移函数，在单元的边界上位移是线性变化的，两个相邻的单元在其公共节点上具有相同的节点位移，因而在它们的公共边界上，两个单元将具有相同的位移，也就是说，所选的位移函数保证了两相邻单元之间位移的连续性。单元位移模式必须满足一定的条件：

(1) 位移模式必须在单元内连续，并且两相邻单元间的公共边界上的位移必须协调；

(2) 位移模式必须包含单元的刚体位移；

(3) 位移模式必须包含单元的常应变状态，如果将单元尺寸取得无限小，单元的应变应逼近于常量，也就是说，单元处于常应变状态，所选取的位移模式同样应该反映单元的这种实际状态。

满足上述条件(1)的单元称为协调(或连续)的单元。满足条件(2)和(3)的，称为完备单元。位移模式的选取是否合理，要看它能否反映真实位移的基本特征，能否保证解的收敛性，即当网格逐渐加密时，有限元的解能否收敛于问题的正确解。

4.3.3 单元刚度矩阵

现在用变分法建立三角形常应变单元的刚度矩阵，先直接利用虚功方程来建立刚度方程。

假设一作用于三角形单元 e 上的节点力 $\boldsymbol{F}^e$ 以及相应的应力分量 $\boldsymbol{\sigma}^e$，它们使单元处于平衡状态(单元厚度为 h)。假设单元节点发生虚位移 $\delta\boldsymbol{\Delta}^e$，相应的，在单元内引起的虚应变为

$$\delta\boldsymbol{\varepsilon} = [\delta\varepsilon_x \quad \delta\varepsilon_y \quad \delta\gamma_{xy}]^{\mathrm{T}}$$

作用于单元上的外力现在将只有节点力 $\boldsymbol{F}^e$，应用虚功方程得

$$(\delta\boldsymbol{\Delta}^e)^{\mathrm{T}}\boldsymbol{F}^e = \iint_A \delta\boldsymbol{\varepsilon}^{\mathrm{T}} \cdot \boldsymbol{\sigma} \cdot h \cdot \mathrm{d}x\mathrm{d}y \tag{4-42}$$

有

$$\delta\boldsymbol{\varepsilon} = \boldsymbol{B}\delta\boldsymbol{\Delta}, \quad \boldsymbol{\sigma} = \boldsymbol{dB}\,\boldsymbol{\Delta}^e$$

得

$$(\delta\boldsymbol{\Delta}^e)^{\mathrm{T}}\boldsymbol{F}^e = (\delta\boldsymbol{\Delta})^e\left(\iint_A \boldsymbol{B}^{\mathrm{T}}\boldsymbol{DB}\,\mathrm{d}x\mathrm{d}yh\right)\boldsymbol{\Delta}^e \tag{4-43}$$

由于虚位移 $\delta\boldsymbol{\Delta}^e$ 是任意的，则必有

$$\boldsymbol{F}^e = \left(\iint_A \boldsymbol{B}^{\mathrm{T}}\boldsymbol{DB}\,\mathrm{d}x\mathrm{d}yh\right)\boldsymbol{\Delta}^e \tag{4-44}$$

令

$$\boldsymbol{K}^e = \iint_A \boldsymbol{B}^{\mathrm{T}}\boldsymbol{DB}\,\mathrm{d}x\mathrm{d}yh$$

则式(4-44)简写为

$$\boldsymbol{F}^e = \boldsymbol{K}^e \boldsymbol{\Delta}^e \tag{4-45}$$

$$\boldsymbol{K}^e = \boldsymbol{B}^{\mathrm{T}} \boldsymbol{D} \boldsymbol{B} h \iint_A \mathrm{d}x\mathrm{d}y = \boldsymbol{B}^{\mathrm{T}} \boldsymbol{D} \boldsymbol{B} h A \tag{4-46}$$

则有

$$\boldsymbol{K}^e = \boldsymbol{B}^{\mathrm{T}} \boldsymbol{D} \boldsymbol{B} h A = hA \begin{Bmatrix} \boldsymbol{B}_i^{\mathrm{T}} \\ \boldsymbol{B}_j^{\mathrm{T}} \\ \boldsymbol{B}_m^{\mathrm{T}} \end{Bmatrix} \boldsymbol{D} \left[\boldsymbol{B}_i \quad \boldsymbol{B}_j \quad \boldsymbol{B}_m \right]^{\mathrm{T}}$$

$$= \begin{bmatrix} \boldsymbol{K}_{ii}^e & \boldsymbol{K}_{ij}^e & \boldsymbol{K}_{im}^e \\ \boldsymbol{K}_{ji}^e & \boldsymbol{K}_{jj}^e & \boldsymbol{K}_{jm}^e \\ \boldsymbol{K}_{mi}^e & \boldsymbol{K}_{mj}^e & \boldsymbol{K}_{mm}^e \end{bmatrix} \tag{4-47}$$

对于平面应力问题,式中各子矩阵

$$\boldsymbol{K}_{rs}^e = \boldsymbol{B}_r{}^{\mathrm{T}} \boldsymbol{D} \boldsymbol{B}_s h A = \begin{bmatrix} K_{rs}^{11} & K_{rs}^{12} \\ K_{rs}^{21} & K_{rs}^{22} \end{bmatrix}$$

$$= \frac{Eh}{4(1-\mu^2)A} \begin{bmatrix} b_r b_s + \dfrac{1-\mu}{2} c_r c_s & \mu b_r c_s + \dfrac{1-\mu}{2} c_r b_s \\ \mu c_r b_s + \dfrac{1-\mu}{2} b_r b_s & c_r c_s + \dfrac{1-\mu}{2} b_r b_s \end{bmatrix}$$

$$(r = i,j,m; s = i,j,m) \tag{4-48}$$

对于平面应变问题,只需将式(4-48)中的 E 换成 $\dfrac{E}{1-\mu^2}$,μ 换成 $\dfrac{\mu}{1-\mu}$。

由前述可知,单元刚度矩阵有下列一些性质。

(1) 单元刚度矩阵只与单元的几何形状、大小及材料的性质有关,特别是与所假设的单元位移模式有关,不同的位移模式、不同形状和大小的单元,其单元刚度矩阵也不同,计算结果的精度也不同。

(2) 单元刚度矩阵为对称矩阵。

单元刚度矩阵中的 $\boldsymbol{K}_{ij}^e$ 的物理意义为:当使节点 j 发生单位位移,而其余节点被完全约束时,在节点 i 产生的节点力。

例 4-1 如图 4-11(a)所示的正方形板边长为 a,将其划分为两个等腰直角三角形单元,求单元①的刚度矩阵。假设泊松比 $\nu=0$。

解 将单元①取出,节点编号如图 4-11(b)所示。节点 i、j、m 的坐标为:$(0,a)$,$(0,0)$,$(a,0)$。

(1) 求几何矩阵 $\boldsymbol{B}$。由式(4-35)~式(4-37)得:$A = \dfrac{1}{2}a^2$

$$a_i = 0, \quad b_i = 0, \quad c_i = a$$

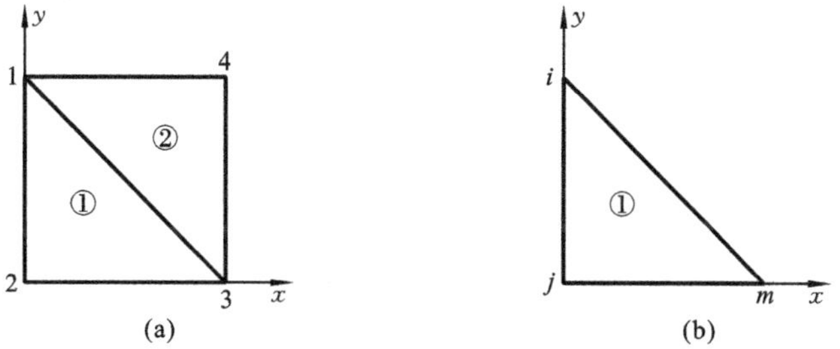

图 4-11 正方形板

$$a_j = a^2,\quad b_j = -a,\quad c_j = -a$$

$$a_m = 0,\quad b_m = a,\quad c_m = 0$$

$$\boldsymbol{B} = \frac{1}{a}\begin{bmatrix} 0 & 0 & -1 & 0 & 1 & 0 \\ 0 & 1 & 0 & -1 & 0 & 0 \\ 1 & 0 & -1 & -1 & 0 & 1 \end{bmatrix}$$

(2) 根据弹性力学中弹性方程,求弹性矩阵 $\boldsymbol{D}$,得

$$\boldsymbol{D} = \frac{E}{2}\begin{bmatrix} 2 & 0 & 0 \\ 0 & 2 & 0 \\ 0 & 0 & 1 \end{bmatrix}$$

当 $\nu = 0$ 时,平面应力问题和平面应变问题的弹性矩阵 $\boldsymbol{D}$ 相同。

(3) 求应力矩阵 $\boldsymbol{S}$。由式(4-15)得

$$\boldsymbol{S} = \boldsymbol{DB} = \frac{E}{2a}\begin{bmatrix} 0 & 0 & -2 & 0 & 2 & 0 \\ 0 & 2 & 0 & -2 & 0 & 0 \\ 1 & 0 & -1 & -1 & 0 & 1 \end{bmatrix}$$

(4) 求 $\boldsymbol{K}^e$ 。由式(4-46)得

$$\boldsymbol{K}^e = \boldsymbol{B}^{\mathrm{T}}\boldsymbol{DB}tA = \boldsymbol{B}^{\mathrm{T}}\boldsymbol{S}tA = \frac{Et}{4}\begin{bmatrix} 1 & 0 & -1 & -1 & 0 & 1 \\ 0 & 2 & 0 & -2 & 0 & 0 \\ -1 & 0 & 3 & 1 & -2 & -1 \\ -1 & -2 & 1 & 3 & 0 & -1 \\ 0 & 0 & -2 & 0 & 2 & 0 \\ 1 & 0 & -1 & -1 & 0 & 1 \end{bmatrix} \tag{4-49}$$

可以看出,弹性力学平面问题的单元刚度矩阵具有与杆系单元刚度矩阵相同的性质,即具有对称性和奇异性。单元刚度矩阵写成分块形式可表示为

$$\boldsymbol{K}^e = \begin{bmatrix} \boldsymbol{K}_{ii} & \boldsymbol{K}_{ij} & \boldsymbol{K}_{im} \\ \boldsymbol{K}_{ji} & \boldsymbol{K}_{jj} & \boldsymbol{K}_{jm} \\ \boldsymbol{K}_{mi} & \boldsymbol{K}_{mj} & \boldsymbol{K}_{mm} \end{bmatrix}^e \tag{4-50}$$

式中：$\boldsymbol{K}_{rs}(r,s=i,j,m)$ 均为 2×2 阶子矩阵，表示节点 s 对 r 的刚度贡献，是节点 r 的节点力分量与节点 s 的位移分量之间的刚度子矩阵。

因此，式(4-33)可以写成：

$$\begin{bmatrix}F_i\\F_j\\F_m\end{bmatrix}^e=\begin{bmatrix}K_{ii}&K_{ij}&K_{im}\\K_{ji}&K_{jj}&K_{jm}\\K_{mi}&K_{mj}&K_{mm}\end{bmatrix}^e\begin{bmatrix}\delta_i\\\delta_j\\\delta_m\end{bmatrix}^e \tag{4-51}$$

4.3.4 总体刚度矩阵的集成

结构整体分析的步骤与杆系结构分析的步骤基本相同。总体刚度矩阵可由单元刚度矩阵按刚度集成法形成。

例 4-2 求如图 4-12 所示结构的总体刚度矩阵，结构离散后有四个单元(1、2、3、4)和六个节点。

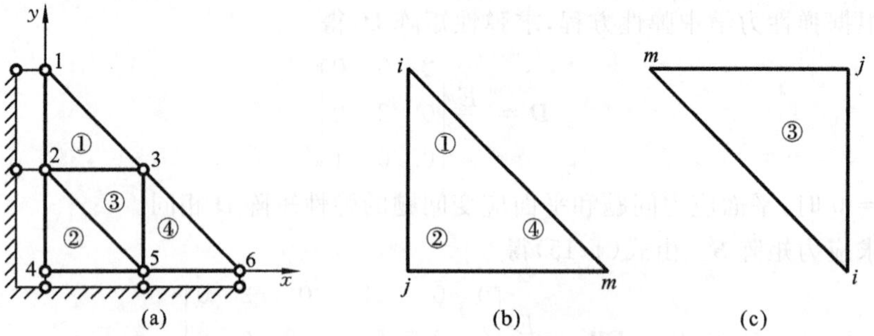

图 4-12 三角形单元的总体刚度矩阵

解 对节点进行整体编号和局部编号，整体编号为 1、2、3、4、5、6，单元节点局部编号仍为 i、j、m（按逆时针顺序排列），则总体刚度矩阵为 12×12 阶方阵。

单元①、②、④的尺寸、形状、材质完全相同，并且采用了相同的节点编号，因而它们的单元刚度矩阵完全相同。单元③可以看做是将单元①旋转 180°后得到的，并且采用了与单元①相同的局部编号，因而它们的单元刚度矩阵也相同。

当泊松比 $\nu=0$ 时，参考例 4-1 所得的结论，单元刚度矩阵与式(4-49)相同。

求各个单元的贡献刚度矩阵。将各单元的单元刚度矩阵元素所在的行列的局部编号换为整体编号，按整体编号填入单元刚度矩阵中，得到四个单元的贡献刚度矩阵 $\boldsymbol{K}^1$、$\boldsymbol{K}^2$、$\boldsymbol{K}^3$、$\boldsymbol{K}^4$ 。以单元②为例，其局部编号 i、j、m 分别对应的整体编号为 2、4、5，按此关系将单元刚度矩阵中的子矩阵 $\boldsymbol{K}_{rs}(r,s=i,j,m)$（$2\times2$ 阶矩阵）分别填入相应位置，得：

$$
\begin{array}{cc}
 & \text{总体编号} \quad 1 \qquad 2 \qquad 3 \qquad 4 \qquad 5 \qquad 6 \\
\boldsymbol{K}^2 = &
\begin{array}{c} 1 \\ 2 \\ 3 \\ 4 \\ 5 \\ 6 \end{array}
\begin{bmatrix}
0 & 0 & 0 & 0 & 0 & 0 \\
0 & k_{ii}^2 & 0 & k_{ij}^2 & k_{im}^2 & 0 \\
0 & 0 & 0 & 0 & 0 & 0 \\
0 & k_{ji}^2 & 0 & k_{jj}^2 & k_{jm}^2 & 0 \\
0 & k_{mi}^2 & 0 & k_{mj}^2 & k_{mm}^2 & 0 \\
0 & 0 & 0 & 0 & 0 & 0
\end{bmatrix}
\end{array}
$$

再如单元③，其局部编号 i、j、m 分别对应的整体编号为 5、3、2，其贡献的矩阵应为

$$
\begin{array}{cc}
 & \text{总体编号} \quad 1 \qquad 2 \qquad 3 \qquad 4 \qquad 5 \qquad 6 \\
\boldsymbol{K}^3 = &
\begin{array}{c} 1 \\ 2 \\ 3 \\ 4 \\ 5 \\ 6 \end{array}
\begin{bmatrix}
0 & 0 & 0 & 0 & 0 & 0 \\
0 & k_{mm}^3 & 0 & k_{mj}^3 & k_{mi}^3 & 0 \\
0 & k_{jm}^3 & 0 & k_{jj}^3 & k_{ji}^3 & 0 \\
0 & 0 & 0 & 0 & 0 & 0 \\
0 & k_{im}^3 & 0 & k_{ij}^3 & k_{ii}^3 & 0 \\
0 & 0 & 0 & 0 & 0 & 0
\end{bmatrix}
\end{array}
$$

将各单元的贡献刚度矩阵叠加起来，并将各子矩阵 $\boldsymbol{K}_{rs}$ 代入，就可形成总体刚度矩阵 $\boldsymbol{K}$（12×12 阶方阵）。

以上通过一个简单的例子介绍了求总体刚度矩阵的一般方法。在有限元法中，平面应力问题的总体刚度矩阵的阶数通常是很高的。

4.4 有限元程序的应用

有限元法是以电子计算机为工具的数值解法，其优越性只有在使用计算机的条件下才能显示出来。以往一般使用 FORTRAN、C 或 C++语言来编写专用有限元程序进行工程问题计算，针对不同的单元类型和位移模式需要有不同的程序，所以一个程序所需的人工劳动量相当大，讨论问题的范围有限。目前市面上有各种类型的集成化程度比较高的有限元软件，通用性强，一般都具有友好的用户图形界面和强大的以图形直观输入、输出计算信息功能，使用起来越来越方便。本节简要介绍使用数学分析软件 MATLAB 和国际著名的有限元分析软件 ANSYS 编写有限元计算程序的方法。

4.4.1 使用 MATLAB 编写有限元计算程序

MATLAB 是由 MathWorks 公司于 1984 年推出的数学软件，由于其强大的矩阵运算能力，可以编写各种运算函数来进行有限元分析。德国的 P. L. Kattan 针对不同的单元模式编写了 75 个 MATLAB 函数(m 文件)，由这些文件组成了 MATLAB 有限元工具

箱。下面介绍其中几个运算函数的源程序。

1. 线性杆元用到的 MATLAB 函数

(1) LinearBarElementStiffness(E,A,L)函数。该函数可用于计算弹性模量 E、横截面积 A 和长度 L 的线性杆元的单元刚度矩阵,它返回 2×2 单元刚度矩阵 k。

源程序为:function y=LinearBarElementStiffness(E,A,L)

```
y = [E * A/L - E * A/L; - E * A/L E * A/L];
```

(2) LinearBarAssemble(K,k,i,j)函数。该函数将连接节点 i 和节点 j 的线性杆的单元刚度矩阵 k 集成到整体刚度矩阵 K 中。每集成一个单元,该函数都会返回 n×n 的总体刚度矩阵 K。

源程序为:function y=LinearBarAssemble(K,k,i,j)

```
K(i,i)=K(i,i)+K(1,1);
K(i,j)=K(i,j)+K(1,2);
K(j,i)=K(j,i)+K(2,1);
K(j,j)=K(j,j)+K(2,2);
y=k;
```

2. 线性三角形元用到的 MATLAB 函数

(1) LinearTriangleElementArea(xi,yi,xj,yj,xm,ym)函数。该函数根据给出的第一个节点坐标(xi,yi)、第二个节点坐标(xj,yj)和第三个节点坐标(xm,ym)返回单元的面积。

源程序为

```
function y=LinearTriangleElementArea(xi, yi, xj, yj, xm, ym)
    y=(xi * (yj-ym)+xj * (ym-yi)+xm * (yi-yj))/2;
```

(2) LinearTriangleElementStiffness(E,NU,t, xi, yi, xj, yj, xm, ym, p)函数。该函数用于计算弹性模量为 E、泊松比为 NU、厚度为 t、第一个节点坐标为(xi, yi)、第二个节点坐标为(xj, yj)和第三个节点坐标为(xm, ym)时的线性三角形元的单元刚度矩阵。该函数返回 6×6 的单元刚度矩阵 k。

源程序为

```
function y=LinearTriangleElementStiffness(E,NU,t,xi,yi,xj,yj,xm,ym,p)
    A=(xi * (yi-ym)+xj * (ym-yi)+xm * (yi-yj))/2;
    betai=yj-ym;
    betaj=ym-yi;
    betam=yi-yj;
    gammai=xm-xj;
    gammaj=xi-xm;
```

```
gammam=xj-xi;
B=[betai 0 betaj 0 betam;
      0 gammai 0 gammaj 0 gammam;
       gammai betai gammaj betaj gammam betam]/(2*A);
if p==1
    D=(E/(1-NU*NU))*[1 NU 0;NU 1 0;0 0 (1-NU)/2];
    Elseif p==2
    D=(E/(1+NU)/(1-2*NU))*[1-NU NU 0;NU 1-NU 0;0 0 (1-2
    *NU)/2];
    end
    y=t*A*B'*D*B;
```

其中,p=1 表明函数用于平面应力情况;p=2 表明函数用于平面应变情况。

(3) LinearTriangleaAssemble(K,k,i,j,m)函数。该函数将连接节点 i 和节点 j 的线性三角形元的单元刚度矩阵 k 集成到整体刚度矩阵 K。每集成一个单元,该函数都将返回 2n×2n 的整体刚度矩阵 K。

源程序略。

可以看出,使用函数的目的是将不同单元模式中繁琐的求解过程在 MATLAB 中集成为有限元运算函数,这样可大大简化有限元问题的运算工作量,并能快速准确地得到求解结果。有兴趣的同学可以尝试运用 MATLAB 函数求解一些简单的工程有限元问题。

4.4.2 有限元软件简介

有限元分析应用软件很多,有代表性的大型通用有限元分析软件已经商品化,如国外的 MSC Nastran、ANSYS、ASKA、ADINA、ABAQUS、SAP 等,国内研制的如 JIGFEX、HAJIF、FEPS、DDJ—W 等。这些软件的分析功能和结构模型化功能较强,解题规模大,计算效率高,系统稳定、可靠,能够适应广泛的工程领域。

1. 通用有限元软件的特点

(1) 单元库内有齐全的一般常用单元,如杆、梁、板、对称轴、板壳、多面体单元等;

(2) 功能库内有各种分析模块,如静力分析、动力分析、连续体分析、流体分析、热分析、线性与非线性分析模块等;

(3) 应用范围广泛,并且一般都具有前、后置处理功能,汇集了各种通用的标准子程序,组成了一个庞大的集成化软件系统。

在一些 CAD/CAM/CAE 系统中嵌套了有限元分析模块,它们与设计软件集成为一体,可在设计环境下运行。例如,设计软件 I-DEAS、Pro/ENGINEER、Unigraphics 等,其有限元分析模块虽没有通用或专用软件那么强大、全面,但是完全可以解决一般工程设计问题。

2. 组成

有限元软件一般由三部分组成：

(1) 前置处理部分；

(2) 求解、进行有限元分析，这是其主要部分，它包括进行单元分析和整体分析、求解位移和应力值的各种计算程序；

(3) 后置处理部分。

3. 解决问题的步骤

用有限元软件求解、分析问题的基本步骤如下：

1) 建立实际工程问题的计算模型

利用几何、载荷的对称性建立等效的简化模型。

2) 选择适当的分析工具

在选择分析工具时，要重点考虑物理场耦合、大变形、网格重划分等问题。

3) 前处理(Preprocessing)

建立几何模型(Geometric Modeling，自下而上，或将基本单元组合)、有限单元划分(Meshing)与网格控制。

4) 求解(Solution)

给定约束(Constraint)和载荷(Load)、求解方法选择、计算参数设定。

5) 后处理(Postprocessing)

后处理的目的在于分析计算模型是否合理，提出结论。用可视化方法(等值线、等值面、色块图)分析计算结果，包括位移、应力、应变、温度等，其中包括最大最小值分析、特殊部位分析等。

4.5 ANSYS有限元软件的应用

ANSYS软件是美国ANSYS公司于1970年开发的融结构、热、流体、电磁、声学于一体的大型通用有限元分析软件，可广泛用于机械制造、核工业、铁道、石油化工、航空航天、能源、汽车交通、国防军工、电子、土木工程、造船、生物医学、轻工、地矿、水利、日用家电等一般工业领域及科学研究。ANSYS具有丰富的单元库，提供了各种物理场量的分析功能，主要包括：结构分析(线性和非线性)、热分析、高度非线性瞬态动力分析、电磁分析、计算流体动力学分析、设计优化、接触分析、压电分析、声学分析、多场耦合分析、大应变/有限转动功能等。同时，还可利用ANSYS参数设计语言(APDL)的扩展宏命令，等等。

ANSYS软件功能强大，其友好的图形用户界面(GUI)使其使用更加方便，如图4-13所示。ANSYS的用户界面由应用菜单、命令输入窗口、工具条、主菜单、图形窗口和输出窗口组成。应用菜单为下拉式结构，包含文件管理、选择、显示控制、参数设置等；输入窗口可显示提示信息、输入 ANSYS 命令等;工具条由常用命令组成,可方便用户使用;主菜单包含 ANSYS 的主要功能,为弹出式菜单结构;图形窗口用来显示创建的 ANSYS 模型和分析结果等图形;输出窗口用来显示程序的文本输出,通常在前五个窗口的后面。

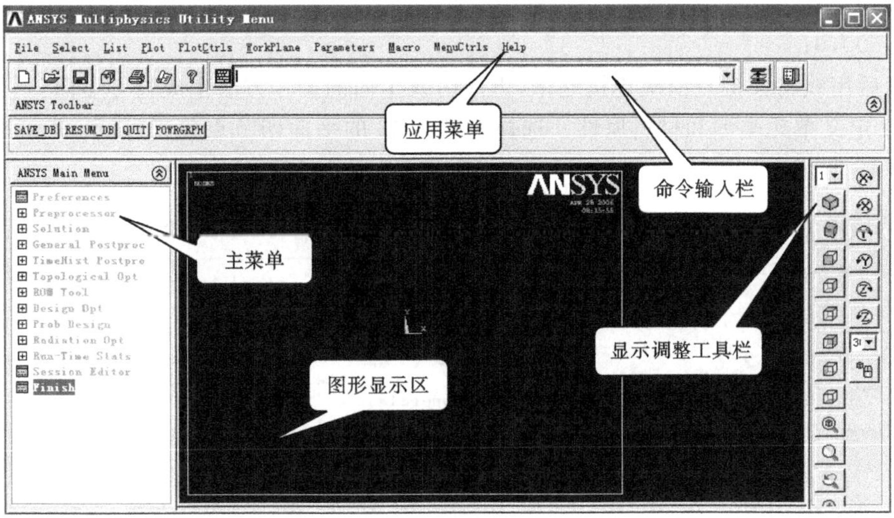

图 4-13　ANSYS 图形用户界面

和其他有限元软件类似,ANSYS 分析包括三个阶段:前处理、求解和后处理。

(1) 前处理:前处理用于定义求解所需的数据。在前处理阶段,用户可选择坐标系统和单元类型,定义实常数和材料类型,建立实体模型,并对其进行网格剖分,控制节点和单元以及定义耦合和约束方程。

(2) 求解:前处理阶段完成后,就可以进入求解阶段分析结果,在此阶段中用户可以定义分析类型、分析选项、载荷数据和载荷步选项,然后开始有限元求解。

(3) 后处理:在此阶段,通过友好的用户界面很容易地获得求解计算结果,并将结果以丰富多彩、各种各样的方式显示出来。同时求解过程的各种数据已被存入数据库,能立即查看。

例 4-3　用 ANSYS 分析如图 4-14 所示平面悬臂梁。其中 $F=2\,000$ N,弹性模量 $E=2.07\times10^5$ MPa,泊松比 $\nu=0.3$。

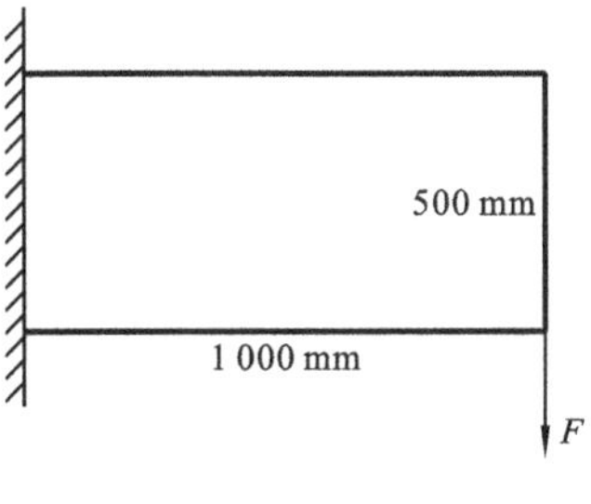

图 4-14　悬臂梁示意图

解　(1) 启动 ANSYS,设定初始工作名。

(2) 前处理。

① 设定分析模块。

② 创建基本模型,采用自下向上建模方法,先创建关

键点 1、2、3、4，其坐标分别为：

0,0,0；

1000,0,0；

1000,500,0；

0,500,0；

然后用线将关键点依次连接起来，再用由线生面的操作方法生成长方形面。

③ 定义单元类型和材料属性。选择编号为 42 的平面四节点单元（plane 4node 42），如图 4-15 所示。

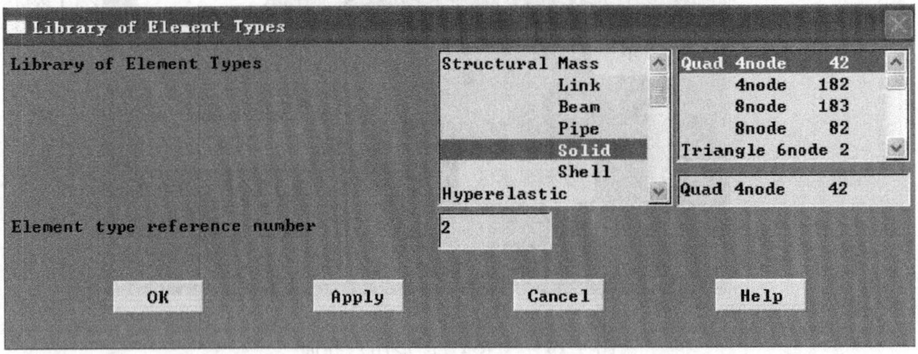

图 4-15　定义单元类型

如图 4-16 所示为材料属性输入窗口。

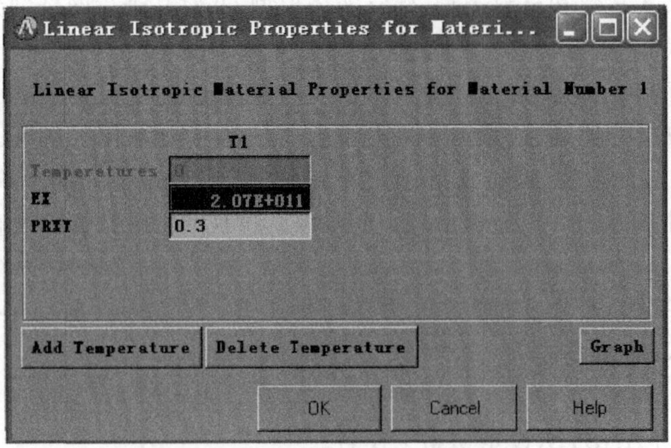

图 4-16　材料属性输入窗口

④ 对模型划分网格。采用自由网格划分方法，划分结果如图 4-17 所示。

⑤ 保存 ANSYS 数据文件。

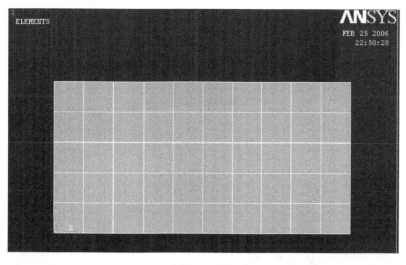

图 4-17 模型网格划分结果

(3) 求解步骤。

① 施加荷载和约束。选择左边线将其两个方向自由度全部约束;检取关键点 2,在FY 方向施加力−2 000 N。

② 保存 ANSYS 数据文件。

③ 求解。

(4) 后处理。

① 显示变形图形;如图 4-18 所示为平面悬臂梁变形后的图形。

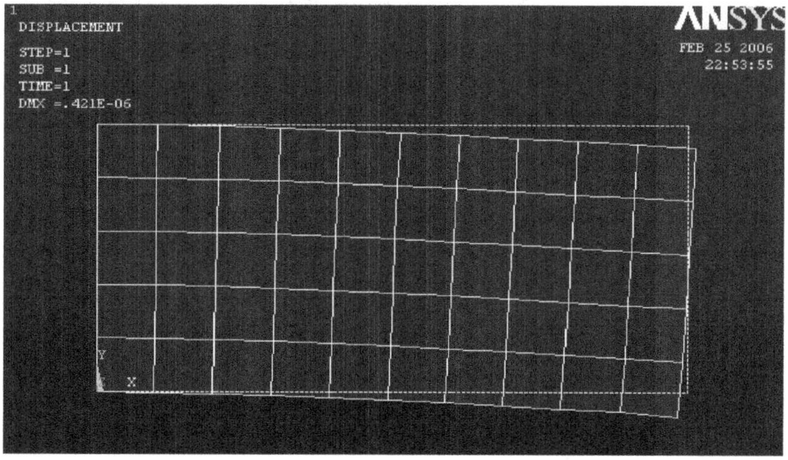

图 4-18 平面悬臂梁变形后的图形

② 图 4-19 显示了各单元 Von miles 应力分布图。

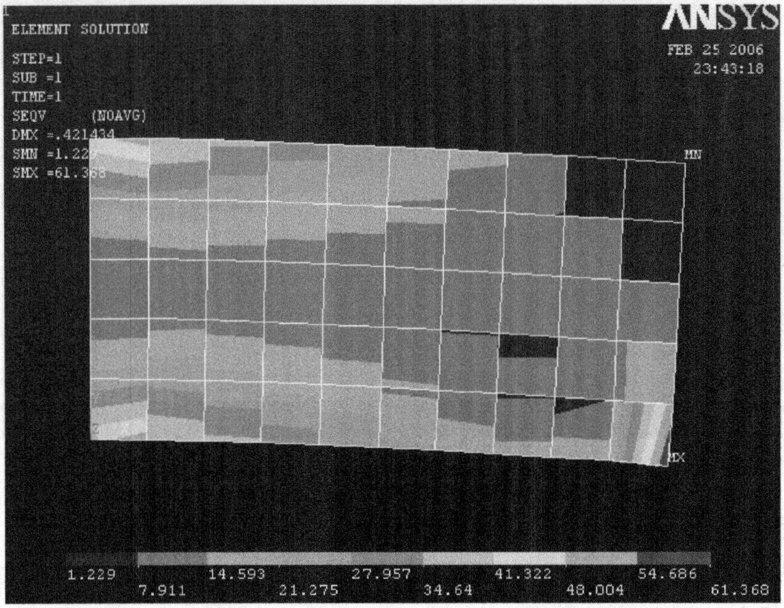

图 4-19 单元 Von miles 应力分布图

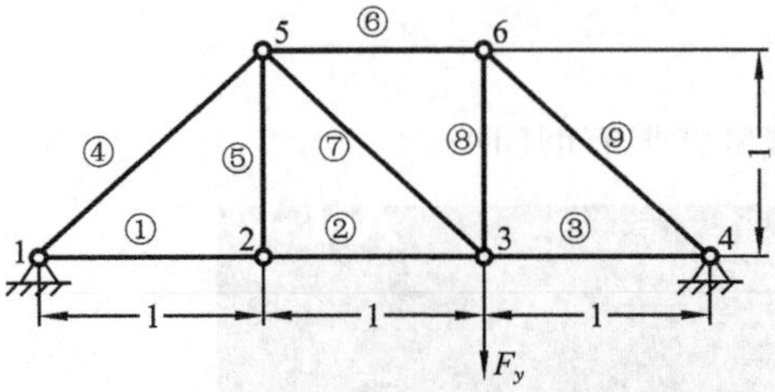

图 4-20 桁架结构简图

例 4-4 图 4-20 所示为由 9 个杆件组成的桁架结构，两端分别在 1，4 点用铰链支承，3 点受到一个方向向下的力 F_y，桁架的尺寸已在图中标出，单位为 m。试计算各杆件的受力。其他已知参数如下：

弹性模量 $E=206$ GPa；泊松比 $\nu=0.3$；

作用力 $F_y=-1\ 000$ N；杆件的横截面积 $A=0.125$ m^2。

解 （1）ANSYS9.0 的启动与设置。

① 启动。点击“开始＞所有程序＞ANSYS9.0＞ANSYS”选项，即可进入 ANSYS 图形用户主界面，如图 4-13 所示。其中，几个常用的部分有应用菜单、命令输入栏、主菜单、图形显示区和显示调整工具栏。

② 功能设置。点击主菜单中的“Preference”选项，弹出“参数设置”对话框，选中“Structural”复选框，点击“OK”按钮，关闭对话框，如图 4-21 所示。本步骤的目的是为了仅使用该软件的结构分析功能，以简化主菜单中各级子菜单的结构。

③ 系统单位设置。由于 ANSYS 软件系统默认的单位为英制，因此，在分析之前，应

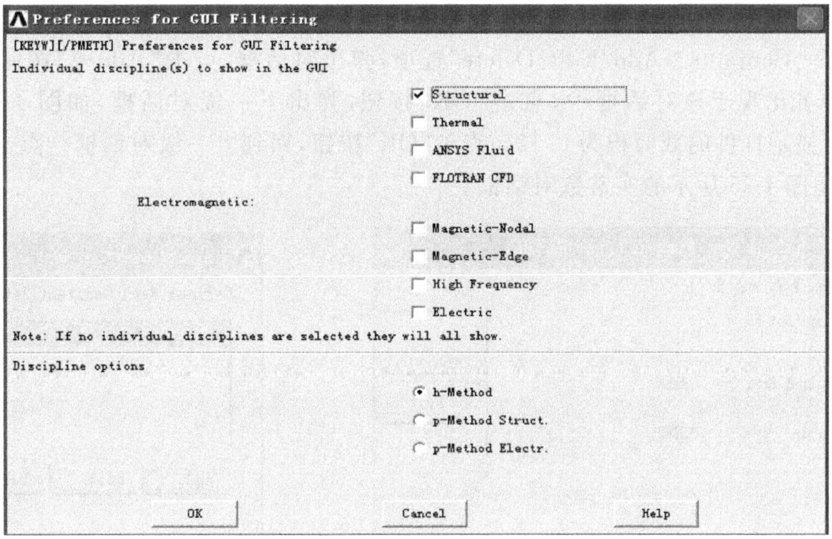

图 4-21 Preference 参数设置对话框

将其设置成国际公制单位。在命令输入栏中键入"/UNITS,SI",然后回车即可(注:SI 表示国际公制单位)。

(2) 单元类型,几何特性及材料特性定义。

① 定义单元类型。点击主菜单中的"Preference＞Element Type＞Add/Edit/Delete"选项,弹出对话框,点击对话框中的"Add…"按钮,又弹出一对话框(见图 4-22),选中该对话框中的"Link"和"2D spar 1"选项,点击"OK"按钮,关闭对话框,返回至上一级对话框。此时,对话框中出现刚才选中的单元类型:LINK1,如图 4-23 所示。点击"Close"按钮,关闭对话框(注:LINK1 属于二维平面杆单元,只承受拉压,不考虑弯矩。)。

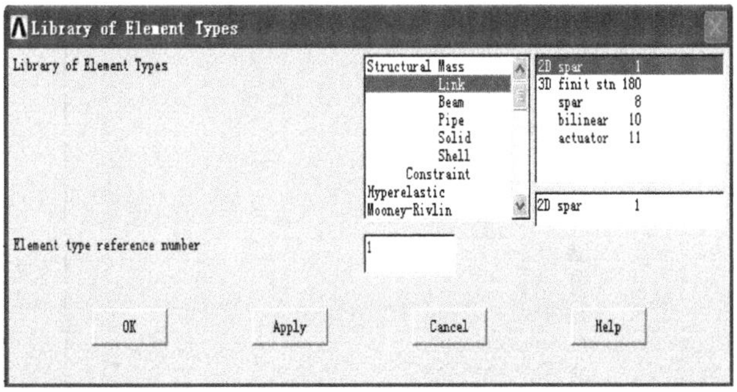

图 4-22 单元类型库对话框

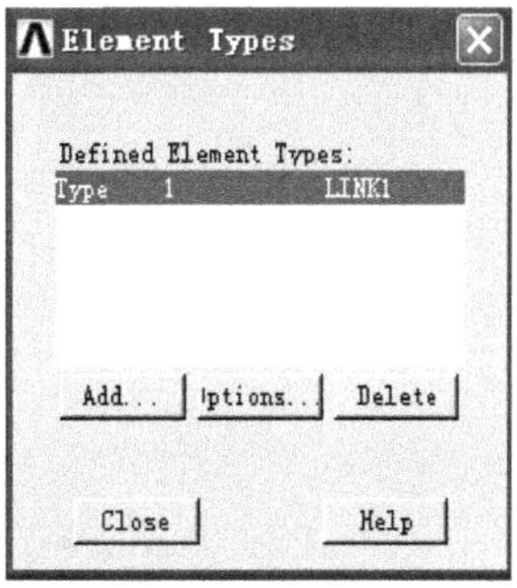

图 4-23 单元类型对话框

② 定义几何特性。在 ANSYS 中主要是实常数的定义：点击主菜单中的“Preprocessor>Real Contants>Add/Edit/Delete”选项，弹出对话框，点击“Add…”按钮，定义的 LINK1 单元出现于该对话框中，点击“OK”按钮，弹出下一级对话框，如图 4-24 所示。AREA 栏显示杆件的截面积为 0.125，点击“OK”按钮，回到上一级对话框。点击“Close”按钮，关闭图 4-25 所示的实常数对话框。

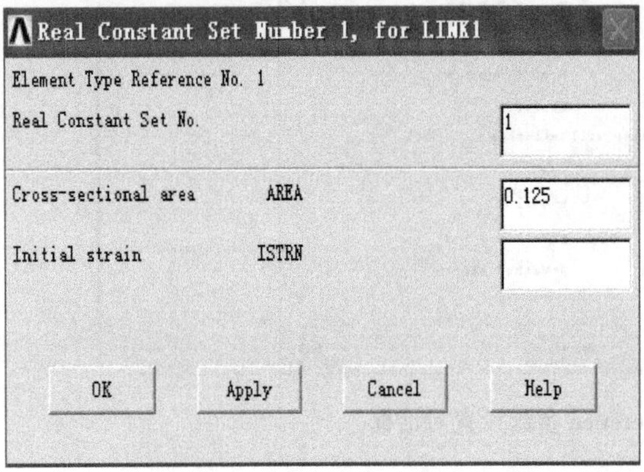

图 4-24 单元类型对话框

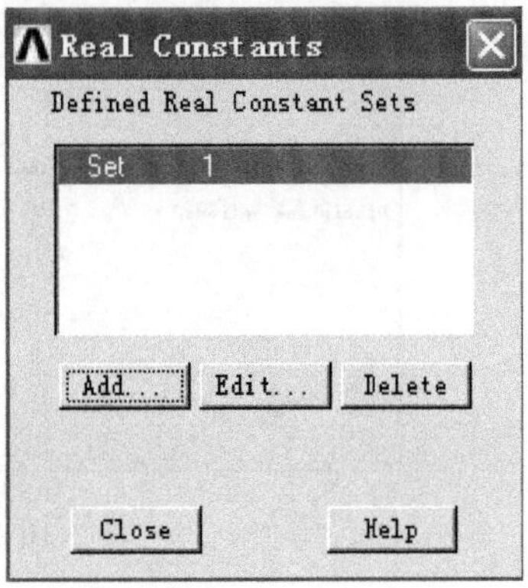

图 4-25 实常数对话框

③ 定义材料特性。点击主菜单中的“Preprocessor＞Material Props＞Material Models”选项，弹出对话框，如图 4-26 所示，逐级双击右框中“Structural，Linear，Elastic，Isotropic”选项前图标，弹出下一级对话框，在弹性模量文本框中输入 206E9，在泊松比文本框中输入 0.3，如图 4-27 所示，点击“OK”按钮，返回上一级对话框，并点击“Close”按钮

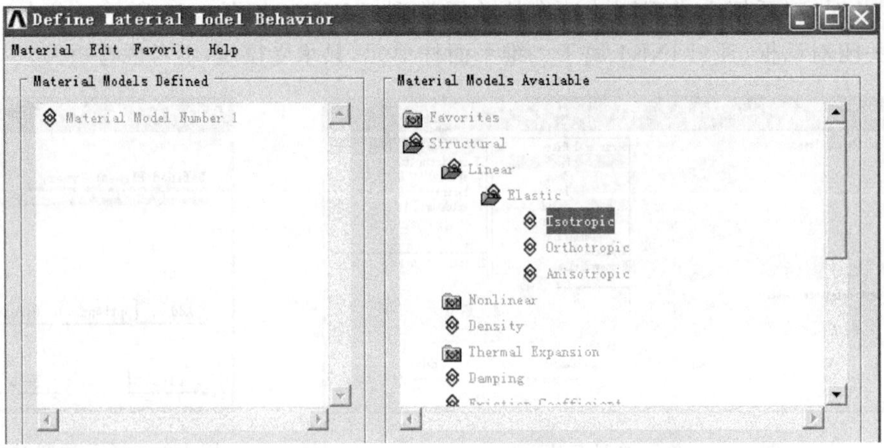

图 4-26 材料特性对话框

关闭图 4-26 所示对话框。

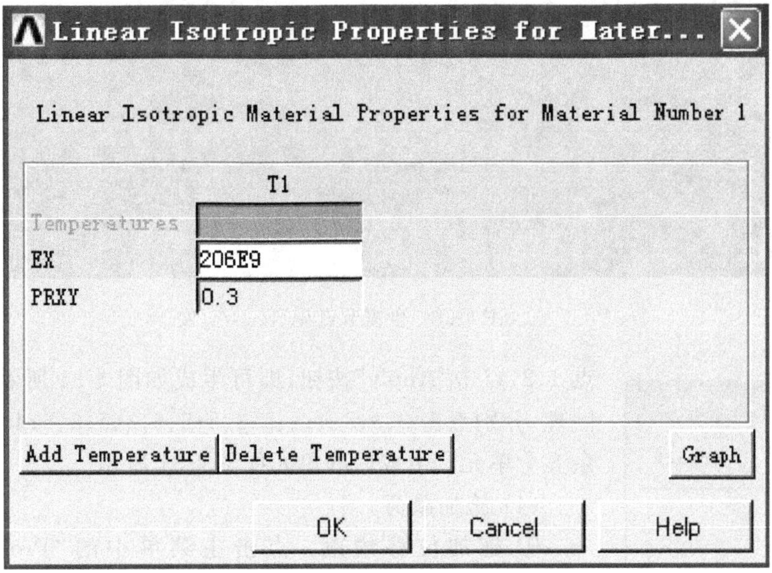

图 4-27 材料特性参数对话框

(3) 桁架分析模型的建立。

① 生成节点。桁架共有 6 个节点,根据已知条件容易求出其坐标如下:1(0,0,0),2(1,0,0),3(2,0,0),4(3,0,0),5(1,1,0),6(2,1,0)。点击主菜单中的"Preprocessor>Modeling>Create>Nodes>In Active CS"选项,弹出对话框。在"NPT Keypoint number"一栏中输入节点号 1,在"X,Y,Z Location in active CS"一栏中输入节点 1 的坐标(0,0,0),如图 4-28 所示,点击"Apply"按钮。同理将 2~6 点的坐标输入,以生成其余 5 个节点。此时,在显示窗口上生成 6 个节点的位置,如图 4-29 所示。

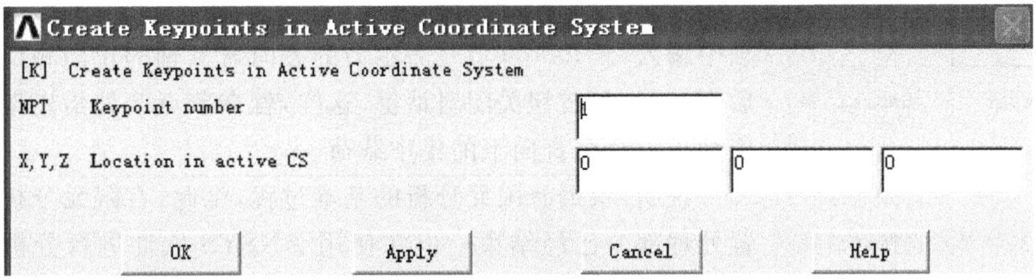

图 4-28 节点生成参数输入对话框

② 生成单元格。点击主菜单中的"Preprocessor>Modeling>Create>Elements>AutoNumbered>Thru Nodes"选项,弹出节点选择对话框,如图 4-30 所示。依次点选节

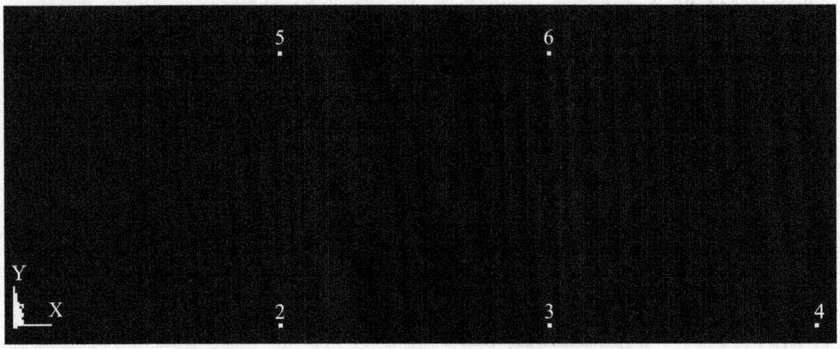

图 4-29　生成节点显示

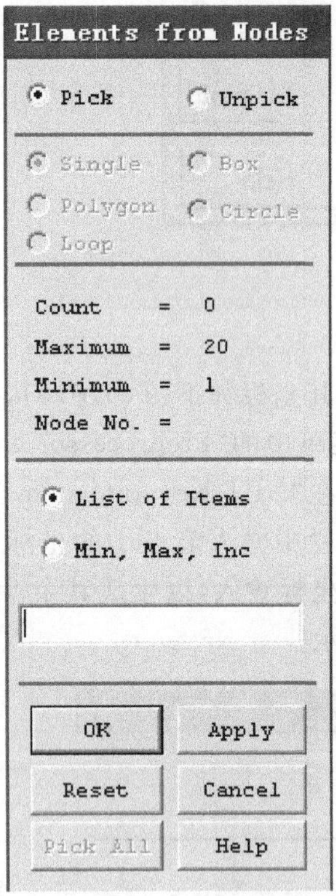

图 4-30　节点选择对话框

点 1、2，点击“Apply”按钮，即可生成如图 4-31 所示的单元①。同理，分别点击 2、3；3、4；1、5；2、5；5、6；3、5；3、6；4、6 可生成其余 8 个单元。生成后的单元如图 4-31 所示。

(4) 施加载荷。

① 施加位移约束。点击主菜单中的“Preprocessor＞Loads＞Apply＞Structural＞Displacement＞On Nodes”选项，弹出节点选择对话框(见图 4-30)，点选节点 1 后，再点击“Apply”按钮，弹出对话框如图 4-32 所示，选择右上列表框中的“All DOF”选项，并点击“Apply”按钮完成。同样，选择图4-32右上列表框中的“UY”选项，并点击“OK”按钮，即可完成对节点 4 沿 y 方向的位移约束。

② 施加集中力载荷。点击主菜单中的“Preprocessor＞Loads＞Define Loads＞Apply＞Structural＞Force/Moment＞On Nodes”选项，弹出对话框如图 4-33 所示，在“Direction of force/mom”一项中选择：“FY”，在“Force/Moment value”一项中输入“－1000”(负号表示力的方向与 y 轴的正向相反)，然后点击“OK”按钮关闭对话框，这样，就在节点 3 处给桁架结构施加了一个竖直向下的集中载荷。

说明：根据有限元分析的基本过程，至此，有限元分析的前置处理部分已经结束。但在使用 ANSYS 软件进行分析的过程中，施加载荷这一步骤往往既可以在前置处理中完成，也可以在求解器中完成(如点击主菜单中的“Solution＞Define Loads＞Apply＞Stuctural…”选项，实现过程完全一样)。

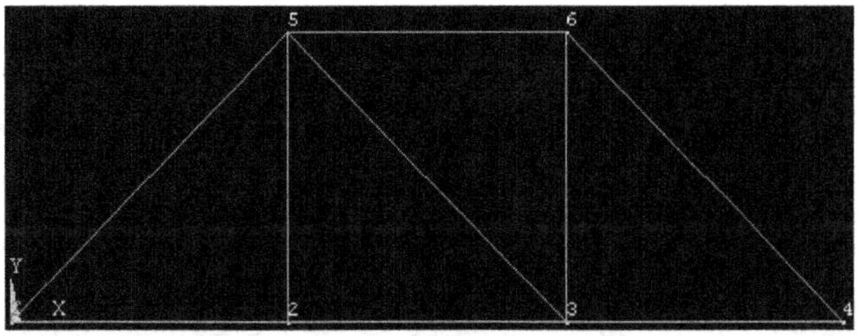

图 4-31 生成单元显示

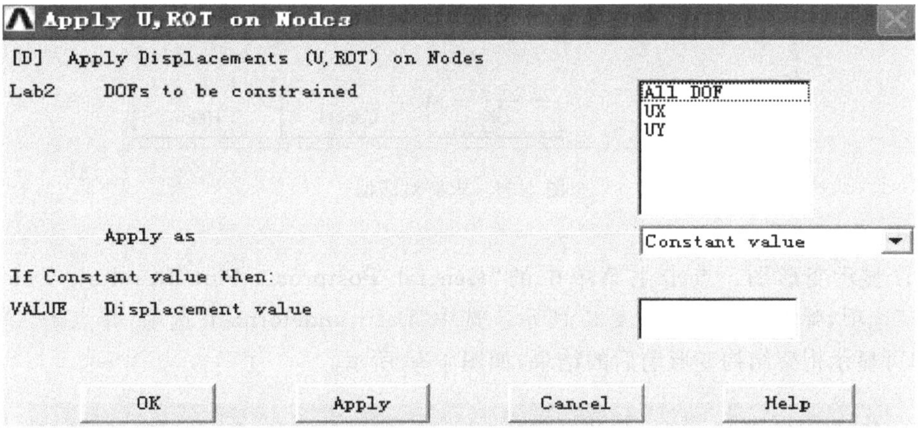

图 4-32 节点 1 的位移约束

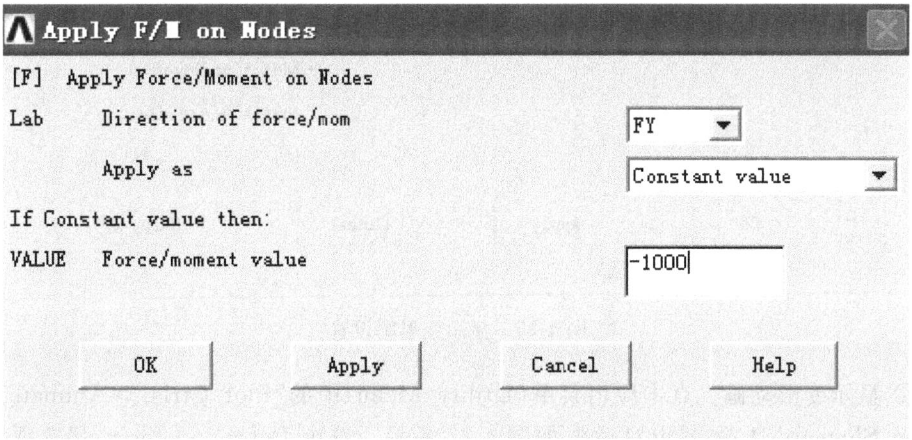

图 4-33 施加载荷

(5) 开始求解。

点击主菜单中的“Solution>Solve>Current LS”选项，弹出对话框，如图 4-34 所示，点击“OK”按钮，开始进行分析求解。分析完成后，又弹出一信息窗口提示用户已完成求解，点击“Close”按钮关闭对话框即可。至于在求解时产生的 STATUS Command 窗口，点击“File>Close”选项关闭即可。

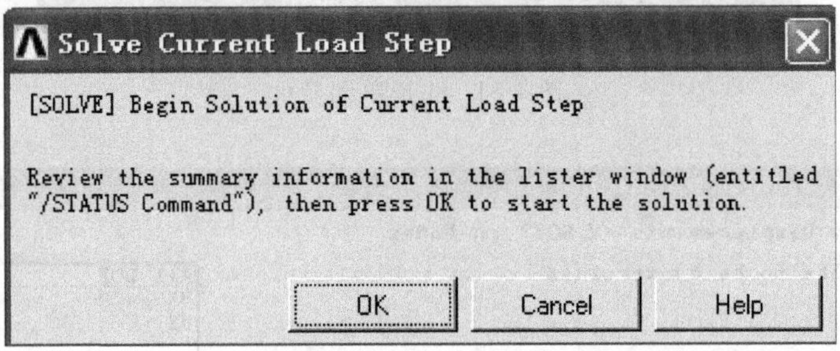

图 4-34　求解对话框

(6) 分析结果显示。

① 显示变形图。点击主菜单中的“General Postproc>Plot Results>Deformed Shape”选项，弹出对话框如图 4-35 所示。选中“Def+undeformed”选项，并点击“OK”按钮，即可显示桁架结构变形前后的结果，如图 4-36 所示。

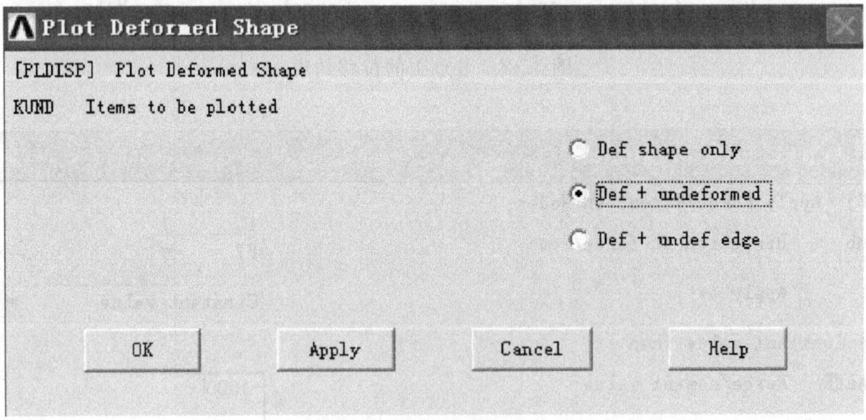

图 4-35　显示变形图设置

② 显示变形动画。点击应用菜单(Utility Menu)中的“Plot Ctrls >Animate>Deformed Shape…”选项，弹出对话框如图 4-37 所示。选中 Def+undeformed”选项，并在“Time delay”文本框中输入“0.1”，然后点击“OK”按钮，即可显示本例中桁架结构的变形动画。由于集中力 F_y 作用在节点 3 上，因此，节点 3 产生的位移最大。图 4-38 是用动画

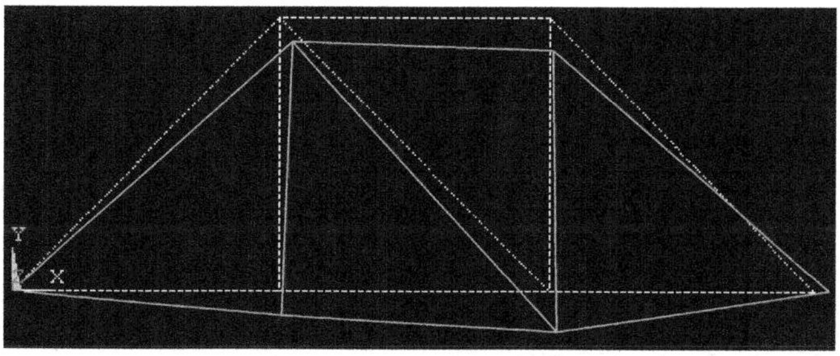

图 4-36 用户主界面

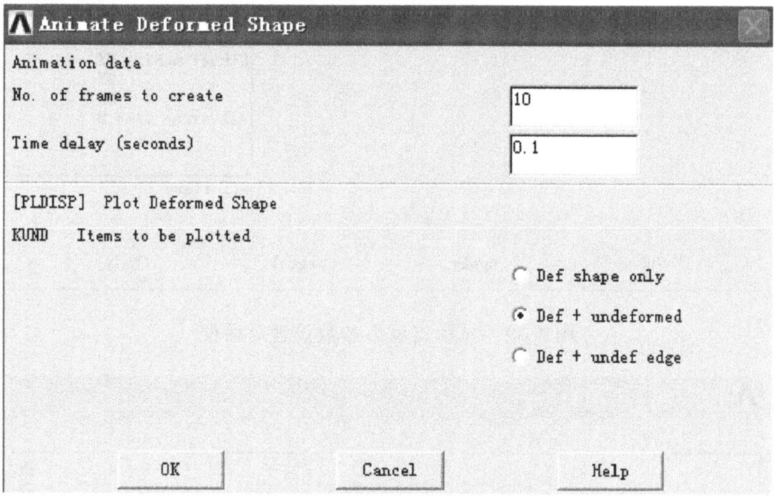

图 4-37 变形动画参数设置

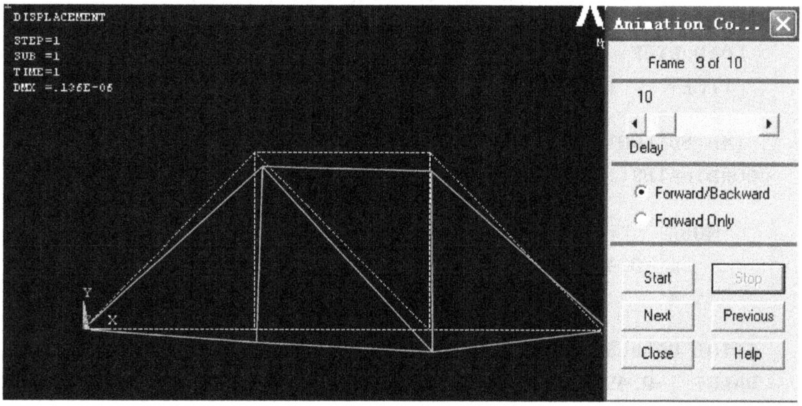

图 4-38 动画仿真控制对话框

显示桁架受力变形的界面，右边窗口是动画显示的控制窗口，可以暂停，也可以拖动显示进度条。

③ 列举支反力计算结果。点击主菜单中的“General Postproc>List Results> Reaction Solu”选项，弹出对话框如图 4-39 所示。接受缺省设置，点击“OK”按钮关闭对话框，并弹出一列表窗口，显示了两铰接点(节点 1、4)所受的支反力情况，如图 4-40 所示。

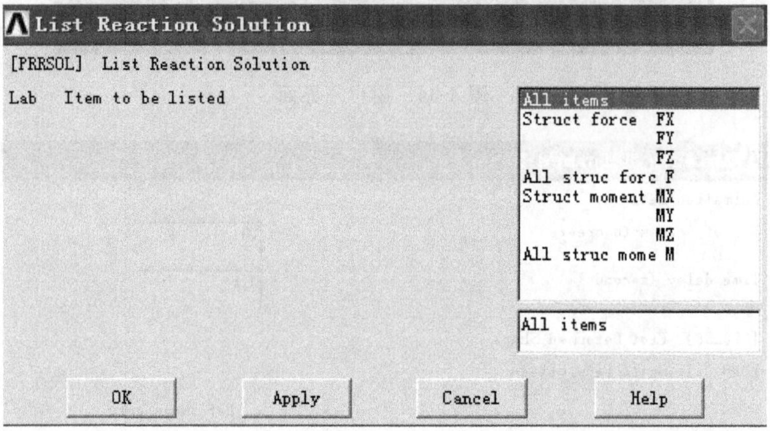

图 4-39 显示支反力参数设置对话框

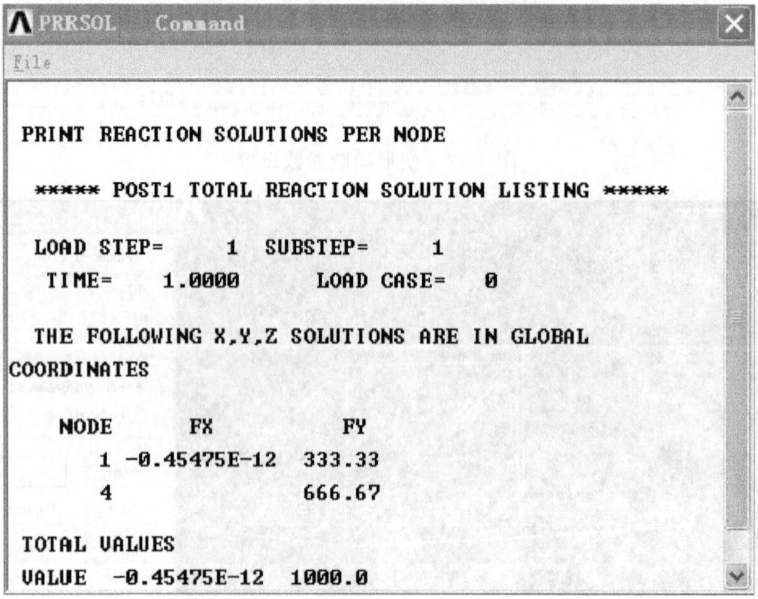

图 4-40 显示支反力列表

④ 列举各杆件的轴向力计算结果。点击主菜单中的“General Postproc＞List Result＞ Element Solution”选项，在弹出对话框中显示轴向力项，如图 4-41 所示，此外，还给出了最大、最小力及其发生位置。

说明：至此，有限元分析的后置处理部分就可以结束了。实际上，ANSYS 软件的后置处理功能非常强大，除了能显示上述结果外，还可以显示其他许多结果，例如，各节点产生的位移（General Postproc ＞List Results＞Nodal Solution）和各节点所受载荷（General Postproc ＞List Results＞ Nodal Loads）等等，有兴趣的读者可自行尝试。

（7）ANSYS 软件的保存与退出。

① 保存。点击应用菜单中的“File＞Save as Jobname. db”选项，ANSYS 自动将结果保存，缺省的文件名为“file. db”，下次打开时，可直接点击“file. db”。

② 退出。点击应用菜单中的“Exit”。

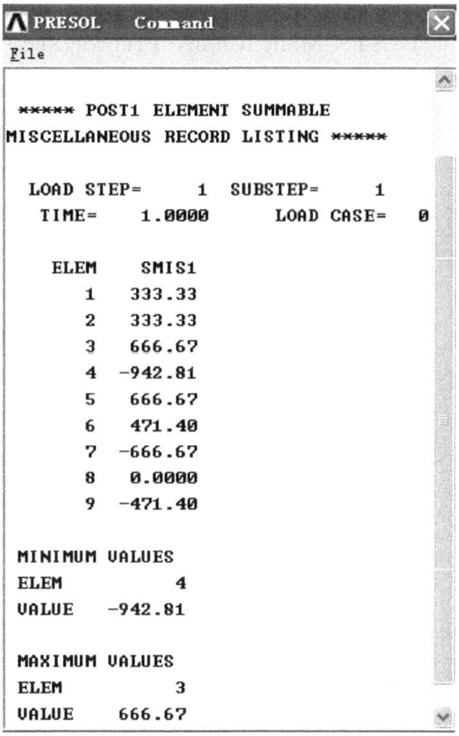

```
PRESOL Command
File

***** POST1 ELEMENT SUMMABLE
MISCELLANEOUS RECORD LISTING *****

 LOAD STEP=      1  SUBSTEP=      1
  TIME=    1.0000       LOAD CASE=   0

   ELEM     SMIS1
      1    333.33
      2    333.33
      3    666.67
      4   -942.81
      5    666.67
      6    471.40
      7   -666.67
      8    0.0000
      9   -471.40

 MINIMUM VALUES
 ELEM          4
 VALUE   -942.81

 MAXIMUM VALUES
 ELEM          3
 VALUE    666.67
```

图 4-41 轴向力显示结果

例 4-5 对如图 4-42 所示的受内压作用的球体进行有限元建模与分析。

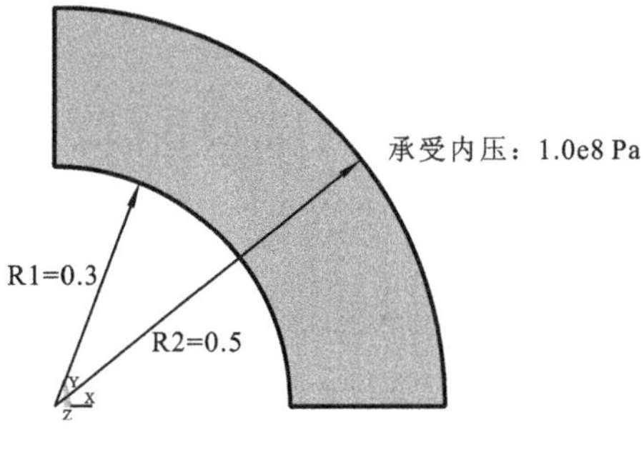

图 4-42 受均匀内压的球体计算分析模型（截面图）

解 （1）进入 ANSYS。

ANSYS 9.0→Ansys→change the working directory into yours →input Initial jobname：sphere

（2）设置计算类型。

ANSYS Main Menu：Preferences … → select Structural → OK

（3）选择单元类型。

ANSYS Main Menu：Preprocessor→Element Type→Add/Edit/Delete→Add→select Solid Quad 4node 42→OK(back to Element Types window)→Options…→select K3：Axisymmetric→OK→Close(the Element Type window)

(4) 定义材料参数。

ANSYS Main Menu: Preprocessor→Material Props→Material Models→Structural→Linear→Elastic→Isotropic→input EX:2.1e11, PRXY:0.3→OK

(5) 生成几何模型。

① 生成特征点。

ANSYS Main Menu:Preprocessor→Modeling→Create→Keypoints→In Active CS→input:1(0.3,0),2(0.5,0),3(0,0.5),4(0,0.3)(依次输入四个点的坐标)→OK

② 生成球体截面。

打开ANSYS命令菜单栏,依次进行如下操作:Work Plane>Change Active CS to>Global Spherical→ANSYS Main Menu: Preprocessor→Modeling→Create→Lines→In Active Coord→依次连接1,2,3,4点→OK→Preprocessor→Modeling→Create→Areas→Arbitrary→By Lines→依次检取四条边→OK

打开接着进行如下操作: Work Plane>Change Active CS to>Global Cartesian

(6) 网格划分。

ANSYS Main Menu: Preprocessor→Meshing→Mesh Tool→(Size Controls) lines:Set→检取两条直边:OK→input NDIV:10→Apply→检取两条曲边:OK→input NDIV: 20→OK→(back to the mesh tool window)Mesh: Areas, Shape: Quad, Mapped→Mesh→Pick All (in Picking Menu)→Close(the Mesh Tool window)

(7) 模型施加约束。

① 给水平直边施加约束。

ANSYS Main Menu: Solution→Define Loads→Apply→Structural→Displacement→On Lines→检取水平边:Lab2: UY→OK

② 给竖直边施加约束。

ANSYS Main Menu: Solution→Define Loads→Apply→Structural→Displacement Symmetry B.C.→On Lines→检取竖直边→OK

③ 给内弧施加径向的分布载荷。

ANSYS Main Menu: Solution→Define Loads→Apply→Structural→Pressure→On Lines→检取小圆弧;OK→input VALUE:100e6→OK

(8) 分析计算。

ANSYS Main Menu: Solution→Solve→Current LS→OK(to close the solve Current Load Step window)→OK

(9) 结果显示。

ANSYS Main Menu: General Postproc→Plot Results→Deformed Shape…→select Def+Undeformed →OK (back to Plot Results window)→Contour Plot→Nodal

Solu…→select：DOF solution，UX，UY，Def＋Undeformed，Stress ，SX，SY，SZ，Def＋Undeformed→OK

（10）退出系统。

ANSYS Utility Menu：File→Exit…→Save Everything→OK

例 4-6 进行受热载荷作用的厚壁圆筒的有限元建模与温度场求解，模型如图 4-43 所示。

解 （1）进入 ANSYS。

ANSYS 9.0 → Ansys → change the working directory into yours →input Initial jobname：cylinder

（2）设置计算类型。

ANSYS Main Menu：Preferences…→select Thermal→OK

（3）选择单元类型。

ANSYS Main Menu：Preprocessor→Element Type→Add/Edit/Delete→Add→select Thermal Solid Quad 4node 55 →OK (back to Element Types window)→Options…→select K3：Axisymmetric→OK→Close（the Element Type window）

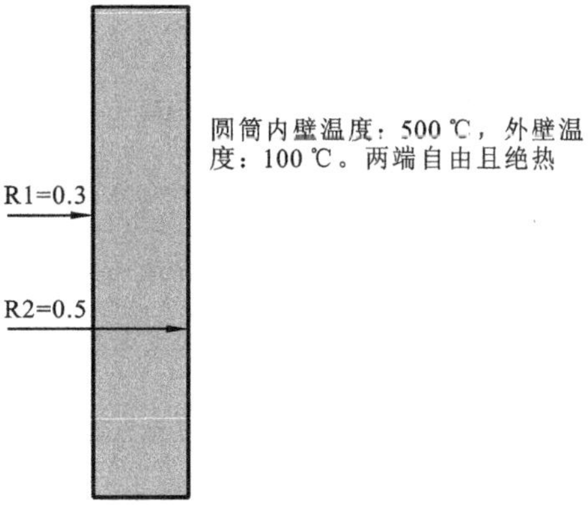
圆筒内壁温度：500 ℃，外壁温度：100 ℃。两端自由且绝热
R1=0.3
R2=0.5

图 4-43 厚壁圆筒的截面图

（4）定义材料参数。

ANSYS Main Menu：Preprocessor→Material Props→Material Models→Thermal→Conductivity→Isotropic→input KXX：7.5→OK

（5）生成几何模型。

① 生成特征点

ANSYS Main Menu：Preprocessor→Modeling→Create→Keypoints→In Active CS→依次输入四个点的坐标：input：1(0.3,0)，2(0.5,0)，3(0.5,1)，4(0.3,1)→OK

② 生成圆柱体截面

ANSYS Main Menu：Preprocessor→Modeling→Create→Areas→Arbitrary→Through KPS→依次连接四个特征点，1(0.3,0)，2(0.5,0)，3(0.5,1)，4(0.3,1)→OK

（6）网格划分。

ANSYS Main Menu：Preprocessor→Meshing→Mesh Tool→(Size Controls) lines：Set →拾取两条水平边：OK→input NDIV：5→Apply→拾取两条竖直边：OK→input NDIV：15→OK→(back to the mesh tool window) Mesh：Areas，Shape：Quad，Mapped→Mesh→Pick All (in Picking Menu)→Close(the Mesh Tool window)

(7) 模型施加约束。

分别给两条直边施加约束

ANSYS Main Menu：Solution→Define Loads→Apply→Thermal→Temperature→On Lines→检取左边，Value：500→Apply(back to the window of apply temp on lines)→拾取右边，Value：100→OK

(8) 分析计算。

ANSYS Main Menu：Solution→Solve→Current LS→OK(to close the solve Current Load Step window)→OK

(9) 结果显示。

ANSYS Main Menu：General Postproc→Plot Results→Deformed Shape…→select Def + Undeformed→OK (back to Plot Results window)→Contour Plot→Nodal Solu…→select：DOF solution，Temperature TEMP →OK

(10) 退出系统。

ANSYS Utility Menu：File→Exit…→Save Everything→OK

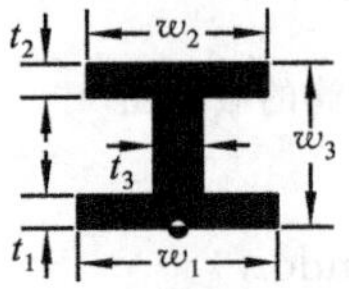

图 4-44 工字钢截面图

例 4-7 对工字钢进行结构分析，截面尺寸如图 4-44 所示。其中，$w_1=0.1$，$w_2=0.1$，$w_3=0.2$，$t_1=0.0114$，$t_2=0.0114$，$t_3=0.007$。

解 (1) 进入 ANSYS。

ANSYS9.0→Interactive→change the working directory into yours→input Initial jobname：steel→Run

(2) 设置计算类型。

ANSYS Main Menu：Preferences→select Structural→OK

(3) 选择单元类型。

ANSYS Main Menu：Preprocessor→Element Type→Add/Edit/Delete→Add→select Brick 8node 45 →OK (back to Element Types window)→Close (the Element Type window)

(4) 定义材料参数。

ANSYS Main Menu：Preprocessor→Material Props→Material Models→Structural→Linear→Elastic→Isotropic→input EX:2.06e11，PRXY:0.3

双击右框中的“Density”选项，在弹出对话框的“DENS”一栏中输入材料密度 7800，点击“OK”按钮关闭对话框。

(5) 生成几何模型。

① 生成特征点。

工字钢梁的横截面由 12 个关键点连线而成，其各点坐标分别为：1(－0.08,0,0)、2(0.08,0,0)、3(0.08,0.02,0)、4(0.015,0.02,0)、5(－0.015,0.18,0)、6(－0.08,0.18,0)、7(0.08,0.02,0)、8(－0.08,0.02,0)、9(－0.08,0.18,0)、10(－0.015,0.18,0)、11(－0.015,0.02,0)、12(－0.08,0.02,0)。点击主菜单中的“Preprocessor>Modeling>Create>Keypoints>In Active CS”选项，弹出对话框。在“Keypoint number”一栏中输入关键点号 1，在“X，Y，Z Location”一栏中输入关键点 1 的坐标(－0.08,0,0)，点击“Apply”按钮，同理将 2～12 点的坐标输入，此时，在显示窗口上显示所生成的 12 个关键点的位置。

② 生成线。

点击主菜单中的“Preprocessor>Modeling>Create>Lines>StraightLine”选项，弹出关键点选择对话框，依次点选关键点 1、2，点击“Apply”按钮，即可生成第一条直线。同理，分别点击 2、3；3、4；4、5；5、6；6、7；7、8；8、9；9、10；10、11；11、12；12、1 可生成其余 11 条直线。

③ 生成平面。

点击主菜单中的“Preprocessor>Modeling>Create>Areas>Arbitrary>By Lines”选项，弹出直线选择对话框，依次点选 1～12 直线，点击“OK”按钮关闭对话框，即可生成工字钢的横截面。

④ 生成实体。

点击主菜单中的“Preprocessor>Modeling>Operate>Extrude>Areas>Along Normal”选项，弹出平面选择对话框，点选上一步骤生成的平面，点击“OK”按钮。之后弹出另一对话框，在“DIST”一栏中输入“1”(工字钢梁的长度)，其他保留缺省设置，点击“OK”按钮关闭对话框，即可生成工字钢梁的三维实体模型。

(6) 网格划分。

① 设定单元大小。点击主菜单中的“Preprocessor>Meshing>MeshTool”选项，弹出对话框，在“Size Control”标签中的“Global”一栏点击“Set”按钮，弹出网格尺寸设置对话框，在“SIZE”一栏中输入 0.02，其他保留缺省设置，点击“OK”按钮关闭对话框。

② 接着上一步，在划分网格的对话框中，选中单选框“Hex”和“Sweep”，其他保留缺省设置，然后点击“Sweep”按钮，弹出体选择对话框，点选工字钢梁实体，并点击“OK”按钮，即可完成对整个实体结构的网格划分。

(7) 模型施加约束。

点击主菜单的“Preprecessor>Loads>Define Loads>Apply>Structuaral>Displacemengt>On Areas”选项，弹出面选择对话框，点击该工字梁的左端面，点击“OK”按钮，在弹出对话框中选择右上列表框中的“All DOF”选项，并点击“OK”按钮，即可完成对左端面的位移约束，相当于梁的固定端。同理，对工字钢的右端面进行固定端约束。

(8) 模型施加载荷。

① 选择施力节点。点击应用菜单中的“Select＞Entities...”选项，弹出对话框，在第一个列表框中选择“Nodes”选项，第二个列表框中选择“By Location”选项，选中“Zcoordinates”单选框，并在“Min，Max”参数的文本框中输入 0.5(表示选择工字钢梁沿的中间横截面上的所有节点)，其他参数保留缺省设置，点击“Apply”按钮完成选择。点击“Plot”按钮，在显示窗口上显示出工字钢梁中间横截面上的所有节点。然后，在对话框中选中“Zcoordinates”单选框，在“Min，Max”参数文本框中输入 0.2(表示工字钢梁的上表面)，选中“Reselect”(表示在现有活动节点——即上述选择的中间横截面中，再选择 y 坐标等于 0.2 的节点为活动节点)单选框，其他参数保留缺省设置，然后依次点击“Apply” 和“Plot”按钮，即可在显示窗口上显示出工字钢梁上表面沿长度方向中线处的一组节点，这组节点即为施力节点。

② 施加载荷。点击主菜单中的“Preprocessor＞Loads＞Define Loads＞Apply＞Structural＞Force/Moment＞On Loads”选项，弹出节点选择对话框，点击“Pick All”按钮，即可选中(1)中所选择的这组需要施力的节点，之后弹出另一个对话框，在该对话框中的“Direction of force/mom”一项中选择“FY”，在“Force/moment value”一项中输入“－5000”，其他保留缺省设置，然后点击“OK”按钮关闭对话框，这样，通过在该组节点上施加与 y 向相反的作用力，就可以模拟例中所要求的分布力 $F_y=-5000$ N。

③ 恢复选择所有节点。在求解之前必须选择所有已创建的对象为活动对象(如点、线、面、体、单元等)，否则求解会出错。因此，点击应用菜单中的“Select＞Everything”选项，即可完成该项工作。

需要注意的是，此时显示窗口仅显示施力节点及作用力的方向箭头。若要显示整个工字钢梁的网络模型，可点击应用菜单中的“Plot＞Elements”选项即可。

④ 施加重力载荷。点击主菜单中的“Preprocessor＞Loads＞Define Loads＞Apply＞Structural＞Inertia＞Gravity”选项，在弹出对话框的“ACELY”一栏中输入 9.8(表示沿 y 方向的重力加速度为 9.8 m/s，系统会自动利用密度等参数进行分析计算)，其他保留缺省设置，点击“OK”按钮关闭对话框。

(9) 分析计算。

ANSYS Main Menu：Solution→Solve→Current LS→OK(to close the solve Current Load Step window)→OK

(10) 结果显示。

① 绘制节点位移云图。点击主菜单中的“General Postproc＞Plot Results＞Contour Plot＞Nodal Solu”选项，弹出对话框，选中右上列表框“Translation”栏中的“UY”选项，其他保留缺省设置。点击“OK”按钮，即可显示工字钢梁各节点在重力和 F_y 作用下的位移云图。同理，通过在对话框中选择不同的选项，也可以绘制各节点的应力以及沿其他

方向的云图。

② 列举各节点的位移解。点击主菜单中的 General Postproc>Plot Results>Contour Plot>Nodal Solu”选项，弹出对话框，全部保留缺省设置，点击“OK”按钮关闭对话框，并弹出一列表窗口，显示该工字钢梁各节点的位移情况，显然，由于受力方向为 y 方向，因此，从窗口数据看出，各节点沿 y 的位移最大。

③ 显示变形动画。点击应用菜单“Utility>Menu”中的“Plot Ctrls>Animate>Deformed Results...”选项，在弹出的对话框中的“Time delay”文本框中输入 0.1，并选中右列表框中的“UY”选项，其他保留缺省设置，点击“OK”按钮关闭对话框，即可显示工字钢梁的变形动画。由于分布力 F_y 作用于梁中间，可以看出 F_y 对梁的局部作用过程。

(11) 退出系统。

ANSYS Utility Menu：File→Exit→Save Everything→OK。

本章重难点及知识拓展

本章重难点：有限元法的基本思想，掌握有限元法解题的基本步骤，包括单元划分，单元类型选择，单元刚度矩阵、整体刚度矩阵的建立等。掌握有限元软件 ANSYS 使用方法，包括实体模型的建立、单元定义、网格划分、施加约束和载荷、后处理等及其在工程领域的应用。

经过半个多世纪的发展和在工程实际中的应用，有限元法解决了大量的工程实际问题，被证明是一种行之有效的工程问题的模拟仿真方法，为工业技术的进步起到了巨大的推动作用。有限元法的出现，使得传统的基于经验的结构设计趋于理性，设计出的产品越来越精细，尤为突出的一点是，产品设计过程的样机试制次数大为减少，产品的可靠性大为提高。

近些年来，有限元法的应用得到蓬勃发展，出现了各种功能完善的有限元分析通用软件，由于有限元通用程序使用方便，计算精度高，其计算结果已成为各类工业产品设计和性能分析的可靠依据。

思考与练习

4-1　将 4.1.1 小节例子离散为六个单元进行求解，写出求解过程并将位移计算结果同精确值比较。

4-2 使用三角形单元求解弹性力学平面问题有何特点？划分单元时应注意哪些事项？

4-3 什么是位移模式？在线性位移模式下，三角形单元内各点的应变有何特点？

4-4 总体刚度矩阵集成时局部编号和整体编号是如何对应的？

4-5 如图 4-45(a)所示，悬臂深梁的荷载 $F=1$ kN，均匀分布在自由端的截面上，采用图 4-45(b)所示的简单网格划分方式，求各节点的位移和单元的应力。设该梁厚度为 1，材料的弹性模量为 E，泊松比 $\nu=0$。

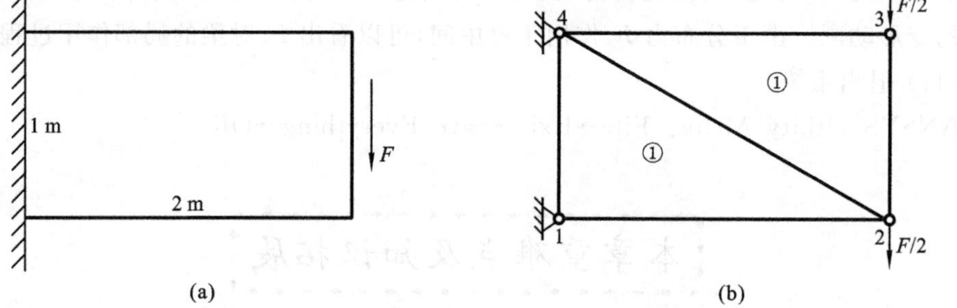

图 4-45

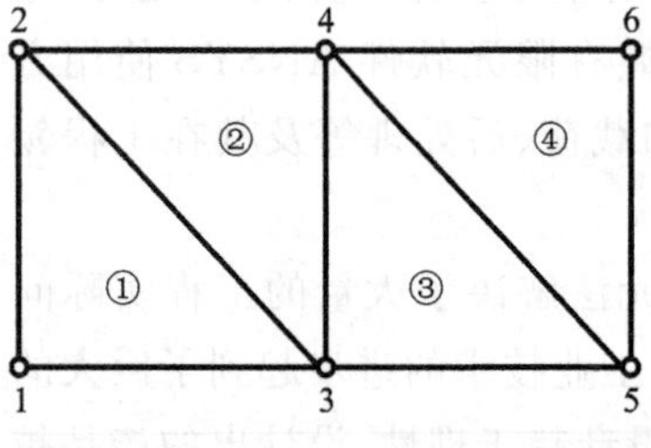

图 4-46

4-6 求如图 4-46 所示结构的整体刚度矩阵 $\boldsymbol{K}$。设结构材料的弹性模量为 E，泊松比 $\nu=0$，各边长均为 a，厚度为 1。

4-7 对图 4-47 所示梁进行有限元建模与变形分析。

4-8 用 Ansys 分析如图 4-48 所示坝体。

4-9 进行如图 4-49 所示超静定桁架的有限元建模与分析。

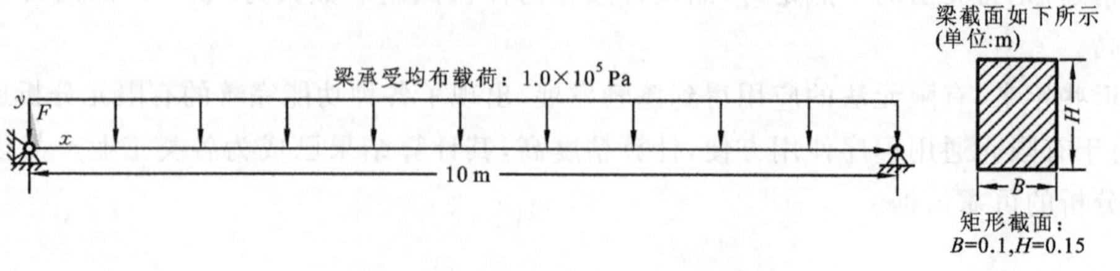

图 4-47 梁的计算分析模型

4-10 进行如图 4-50 所示超静定桁架的有限元建模与分析。

4-11 进行如图 4-51 所示平板的有限元建模与变形分析。

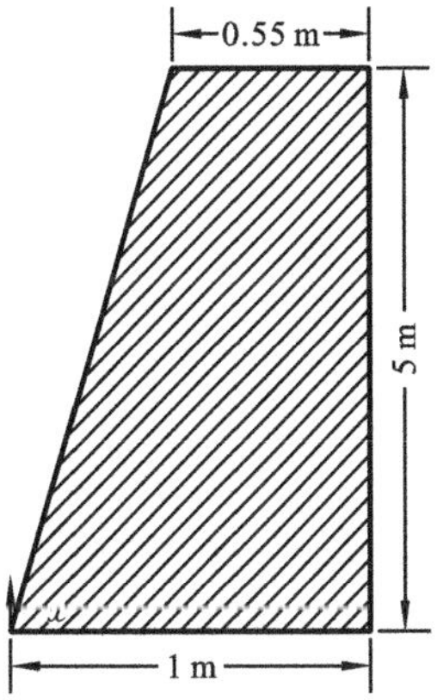

图 4-48 坝体截面图

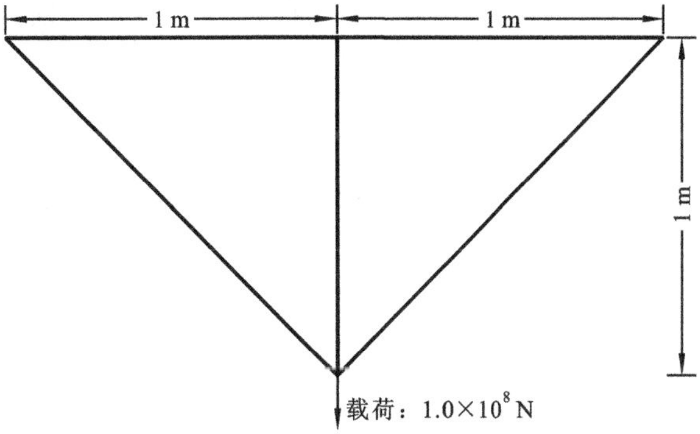

图 4-49 坝体截面图

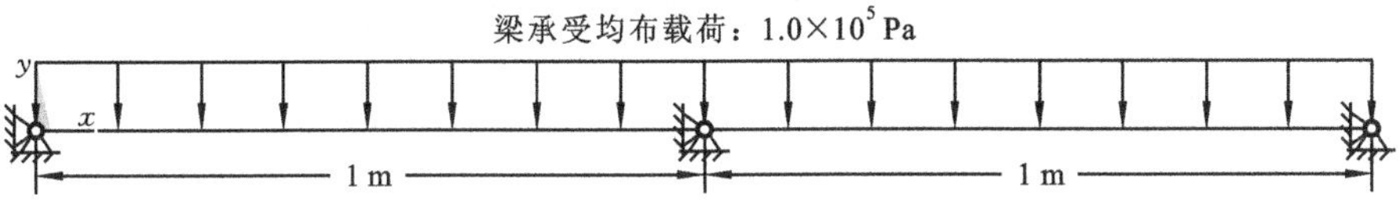

图 4-50 超静定梁的计算分析模型

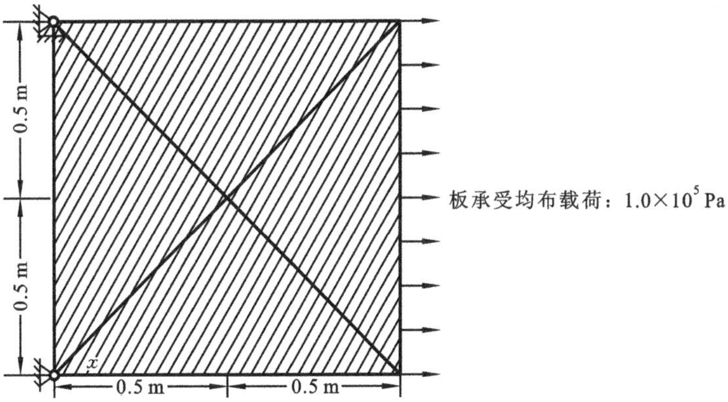

图 4-51 受均布载荷作用的平板模型

第5章 机械可靠性设计

案例 小产品不可靠造成大损失

由于产品的可靠性差而造成的损失是惊人的。1957年美国发射的“先锋号”卫星，由于一个2美元的电子元件失效，造成了220万美元的损失。1979年由于核反应堆系统增压器减压阀门出了故障，造成举世震惊的美国三里岛核电站事故。

5.1 可靠性设计的基本理论和概念

可靠性表示系统、设备、元器件的功能在规定条件和规定时间内的稳定程度的特性，它是衡量机电产品质量的一个重要指标。可靠性设计就是事先考虑产品可靠性的一种设计方法。

随着科学技术的发展，对机电设备的性能要求越来越高，机电设备的功能越来越多，结构也越来越复杂，因此，可靠性研究越来越重要。在航空航天、尖端武器、电子、大型机械等领域，产品的可靠性研究尤其重要。这些产品往往由成百上千个零件组合而成，例如，航天器上少则有几十万个零件，多则有上百万个零件。对这些设备来说，即使单个零件的失效概率很低，但由于零件数目大，其中个别零件的失效导致整机失效的概率势必增加。如果每个零件的可靠度达到0.995，当设备由100个这样的零件串联组成时，整个设备的可靠度将下降到0.6左右。如果因为某个零件的可靠性差而导致机器的功能失效，其损失将是巨大和惨重的。

对可靠性问题的研究开始于美国，起源于军用电子设备。美国在第二次世界大战期间军用机载电子装备经过运输、存储后，有50%不能工作，海军电子装备在规定时间内只有30%能正常工作。针对这一问题，美国军工部门开始研究产品可靠性，1952年美国国防部成立了电子设备可靠性顾问委员会(AGREE)，1957年发表了“军用电子设备的可靠性”报告，该报告成为美国可靠性工程发展的奠基性文件。

高可靠性可以产生巨大的经济效益。日本的汽车、工程机械、发电设备、日用家电等产品能够畅销全球，关键在于其具有较高的可靠性，日本因而从中获得了巨额利润。相反，当产品的可靠性不能满足用户的使用要求时，就会使产品的销路下降，并使产品失去信誉和竞争力。

在现今竞争激烈的社会中，产品的竞争主要是质量和价格的竞争。通过降低价格而抢占市场是有一定局限性的，高可靠性、高质量是产品生存发展的根本保证，只有具备高可靠性的产品其企业才能在国际市场竞争中占有一席之地。

5.1.1 可靠性的定义与度量指标

1. 可靠性的定义

可靠性是产品质量的重要指标，它标志着产品不会丧失工作能力的可靠程度。按我国国家标准，可靠性定义为“产品在规定条件下和规定时间内完成规定功能的能力”。这个可靠性定义包含五个要素。

(1)“产品”指作为单独研究和分别试验对象的任何元器件、设备和系统。如果对象是一个系统，则不仅包括硬件，也包括软件和人的判断及操作等因素。当产品为“可修复产品”时，产品失效后可以修复；当产品为“不可修复产品”时，产品失效后将不能或不值得修复。

(2)“规定时间”是可靠性定义中的核心。产品的可靠性只能在一定的时间范围内达到目标可靠度，不可能永远保持目标可靠度而不降低。因此，讨论产品的可靠性还需要在一定规定的时间内进行。讨论产品的可靠性时，时间应该是一个广义的概念，时间既可以在区间$(0,t)$内，也可以在区间(t_1,t_2)内。时间一般以小时、年为单位，但根据产品的不同，广义的时间还可以是车辆行驶的里程数、回转零件的转数、工作循环次数、机械装置的动作次数等。例如，通常滚动轴承的工作期限用小时数来量度，车辆的工作期限用行车公里数来量度，齿轮的寿命用应力循环次数来量度等。一般说来，产品的可靠性是随着产品使用时间的延长而逐渐降低的。所以，一定的可靠性是相对于一定的时间段而言的。

(3)“规定条件”是指产品的使用、维护、环境和操作条件，这些条件对产品可靠性有着直接的影响。在不同的条件下，同一产品的可靠性也不一样，所以不在规定条件下衡量可靠性就失去比较产品质量的前提。

(4)“规定功能”通常用产品的各种性能指标来表示，如仪器仪表的精度、分辨率、线性度、重复性、量程、动态范围等。不同的产品其规定功能是不同的，即使同一产品，在不同的条件下其规定功能往往也不同。产品的可靠性与规定功能有着密切的关系，一个产品往往具有若干项功能。完成规定功能是指完成这若干项功能的全体，而不是指其中一部分。产品达到规定的性能指标(有时使用一定时期后产品的性能指标允许比出厂时降低一些)或没有损坏就算完成规定功能，否则称该产品丧失规定功能。一般把产品丧失规定功能的状态称为产品“失效”。对可修复产品通常也称“故障”。有时产品虽能工作，但不能完成规定功能；有时产品局部出现故障，但尚能完成规定功能。因此在具体进行可靠性判断时，合理地、明确地给出“故障判据”或“失效判据”很重要。

(5)“能力”不仅有定性的含义，在可靠性判断时还必须有定量的规定，以便说明产品可靠性的程度。这对于提高产品可靠性、比较同类产品的可靠性都是重要的依据。由于产品在工作中发生故障带有偶然性，所以不能仅看一个产品的情况，而是应该在观察大量同类产品或根据一定数量的样品试验，得出数据并经统计处理之后，方能确定其可靠性的高低。所以在可靠性定义中的"能力"就具有统计学的意义。例如，产品在规定的条件下和规定的时间内，失效数量与产品总量之比越小，其可靠性就越高；或者产品在规定的条件下，平均无故障工作时间越长，其可靠性也就越高。

产品的可靠性由固有可靠性和使用可靠性两部分组成。固有可靠性是在产品设计制造过程中已经确定，并最终在产品上得到实现的可靠性。产品的固有可靠性是产品的内在性能之一，产品一旦设计完成并按要求生产出来，其固有可靠性就被完全确定。使用可靠性是产品在使用中的可靠性，它往往与产品的固有可靠性存在着差异。这是由于产品生产出来后要经过包装、运输、储存、安装、使用和维修等环节，且使用中实际环境与设计所规定的条件往往不一致，使用者操作水平与维修条件也不相同。通常，固有可靠性高、使用条件好的产品使用可靠性就高。一般可以将产品的可靠性近似看做固有可靠性和使用可靠性的乘积。统计资料表明，电子设备故障原因中属于产品固有可靠性的占 80%，其中设计技术占 40%，元器件和原材料占 30%，制造技术占 10%；属于产品使用可靠性的占 20%，其中现场使用占 15%。因此，为了提高产品的可靠性，除设法提高产品的固有可靠性外，还应改善其使用条件，加强使用中的保养和维修，使产品的固有可靠性在使用中得到充分发挥。

在实际工作中，往往由于各种偶然因素导致产品发生故障，如元件突然失效，应力突然改变，维护或使用不当等。由于这些原因具有偶然性，所以对于一个具体产品来说，在规定的条件下和规定的时间内，能否完成规定的功能是无法事先知道的，也就是说，这是一个随机事件。然而，大量的随机事件中包含着一定的规律性，偶然事件中包含着必然性。虽然不能准确地知道发生故障的时刻，但是可以估计在某一时间段内，产品完成规定功能的能力大小。

应用概率论与数理统计理论对产品的可靠性进行定量计算，是可靠性理论的基础。

2. 可靠性评定的数量指标

上述的可靠性定义只是一个一般的定性定义，并没有给出任何数量的表示，而在产品可靠性的设计、制造、试验和管理等多个阶段中都需要"量"的概念。只有将其量化，才能对各种产品的可靠性提出明确的要求，这些要求即产品的各类可靠性指标。根据可靠性指标，就可以在产品规划、设计和制造时根据可靠性理论，预测和分配它们的可靠性；在产品研制出来后，就可按一定的可靠性试验方法鉴定它们的可靠性或者比较各种产品的可靠性。

度量、评定可靠性的常用指标有可靠度、累积失效概率、失效率、平均寿命、可靠寿命、维修度和有效度等。

1) 可靠度(reliability)和累积失效概率

可靠度是指产品、系统在规定的条件下和规定的时间内完成规定功能的概率。可靠度愈大，说明产品或系统完成规定功能的可靠性愈大，即愈可靠。

由于可靠度是时间的函数，所以表示为 $R(t)$，称为可靠度函数。

设有 N 台相同的设备，在规定的工作条件下和规定的时间内，当工作时间为 t 时，有 $n(t)$ 个失效，其余 $N-n(t)$ 个仍正常工作，则其可靠度的估计值为

$$\overline{R}(t)=\frac{N-n(t)}{N} \tag{5-1}$$

式中：$\overline{R}$ 也称为存活率。当 $N\to\infty$ 时，$\lim\limits_{N\to\infty}\overline{R}(t)=R(t)$ 即为该产品的可靠度。同时，取

$$F(t)=1-R(t) \tag{5-2}$$

式中：$F(t)$ 为累积失效概率，简称失效概率，又称为不可靠度。所谓累积失效概率，是指产品在规定条件下和规定时间内丧失规定功能的概率。

为了表征故障概率随着寿命变化的规律，取时间 t 为横坐标，以失效频率除以组距的商 $\Delta n(t)/(N\cdot\Delta t)$ 为纵坐标画出失效频率直方图，如图 5-1 所示。N 为试件的总数，$\Delta n(t)$ 表示在 $[t,t+\Delta t]$ 时间内失效的件数。随着 N 的增大和组距 Δt 的减小，直方图顶端形成平滑曲线，将该曲线所表示的函数称为失效概率密度函数，用 $f(t)$ 来表示。它和失效概率的关系为

$$F(t)=\int_0^{\infty}f(t)\mathrm{d}t \tag{5-3}$$

或

$$f(t)=\frac{\mathrm{d}F(t)}{\mathrm{d}t}=-\frac{\mathrm{d}R(t)}{\mathrm{d}t} \tag{5-4}$$

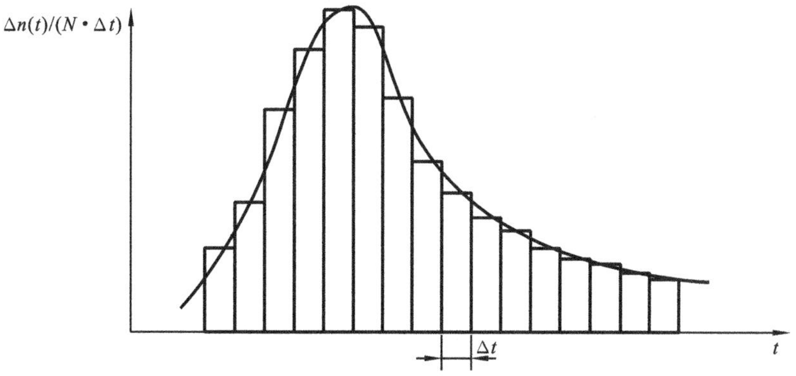

图 5-1　失效频率直方图

根据概率论可以得出以下性质：

(1) $R(0)=1$ 表示产品在开始处于良好状态；

(2) $R(t)$ 是时间 t 的单调递减函数，即 t 增大，$R(t)$ 减小；

(3) $\lim\limits_{N\to\infty} R(t)=0$，即当时间 t 充分大时可靠度的值趋于零；

(4) $0 \leqslant R(t) \leqslant 1$，即无论任何时刻，可靠度的值永远介于 0 和 1 之间。

2) 失效率

失效率就是工作到某个时刻尚未失效的产品，在该时刻后单位时间内失效的概率，记为 $\lambda(t)$，其数学表达式为

$$\lambda(t)=\lim_{\substack{\Delta t\to 0\\ N\to\infty}} \frac{n(t+\Delta t)-n(t)}{[N-n(t)]\Delta t}=\frac{\mathrm{d}n(t)}{[N-n(t)]\mathrm{d}t} \tag{5-5}$$

式中：N 为产品总数；$n(t)$ 为 N 个产品工作到时刻 t 的失效数；$n(t+\Delta t)$ 为 N 个产品工作到 $t=t+\Delta t$ 时刻的失效数。

不难推导出：

$$\lambda(t)=\frac{f(t)}{R(t)} \tag{5-6}$$

$$\lambda(t)=-\frac{\mathrm{d}R(t)}{R(t)\mathrm{d}t} \tag{5-7}$$

简单地说，失效率就是产品在时刻 t 后的一个单位时间内失效的产品数与在时刻 t 仍工作的产品数的比值。失效率可以更直观地反映每一时刻的失效情况。

前面提到的失效概率密度反映的是产品在时刻 t 附近的一个单位时间内的失效数与起始时刻 $t=0$ 的工作产品总数 N 的比。因此，失效概率密度主要反映产品在所有可能工作的时间领域内相对于起始的失效分布情况。对于任意时刻而言，用失效概率密度函数来反映瞬时失效的情况，往往显得不够灵敏，而用失效率这个概念正好可以克服这一缺点。因此，失效率是标志产品可靠性常用的数量特征之一。失效率愈低，则可靠性愈高。

失效率 $\lambda(t)$ 的单位用单位时间的百分数来表示，常用的单位有每小时或每千小时的百分比，如 1.5%/h。

例 5-1 某批产品 120 个，工作了 80 h，还有 100 个产品仍在工作。但是，到了第 81 h，失效了 1 个，第 82 h 失效了 3 个，分别求失效率。

解

$$\lambda(80)=\frac{1}{100\times 1}=1\%$$

$$\lambda(81)=\frac{3}{(100-1)\times 1}=3.03\%$$

3) 平均寿命

对于不可修复的产品，从开始工作到发生故障的时间(或工作次数)称为连续无故障工作时间(MTTF)；对于可修复的产品，寿命期内累计工作时间与故障次数之比称为平均无故障工作时间(MTBF)。连续无故障工作时间与平均无故障工作时间统称为平均寿命，记为 θ。它是产品寿命随机变量的数学期望。

设有 N 个产品(不可修复)从开始工作到发生故障的时间分别为 $t_1,t_2,\cdots,t_n$,则平均寿命

$$\theta=\frac{1}{N}\sum_{i=1}^{N}t_i \tag{5-8}$$

又如,设有 N 个产品,按其寿命可分为 a 组,t_i 为第 i 组中的值,第 i 组的频数为 Δn_i,则平均寿命

$$\theta=\frac{1}{N}\sum_{i=1}^{a}t_i\Delta n_i \tag{5-9}$$

已知可靠度函数 $R(t)$,根据 $f(t)$ 的定义知

$$\theta=\int_0^{\infty}tf(t)\mathrm{d}t=\int_0^{\infty}t\mathrm{d}F(t)=-\int_0^{\infty}t\mathrm{d}R(t)$$

因为

$$\int u\mathrm{d}v=uv-\int v\mathrm{d}u$$

所以

$$\theta=-tR(t)\Big|_0^{\infty}+\int_0^{\infty}R(t)\mathrm{d}t$$

因为

$$\lim_{t\to\infty}R(t)=0$$

再规定

$$\lim_{t\to\infty}tR(t)=0$$

则

$$\theta=\int_0^{\infty}R(t)\mathrm{d}t \tag{5-10}$$

4) **有效寿命**

在可靠性研究中把失效过程划分为早期失效期、随机失效期和耗损失效期三个阶段。

早期失效期是递减型的,通常是由于设计不妥当、制造有缺陷、检验疏忽等引起的,在新产品研制的初期通常遇到的是早期失效。但有些产品的早期失效不是由于上述原因,而是由于产品本身的性质引起的,例如,有些半导体元器件和电路芯片就属于递减失效类型。一般来说,早期失效可以通过强化实验来排除,并应找出不可靠原因。

随机失效期的失效率 λ 为常数,与时间 t 无关。随机失效是产品在使用过程中因随机原因而引起的偶然失效,这种失效无法用强化实验来排除,即使采用良好的维护措施也不能避免。这个时期是系统的主要工作期,设备工作时间长、失效率恒定,处于最佳工作状态,是设备处于最佳工作状态的时间,称为有效寿命。

耗损失效期,是产品由于老化、磨损、损耗、疲劳等原因引起的失效阶段,特点是失效率迅速上升,且失效都发生在产品使用寿命的后期。改善耗损失效的方法是不断提高零

部件的工作寿命。对于工作寿命短的零部件，在整机设计时就要制定一套预防性的维修措施，在达到耗损失效期前，及时检修或更换。这样，就可以降低失效率，延长可维修设备和系统的实际寿命。

5）可靠寿命

将可靠度等于给定值 r 时的产品寿命称为可靠寿命，记为 t_r，其中 r 称为可靠水平。这时只要利用可靠度函数 $R(t_r)=r$，反解出 t_r，得

$$t_r = R^{-1}(r) \tag{5-11}$$

$R^{-1}(r)$ 是 $R(t_r)$的反函数。t_r称为可靠度 $R(t_r)=r$ 时的可靠寿命。

例 5-2 已知某产品的寿命服从指数分布 $R(t)=\mathrm{e}^{-\lambda t}$，求 $r=0.9$ 的寿命。

解 因为

$$R(t) = \mathrm{e}^{-\lambda t}, \quad \mathrm{e}^{\lambda t_r} = \frac{1}{r}$$

$$t_r = \ln(1/r)/\lambda = 0.105\lambda$$

$R(t_{0.5})=0.5$ 时的可靠寿命 $t_{0.5}$ 又称为中位寿命。当产品工作到中位寿命时，可靠度和累积失效概率都等于 0.5，即产品为中位寿命时，正好有一半失效。中位寿命也是一个常用的寿命特征。在例 5-2 中，$t_{0.5}=\ln 2/\lambda=0.693\lambda$。

$R(t_{\mathrm{e}^{-1}})=\mathrm{e}^{-1}$时的可靠寿命 $t_{\mathrm{e}^{-1}}$ 称为特征寿命。

6）维修度

维修度是产品维修性的一个度量指标。

产品的维修性是指产品在给定的条件和时间内，按规定的方式和方法进行维修时，能使产品保持和恢复到良好状态的可能性。实践表明，设备的寿命周期总费用在很大程度上取决于产品的维修性。度量维修性的常用指标有：维修度、平均修复时间、恢复率等。

维修度是指可以维修的产品在规定的条件和时间内按规定的程序和方法进行维修时，保持或恢复到能完成规定功能状态的概率，记为 $M(t)$。

维修度是维修时间 t 的函数，可以理解为一批产品由故障状态（$t=0$）恢复到正常状态时，在维修时间 t 以前和经过维修后恢复到正常工作状态的产品的百分比，可表示为

$$M(t) = p(t \leqslant T) = \frac{n(t)}{n} \tag{5-12}$$

式中：T 为规定时间；n 为需要维修的产品总数；$n(t)$为到维修时间 t 时已修复的产品。

系统或产品每次故障后所需维修时间的平均值称为平均维修时间，通常用 MTTR 表示。一般可近似估计为

$$\mathrm{MTTR} = \frac{\text{总的维修时间}(h)}{\text{维修次数}} = \frac{\sum_{i=1}^{m}\Delta t_i}{m} \tag{5-13}$$

式中：m 为维修次数；Δt_i 为第 i 次故障的维修时间。

7）有效度

可靠性和维修性都是产品的重要属性。提高可靠性的作用是延长产品能正常工作的时间，提高维修性的作用是减少维修时间，减少不能正常工作的时间。若将两者综合起来评价产品的利用程度，可以用有效度来表示。

有效度是反映产品维修性与可靠性的综合指标，是指在规定条件下，某时刻产品处于可使用状态的概率，记作 A，其计算公式为

$$A = \frac{\mathrm{MTBF}}{\mathrm{MTBF} + \mathrm{MTTR}} \tag{5-14}$$

式中：MTBF 为平均无故障工作时间；MTTR 为平均维修时间。

5.1.2 产品的失效率曲线

1. 电子产品的失效率曲线

电子产品的失效率曲线如图 5-2 所示。这个曲线被形象地称为浴盆曲线，该曲线分为三段。

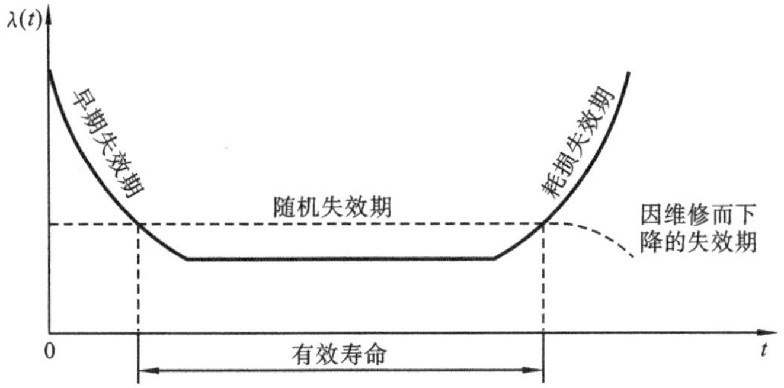

图 5-2 典型的电子产品失效率曲线

1）早期失效期

早期失效期一般为产品试车跑合阶段。在这一阶段中，失效率由开始很高的数值急剧地降到某一稳定的数值。引起这一阶段失效率特别高的原因是材料缺陷、制造工艺缺陷、检验差错等。因此，为了提高可靠性，在产品出厂前应对其进行严格的测试，查找失效原因，并采取各种措施发现隐患、纠正缺陷，使失效率下降且逐渐趋于稳定。

2）正常运行期

正常运行期又称为有效寿命期。在此阶段内发生的失效一般都是由于偶然因素引起的，因此这一阶段也称为偶然失效期，其失效的特点是随机性较强，例如，个别产品由于使用过程中工作条件发生不可预测的突然变化而失效。这个时期的失效率低且稳定，近似

为常数，是产品最佳状态时期。产品、系统的可靠度通常以这一时期为代表，可通过提高可靠性设计质量、改进设备使用管理、加强监视诊断和维护保养等工作，使产品的失效率降低到最低水平，延长产品的使用寿命。

3）耗损失效期

耗损失效期出现在产品使用的后期。其特点是失效率随工作时间的增加而上升。耗损失效主要是产品经长期使用后，由于疲劳、磨损、老化等原因，已接近衰竭，从而处于频发失效状态，使失效率随时间推移而上升，最终导致产品的功能终止。降低耗损失效率的办法是不断提高产品的工作寿命，对系统应制定一套预防维修和更新措施，在到达耗损失效期前就及时维修或更换某些易损件。

上述典型的电子产品失效率曲线变化的三个阶段，宛如人从幼年经壮年而进入老年的寿命过程一样。对于人类来说，应尽力增强体质，减少病伤事故，使死亡率（失效率）尽可能降低，以延长寿命；对于产品而言也是如此。

2. 机械零件的失效率曲线

图 5-3 所示为典型的机械零件失效率曲线。由图可见，机械零件的失效率曲线不同于电子产品。在一般情况下，机械零件没有电子产品那么长的有效寿命，而且失效率不等于常数。机械零件主要失效形式如疲劳、磨损、腐蚀及蠕变等，都属于典型的损伤累积失效，而且影响失效的偶然因素很复杂，所以随着时间的推移，失效率是递增的。在调试期或运行的初期，少数零件由于材料的严重缺陷或者在制造工艺过程中（如铸造、焊接、热处理等）造成的内部缺陷，一旦承受载荷就很快失效，因而出现一定的失效率，但和电子元件相比，其早期失效率要小很多。随后，零件进入正常使用期，但由于损伤不断积累，所以失效率不断增大。

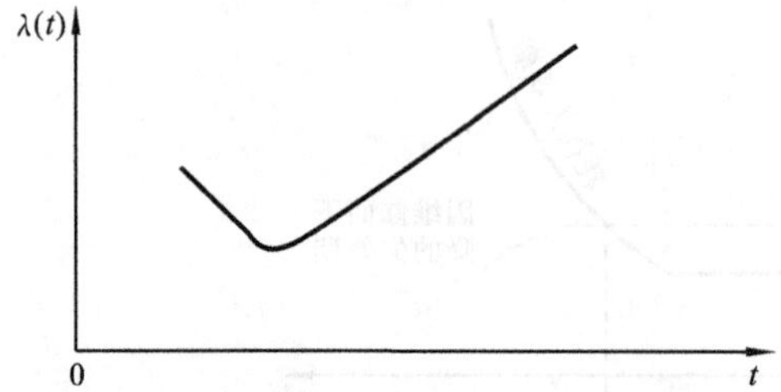

图 5-3　典型的机械零件失效率曲线

5.2　可靠性工程中常用概率分布

进行可靠性设计时，往往将常规设计方法中涉及的设计变量（如材料强度、疲劳寿命、载荷、尺寸、应力等）看成是服从某种分布的随机变量，然后根据产品的可靠性指标要求，用概率方法设计得出产品和零件的主要参数和尺寸。

在可靠性工程中，常用的分布函数有：二项分布、泊松分布、正态分布、对数正态分布、指数分布、威布尔分布等。

1．二项分布

将一试验独立地重复 n 次，而每次试验只有两种结果(如合格和不合格，成功和不成功等)，在每次试验中事件 A 出现的概率为 p，不出现的概率为 $q=1-p$，则在 n 次试验中 A 出现的次数 r 是一个随机变量。

事件 A 在 n 次试验中发生 r 次的概率为

$$P(r)=C_n^r p^r q^{n-r} \tag{5-15}$$

式中：

$$C_n^r=\frac{n!}{r!(n-r)!} \tag{5-16}$$

由于 C_n^r 正好是二项式系数，故称该随机事件发生的概率服从二项分布。

累积分布函数(在 n 次试验中发生不多于 r 次的概率)是

$$P(x\leqslant r)=\sum_{x=0}^{r}C_n^x p^x q^{n-x} \tag{5-17}$$

二项分布适用于在一次试验中只能出现两种结果的场合，故可用于可靠性试验(设计)中。可靠性试验(设计)常常是投入 n 个相同的零件进行试验(工作)t 小时，而仅仅允许 $r(r<n)$ 个零件失效。如令不可靠度 $F(t)=p$，可靠度 $R(t)=1-F(t)=q$，则有

$$P(x\leqslant r)=\sum_{x=0}^{r}C_n^x\,[F(t)]^x\,[R(t)]^{n-x} \tag{5-18}$$

2．泊松分布

使用二项分布时，如果遇到 p 较小($p\leqslant 0.1$)而 n 较大($n\geqslant 50$)的情形，按式(5-17)计算比较麻烦。这时，可以使用泊松分布来近似求解。与二项分布一样，泊松分布也是一种离散型分布。

泊松分布的表达式(在 n 次试验中发生 r 次事件的概率)为

$$P(x=r)=\frac{(np)^r\cdot \mathrm{e}^{-np}}{r!}=\frac{m^r\cdot \mathrm{e}^{-m}}{r!} \tag{5-19}$$

式中：m 为该事件发生次数的均值，$m=np$。

累积分布函数(n 次试验中发生不多于 r 次的概率)为

$$P(x\leqslant r)=\sum_{x=0}^{r}\frac{m^x\cdot \mathrm{e}^{-m}}{x!} \tag{5-20}$$

3．正态分布

正态分布的概率密度为

$$f(x)=\frac{1}{\sqrt{2\pi}\sigma}\mathrm{e}^{-\frac{(x-\mu)^2}{2\sigma^2}} \tag{5-21}$$

式中：μ 为位置参数，μ 的大小决定了曲线的位置，代表分布的中心倾向；σ 为形态参数，σ 的大小决定着正态分布的形状，表征分布的离散程度。由于主要参数为均值 μ 和标准差 σ(或方差 σ^2)，故正态分布记为 $N(\mu,\sigma^2)$，其图形如图 5-4 所示。

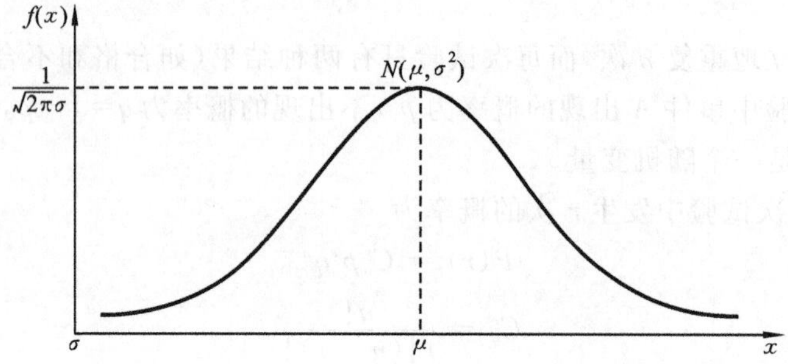

图 5-4　正态分布

累积分布函数为

$$F(x)=P(X\leqslant x)=\frac{1}{\sqrt{2\pi}\sigma}\int_{-\infty}^{x}\mathrm{e}^{-\frac{(x-\mu)^2}{2\sigma^2}}\mathrm{d}x \tag{5-22}$$

累积分布函数的计算比较复杂，为了计算方便，引入标准正态分布。

在式(5-22)中，若 $\mu=0,\sigma=1$，则对应的正态分布称为标准正态分布，即 $N(0,1^2)$。其概率密度函数和累积分布函数分别用 $\varphi(z)$，$\Phi(z)$ 表示，即

$$\varphi(z)=\frac{1}{\sqrt{2\pi}}\mathrm{e}^{-\frac{z^2}{2}} \tag{5-23}$$

及

$$\Phi(z)=\int_{-\infty}^{z}\varphi(z)\mathrm{d}z=\frac{1}{\sqrt{2\pi}}\int_{-\infty}^{z}\mathrm{e}^{-\frac{z^2}{2}}\mathrm{d}z \tag{5-24}$$

$\Phi(z)$ 值可查标准正态分布表获得。

当遇到一般的正态分布 $N(\mu,\sigma^2)$ 时，可用随机变量 x 作一变换，只要使标准正态变量 $z=\dfrac{x-\mu}{\sigma}$，任何正态分布就都可以用标准正态分布来计算。

若要求 $x\leqslant b$ 范围内的概率，则有

$$P(x\leqslant b)=\Phi\left(\frac{b-\mu}{\sigma}\right)=\Phi(z) \tag{5-25}$$

同理有

$$P(a\leqslant x\leqslant b)=\Phi\left(\frac{b-\mu}{\sigma}\right)-\Phi\left(\frac{a-\mu}{\sigma}\right)=\Phi(z_2)-\Phi(z_1) \tag{5-26}$$

例 5-3　有 1 000 个零件，已知其失效率为正态分布，均值为 500 h，标准差为 40 h。求：$t=400$ h 时，其可靠度、失效概率为多少？经过多少小时后，会有 20% 的零件失效？

解　零件寿命服从 $N(500,40^2)$，由 $z=\dfrac{t-\mu}{\sigma}$ 可得

$$R(400)=P(z>\frac{t-\mu}{\sigma})=P(z>\frac{400-500}{40})$$

$$= P(z > -2.5) = 1 - P(z \leqslant -2.5)$$
$$= 1 - \Phi(-2.5) = 1 - 0.0062 = 0.9938$$

失效概率 $F(400)=1-R(400)=1-0.9938=0.0062$

当 $F(A)=20\%$时，有

$$\Phi(z) = 1 - R(t) = F(A) = 20\%$$

由标准正态分布表查得，$z=-0.84$，再由 $z = \dfrac{t-\mu}{\sigma}$ 可得

$$t = \mu + z\sigma = (500 - 0.84 \times 40)\ \text{h} = 466.4\ \text{h}$$

有的正态分布表只有 z 的正值而没有 z 的负值，这时可用 $\Phi(-z) = 1 - \Phi(z)$ 求得 z 的负值。

正态分布是应用最广泛的一种重要分布，很多工程问题都可用正态分布来描述，各种误差、材料特征、磨损寿命、疲劳失效都可看做或近似看做正态分布。

4. 对数正态分布

有时随机变量 x 本身并不服从正态分布，而它的自然对数 $\ln x$ 服从正态分布，则称随机变量 x 服从对数正态分布，记为 $\ln(\mu,\sigma^2)$。

对数正态分布的概率密度函数为

$$f(x) = \frac{1}{\sqrt{2\pi}\sigma} e^{\frac{-(\ln x-\mu)^2}{2\sigma^2}} \quad (x > 0) \tag{5-27}$$

式中：μ 和 σ 为对数正态分布的两个参数，它们为数据的自然对数的均值和方差。

对数正态分布的计算方法与正态分布类似，只要将随机变量 x 变换为 $\ln x$ 即可。对数正态分布常用于描述产品的寿命分布、维修时间分布、负载的频率分布等。

5. 指数分布

指数分布的失效概率密度函数 $f(t)$、可靠度函数 $R(t)$、累积失效概率分布函数 $F(t)$ 分别为

$$f(t) = \frac{dF(t)}{dt} = \lambda e^{-\lambda t} \tag{5-28}$$

式中：λ 为失效率。

由式(5-6)知

$$\lambda(t) = \frac{f(t)}{R(t)}$$

当 $\lambda(t)$ 为常数时，则

$$\lambda = \frac{f(t)}{R(t)}$$

所以

$$R(t) = e^{-\lambda t} \tag{5-29}$$

$$F(t) = 1 - e^{-\lambda t} \tag{5-30}$$

$F(t)$、$R(t)$的图形如图 5-5 所示。

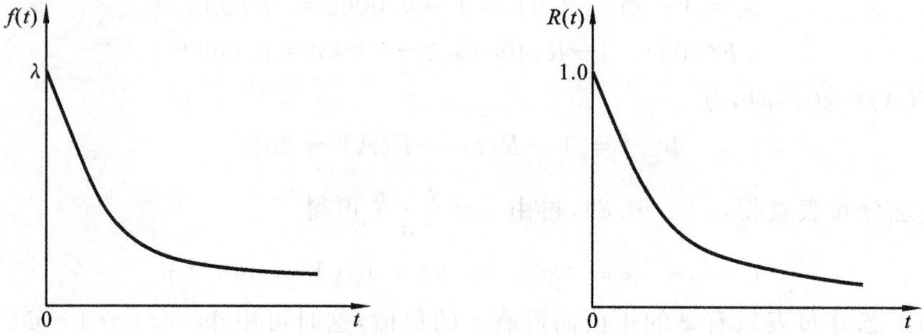

图 5-5　指数分布

指数分布的特征如下：

(1) 指数分布的失效率 λ 等于常数；

(2) 指数分布的平均寿命 θ 与失效率互为倒数，即 $\theta=\dfrac{1}{\lambda}$；

(3) 指数分布具有“无记忆性”。无记忆性是指产品使用了 t 时间后，如仍正常，在 t 以后的剩余寿命与新寿命一样服从指数分布。

在可靠性工程中，指数分布是一种重要的分布，适用于描述失效率 $\lambda(t)$ 为常数的情况，许多电子元器件和机电产品在偶然失效期内都属于这种情况。

6. 威布尔分布

威布尔分布是一簇分布曲线，对各类型试验数据的拟合能力强，因而得到了广泛的应用。威布尔分布是由最弱环节模型或串联模型导出的，能够充分反映材料缺陷和应力集中对材料疲劳寿命的影响，所以，将它作为零部件的寿命分布模型或给定寿命下的疲劳强度模型是合适的。

威布尔分布的失效概率密度函数和累积失效概率分布函数、可靠度函数分别为

$$f(t)=\frac{m\,(t-\gamma)^{m-1}}{a}\mathrm{e}^{-\frac{(t-\gamma)^m}{a}}\quad(t>\lambda)\tag{5-31}$$

$$F(t)=1-\mathrm{e}^{-\frac{(t-\gamma)^m}{a}}\quad(t\geqslant 0)\tag{5-32}$$

$$R(t)=1-F(t)=\mathrm{e}^{-\frac{(t-\gamma)^m}{a}}\quad(t\geqslant 0)\tag{5-33}$$

式中：m 为威布尔分布的形状参数，决定概率密度函数曲线形状；γ 为威布尔分布的位置参数，又称为起始参数，可正、可负、可为零；a 为威布尔分布的尺度参数，起缩小或放大 t 标尺的作用，但不影响分布的形状。

γ 为负时，表示在产品开始工作前，即在存储期间已失效；为正时，表示产品开始工作初期有一段不失效的时间；为零时，表示产品使用前都是好的，开始使用后即存在失效的

可能性。

由于零件一开始就存在着失效的可能，此时 $\gamma=0$，故得两参数的威布尔分布的失效概率密度函数、累积失效概率分布函数、可靠度函数、失效率函数分别是

$$f(t)=\frac{m}{a}\cdot t^{m-1}\cdot e^{-\frac{t^m}{a}},\quad F(t)=1-e^{-\frac{t^m}{a}}$$

$$R(t)=e^{-\frac{t^m}{a}},\quad \lambda(t)=\frac{mt^{m-1}}{a}$$

设 $\eta=a^{\frac{1}{m}}$，称 η 为真尺度参数，也称特征寿命。

对于不同的形状参数 m 值，威布尔分布函数可以有下列几种分布形式：

① $m<1$ 为伽马分布；

② $m=1$ 为指数分布；

③ $m=2$ 为对数分布；

④ $m=3.5$ 为近似正态分布。

因此威布尔分布函数不仅本身是一种分布，而且根据寿命数据可用来确定其他分布。

5.3 可靠性设计原理

5.3.1 概率设计

在常规的机械设计中，通常采用安全系数法或许用应力法。其出发点是使作用在危险截面上的工作应力 s 小于等于许用应力$[s]$，而许用应力$[s]$是由极限应力 $s_{\lim}$ 除以大于1的安全系数 n 而得到的；也可以使机械零件的计算系数 n 大于预期或许用安全系数$[n]$，即

$$s\leqslant[s]=\frac{s_{\lim}}{n}$$

$$n=\frac{s_{\lim}}{n}\geqslant[n]$$

这种常规设计方法沿用了许多年，只要安全系数选用适当，便是一种可行的设计方法。但是，随着产品日趋复杂，对可靠性的要求愈来愈高，常规方法就显得不够完善了。首先，大量的实验表明，现实的设计变量如负荷、极限应力以及材料硬度、尺寸等大都是随机变量，都呈现或大或小的离散性，都应该依概率取值。不考虑这一点，得出来的结果难免与实际脱节。其次，常规设计方法的关键是选取安全系数，安全系数过大，会造成浪费；安全系数过小，则可能影响正常使用。但在选取安全系数时，常常没有确切的选择尺度，其结果是使设计极易受局部经验影响。实际上，不考虑变量离散性的安全系数是不能正确反映设计的安全裕度的。许多时候，安全系数大，未必可靠；反之，安全系数小，也不一定危险。表5-1列出了不同情况下安全系数和可靠度的比较。表中 r 表示强度，相当于

承载能力，s 表示承受的工作应力。作为随机变量的 r、s 有它本身的均值 μ_r、μ_s 和标准差 σ_r、σ_s。μ_n 表示安全系数，$\mu_n = \mu_r / \mu_s$。可靠度 R 是按正态分布计算的。

表 5-1　几种情况下 μ_n 和 R 的比较

序号	强度均值 μ_r/(N/mm^2)	强度标准差 σ_r/(N/mm^2)	应力均值 μ_s/(N/mm^2)	应力标准差 σ_s/(N/mm^2)	平均安全系数 μ_n	可靠度 R
A	300	100	200	80	1.5	0.7823
B	300	20	200	20	1.5	0.9998
C	300	100	100	80	3	0.9406
D	300	20	100	20	3	1.0

由表 5-1 可以看出，只要强度 r 和应力 s 的均值保持相同比值，平均安全系数就不会改变，但当标准差不同时，可靠度就有较大区别。表中 A 与 B 的安全系数均为 1.5，但 B 的标准差比 A 的小，可靠度由 0.7823 提高到 0.9998。C、D 的安全系数均达 3，但 C 的标准差大，可靠度只有 0.9406。当 σ_r 较大时，选用的材料强度处于低限的机会就比较多，因而可靠度会降低；当 σ_s 较大时，所受的应力处于高限的机会也较大，可靠度必然降低。

因此，为使设计更符合实际，应该在常规设计的基础上进行概率设计。

1. 概率设计基本观点

(1) 认为零件的强度是服从于概率密度 $f_r(r)$ 的随机变量，加在零件上的应力 s 是服从概率密度 $f_s(s)$ 的随机变量。

(2) 零件的强度 r 随时间推移而退化，即强度的均值随时间的推移而减小，而均方差 σ 随时间推移而增大，如图 5-6 所示。加在零件上的应力 s 对时间而言是稳态的，即其概

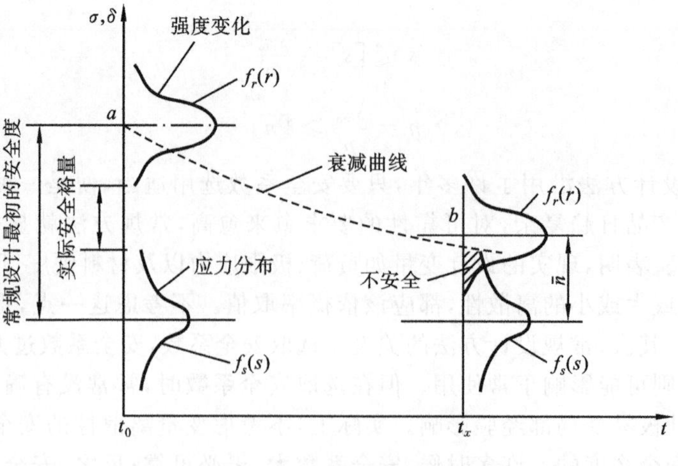

图 5-6　应力-强度关系

率密度为 $f_s(s)$ 不随时间推移而变化。

(3) 当零件强度 r 大于加在零件上的应力 s 时，零件是可靠的，其可靠度表示为

$$R(t) = P(r > s)$$

2. 常规设计与概率设计的区别

(1) 设计变量的性质不同。常规设计的设计变量是确定数值的单值变量；概率设计要以统计数据为基础，其所涉及的变量为具有多值的随机变量，它们都服从一定的概率分布。

(2) 设计变量运算方法不同。在常规设计中，变量运算为实数域的代数运算，得到的是确定的单值实数；在概率设计中，随机的设计变量间的运算要用概率及其分布函数的数字特征(均值和标准差)的概率运算法则进行。

(3) 设计准则的含义不同。在常规设计中，应用安全系数来判断一个零件是否安全，在计算中不考虑影响零件应力和强度的许多非确定性因素；而在概率设计中，要综合考虑各个设计变量的统计分布特征，定量地用概率表达所设计产品的可靠程度，因而更能反映实际情况，更科学合理。

5.3.2 应力-强度干涉模型

概率设计所依据的模型主要是应力-强度干涉模型。当应力超过强度时就会发生失效。这里的应力和强度具有广义的概念。应力包括导致失效的任何因素，如机械应力、电压或温度引起的内应力等。强度包括阻止失效发生的任何因素，如硬度、机械强度、加工精度、电器元件的击穿电压等。

机械产品的“可靠度”实质上就是零件在给定的运行条件下抵抗失效的能力，也就是“应力”与“强度”相互作用的结果，或者说是“应力”与“强度”干涉的结果。

令应力和强度的概率密度函数分别为 $f_s(s)$ 和 $f_r(r)$，一般情况下，应力和强度是相互独立的随机变量，且在机械设计中应力和强度具有相同的量纲，因此，可以把 $f_s(s)$ 和 $f_r(r)$ 表示在同一坐标系中。

由统计分布函数的性质可知，机械工程中常用的分布函数的概率密度曲线都是以横坐标为渐进线的，这样绘于同一坐标系中的两条概率密度曲线 $f_s(s)$ 和 $f_r(r)$ 必定有相交的区域，这一区域称为干涉区，为产品可能发生失效的区域。图 5-7 所示为应力-强度干涉模型。

应力-强度干涉模型揭示了概率设计的本质。由干涉模型可看到，从统计数学的视角出发，任何产品都存在着失效的可能，即可靠度总是小于 1，而设计人员能够做到的是将失效率限制在一个可以接受的限度之内。

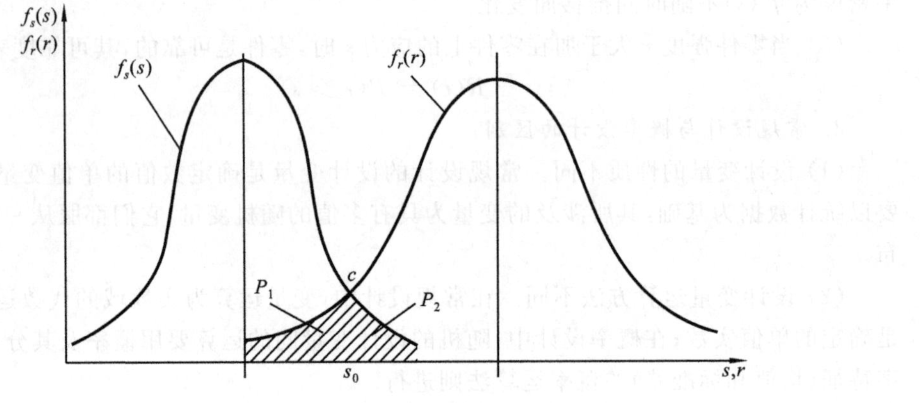

图 5-7　应力-强度干涉模型

5.3.3　可靠度的确定方法

由应力-强度干涉模型可知，要确定可靠度或失效概率，必须研究一个随机变量超过另一个随机变量的概率，其推导过程如下。

(1) 令 E_1 表示应力随机变量 s 落在某一假定应力 s_0 附近一微区间 $\mathrm{d}s$ 内的事件，如图 5-8所示，则 E_1 出现的概率为

$$P(E_1)=P\left(s_0-\frac{\mathrm{d}s}{2}\leqslant s\leqslant s_0+\frac{\mathrm{d}s}{2}\right)$$

$$=F_s\left(s_0+\frac{\mathrm{d}s}{2}\right)-F_s\left(s_0-\frac{\mathrm{d}s}{2}\right)=f_s(s_0)\mathrm{d}s$$

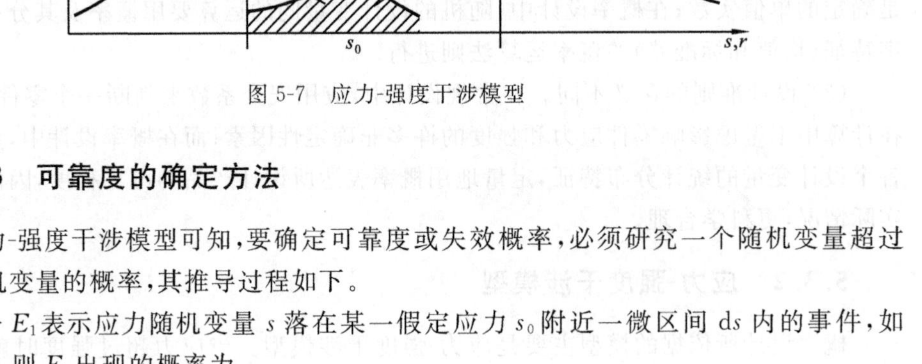

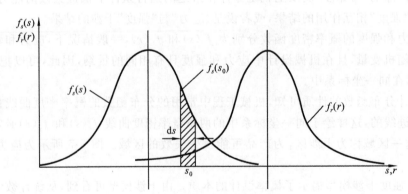

图 5-8　应力-强度干涉模型的可靠度分析

(2) E_2 表示强度随机变量 r 大于 s_0 的事件，其出现概率为

$$P(E_2)=P(r>s_0)=\int_{s_0}^{\infty}f_r(r)\mathrm{d}r$$

(3) 可以认为事件 E_1、E_2是互相独立的，所以 E_1、E_2同时出现的概率为

$$P(E_1 \cap E_2) = P(E_1)P(E_2) = f_s(s_0)\mathrm{d}s\int_{s_0}^{\infty} f_r(r)\mathrm{d}r$$

此即 s 落在 s_0 区域而 r 又大于 s_0 的概率。

(4) 考虑到某一假定应力可能为 s_i，s_i包括 s 所有可能出现的值，而只要 s 落在 s_i某个区域而 r 又大于 s_i，产品就可靠，所以能够应用概率加法或积分，最终导出可靠度的表达式为

$$R = P(r > s) = \int_{-\infty}^{\infty} f_s(s)\left[\int_s^{\infty} f_r(r)\mathrm{d}r\right]\mathrm{d}s \tag{5-34}$$

式(5-34)即为在已知强度和应力的分布密度函数时，计算零件可靠度的一般方程式。

5.3.4 应力-强度均服从正态分布时的可靠度计算

通常，只要随机变量受多种因素影响而无一种因素起着显著且具有决定性的作用时，可以认为该变量服从正态分布。在概率设计中常常将设计变量看做正态变量。

根据应力-强度干涉模型导出的可靠度计算公式完全可以用于正态变量，但是，由于正态变量本身所具备的一些性质，如正态变量之和或差也服从正态分布，从而可以导出一组简单实用的概率设计公式。

假设应力与强度随机变量均服从正态分布，则它们的概率密度函数分别为

$$f_r(r) = \frac{1}{\sigma_r\sqrt{2\pi}}\mathrm{e}^{-\frac{1}{2}\left(\frac{r-\mu_r}{\sigma_r}\right)^2} \quad (-\infty < r < \infty)$$

$$f_s(s) = \frac{1}{\sigma_s\sqrt{2\pi}}\mathrm{e}^{-\frac{1}{2}\left(\frac{s-\mu_s}{\sigma_s}\right)^2} \quad (-\infty < s < \infty)$$

式中：μ_r为强度的均值；σ_r为强度的标准差；μ_s为应力的均值；σ_s为应力的标准差。

引进变量 y，令

$$y = r - s$$

因为 r 和 s 均为服从正态分布的随机变量，故其差 y 也是服从正态分布的随机变量。因此

$$f_y(y) = \frac{1}{\sigma_y\sqrt{2\pi}}\mathrm{e}^{-\frac{1}{2}\left(\frac{y-\mu_y}{\sigma_y}\right)^2} \quad (-\infty < y < \infty)$$

式中：μ_y为 y 的均值，$\mu_y=\mu_r-\mu_s$；σ_y为 y 的标准差，$\sigma_y^2=\sigma_r^2+\sigma_s^2$。

那么可靠度

$$R = P[(r-s)>0] = P(y>0) = \int_0^{\infty}\frac{1}{\sigma_y\sqrt{2\pi}}\mathrm{e}^{-\frac{1}{2}\left(\frac{y-\mu_y}{\sigma_y}\right)^2}\mathrm{d}y \tag{5-35}$$

如果将随机变量 y 标准化，令

$$z = \frac{y - \mu_y}{\sigma_y}$$

则有 $\sigma_y \mathrm{d}z = \mathrm{d}y$，将其代入式(5-35)得

$$R = \int_z^{\infty} \frac{1}{\sqrt{2\pi}\sigma_y} \mathrm{e}^{-\frac{z^2}{2}} \mathrm{d}z = \frac{1}{\sqrt{2\pi}} \int_z^{\infty} \mathrm{e}^{-\frac{z^2}{2}} \mathrm{d}z \tag{5-36}$$

当 $y = 0$ 时，
$$z = \frac{0 - \mu_y}{\sigma_y} = -\frac{\mu_y}{\sigma_y}$$

或
$$z = -\frac{\mu_r - \mu_s}{\sqrt{{\sigma_r}^2 + {\sigma_s}^2}}$$

将 z 值代入式(5-36)中，得

$$R = \frac{1}{\sqrt{2\pi}} \int_{-\frac{\mu_r - \mu_s}{\sqrt{\sigma_r^2 + \sigma_s^2}}}^{\infty} \mathrm{e}^{-\frac{z^2}{2}} \mathrm{d}z \tag{5-37}$$

由式(5-37)可以看出，可靠度 R 明显地与积分下限有关。如把积分下限的负值表示为

$$z_0 = \frac{\mu_r - \mu_s}{\sqrt{\sigma_r^2 + \sigma_s^2}} \tag{5-38}$$

根据正态分布的对称性，可靠度 R 的计算式可写为

$$R = \frac{1}{\sqrt{2\pi}} \int_{-z_0}^{\infty} \mathrm{e}^{-\frac{z^2}{2}} \mathrm{d}z = \frac{1}{\sqrt{2\pi}} \int_{-\infty}^{z_0} \mathrm{e}^{-\frac{z^2}{2}} \mathrm{d}z \tag{5-39}$$

式(5-39)将强度、应力和可靠度三者联系起来，故称它为“联结方程”或“耦合方程”，z_0 称为联结系数或可靠系数。

在已知 μ_r、μ_s、σ_r、σ_s 的条件下，利用联结方程可直接计算出 z_0 值，根据 z_0 值从标准正态分布表(见附录 A)中查出可靠度 R 值，也即

$$R = P(y > 0) = \phi\left[\frac{\mu_r - \mu_s}{\sqrt{\sigma_r^2 + \sigma_s^2}}\right] \tag{5-40}$$

可靠度 R 和 z_0 函数关系可用图 5-9 表示。

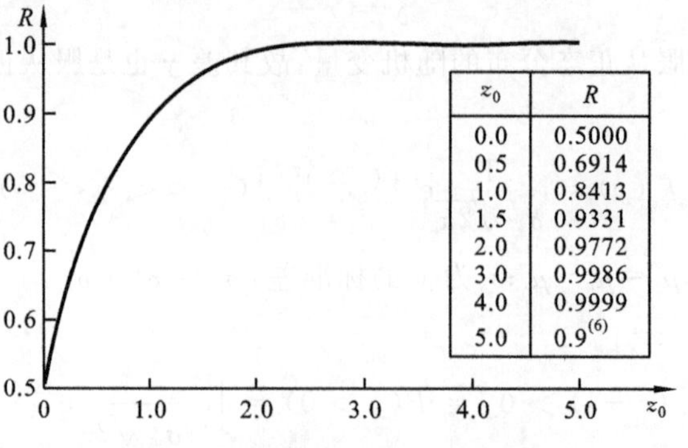

z_0	R
0.0	0.5000
0.5	0.6914
1.0	0.8413
1.5	0.9331
2.0	0.9772
3.0	0.9986
4.0	0.9999
5.0	$0.9^{(6)}$

图 5-9　可靠度和 z_0 的函数关系

5.4 机械强度可靠性设计

进行机械强度可靠性设计，首先要搞清楚载荷(应力)及零件强度的分布规律，合理地建立应力与强度之间的数学模型。应用应力-强度干涉模型，严格控制失效概率，以满足设计要求。整个设计过程可用图5-10表示。

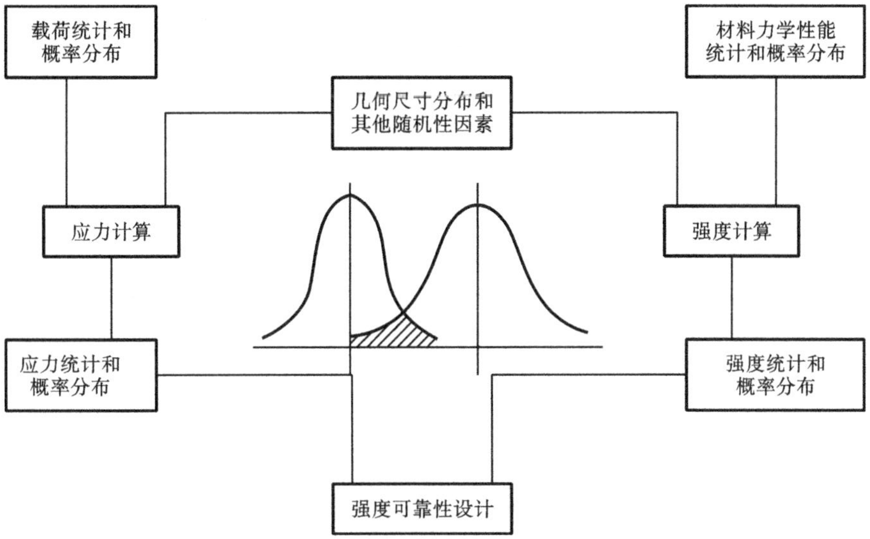

图5-10 可靠性设计的过程

5.4.1 材料力学性能统计处理

材料力学性能项目比较多，最常用的指标有强度极限、屈服极限、疲劳极限、硬度、延伸率、断裂韧性及弹性模量等，这些变量一般符合正态分布或近似于正态分布，目前手册中给出的性能数据，一般是给出一个确定值或是一个范围，尺寸数据一般是给出公称尺寸或公差。在概率设计中要应用这些数据时，需要从中得出某一参数的均值和标准差。

设max、min分别为某一材料性能数据范围的上下限，则均值μ和标准差σ可分别取为

$$\mu = \frac{1}{2}(\max + \min) \tag{5-41}$$

$$\sigma = \frac{1}{6}(\max - \min) \tag{5-42}$$

式(5-41)和式(5-42)是正态分布，设可靠度99.7%是按3σ法则确定的。

如果给出材料性能数据确定值，做统计量处理时，可以将此值作为该参量的均值，标准差用变异系数(亦称变差系数)来求取。

材料性能变异系数是描述该性能参量相对的离散程度，一般用 V 表示，有

$$V = \frac{\text{标准差}}{\text{均值}} \tag{5-43}$$

常用材料性能的变异系数 V 值如表 5-2 所示。由式(5-43)得

$$\text{标准差} = V \times \text{均值} \tag{5-44}$$

表 5-2 常用材料变异系数

性　能	V
金属材料的屈服强度	0.07(0.05～0.10)
金属材料的抗拉强度	0.05(0.05～0.10)
钢的疲劳持久极限	0.08(0.05～0.10)
钢的布氏硬度	0.05
金属材料的断裂韧性	0.07(0.05～0.13)
零件的疲劳强度	0.08～0.15
钢、铝的弹性模量	0.03
铸铁的弹性模量	0.04

例如 45 调质钢，屈服强度 $\sigma_s = 353\ \text{MPa}$，对这一数据作出统计处理时，可写为均值

$$\mu_{\sigma_s} = 353\ \text{MPa}$$

取屈服强度的 V 值为 0.07，其标准差为

$$\sigma_{\sigma_s} = 0.07 \times 353\ \text{MPa} = 24.71\ \text{MPa}$$

5.4.2 工作载荷的统计分析

作用在机械或构件上的外载称为载荷，这些载荷可以是力、力矩、应力、功率、温度等，载荷有静载荷、动载荷、稳定载荷、不稳定载荷等多种类型。

通过实测，得到关于工作载荷的一系列数据后，要根据数据统计原理进行数据分析，确定载荷的分布类型与参数，给出数学模型，为可靠性设计服务。

对于动载荷，目前常用的记录方法有功率谱法和循环计数法。功率谱法借助于傅里叶变换，将复杂的随机载荷分解成有限个具有各种频率的简谐变化之和，以获得功率谱密度函数。循环计数法是把载荷-时间历程离散成一系列峰谷值，然后计算其峰谷值或幅值发生的频率，从而找出概率密度函数及参数。

5.4.3　几何尺寸的分布与统计偏差

由于加工误差的原因，零件几何尺寸也是随机变化的。加工尺寸是多个随机因素综合影响的结果，通常也符合正态分布。一般尺寸都有规定的公差，这时可按 3 σ 法则处理。若尺寸 D 的实际尺寸为 D_{-T}^{T}，则有 $3\sigma=T$，所以标准差为

$$\sigma=\frac{T}{3} \tag{5-45}$$

若尺寸的极限偏差对公称尺寸不是对称的(如单边的)，则由 D_0^T 可得

$$\sigma=\frac{T-0}{6}=\frac{T}{6} \tag{5-46}$$

5.4.4　随机变量函数的统计特征值

设随机变量函数 y 是相互独立的随机变量 $x_1,x_2,\cdots,x_n$ 的函数，即

$$y=f(x_1,x_2,\cdots,x_n)$$

已知各随机变量 $x_i(i=1,2,\cdots,n)$服从正态分布，其均值和标准差分别为 μ_i 和 $\sigma_i(i=1,2,\cdots,n)$。则随机变量函数 y 也服从正态分布，其均值 μ_y 和标准差 σ_y 可用下式计算：

$$\mu_y=f(\mu_1,\mu_2,\cdots,\mu_n) \tag{5-47}$$

$$\sigma_y=\left[\left(\frac{\partial y}{\partial x_1}\right)_{x_i=\mu_i}^2\sigma_1^2+\left(\frac{\partial y}{\partial x_2}\right)_{x_i=\mu_i}^2\sigma_2^2+\cdots+\left(\frac{\partial y}{\partial x_n}\right)_{x_i=\mu_i}^2\sigma_n^2\right]^{\frac{1}{2}} \tag{5-48}$$

式中：$\left(\frac{\partial y}{\partial x_j}\right)_{x_i=\mu_i}$ 为计算 $\frac{\partial y}{\partial x_j}$ 后将 x_i 变成 μ_i 后的值。

例 5-4　已知 $x_i\ (i=1,2,\cdots,n)$的统计特征值，求 $y=\frac{x_1x_3}{x_2+x_3}$ 的均值和标准差。

解　根据式(5-47)和式(5-48)可得 y 的均值。

$$\mu_y=\frac{\mu_1\mu_3}{\mu_2+\mu_3}$$

因为　$\frac{\partial y}{\partial x_1}=\frac{x_3}{x_2+x_3}$，　$\frac{\partial y}{\partial x_2}=-\frac{x_1x_3}{(x_2+x_3)^2}$，　$\frac{\partial y}{\partial x_3}=-\frac{x_1x_2}{(x_2+x_3)^2}$

所以 y 的标准差

$$\begin{aligned}\sigma_y&=\left[\left(\frac{\partial y}{\partial x_1}\right)_{x_1=\mu_1}^2\sigma_1^2+\left(\frac{\partial y}{\partial x_2}\right)_{x_2=\mu_2}^2\sigma_2^2+\left(\frac{\partial y}{\partial x_3}\right)_{x_3=\mu_3}^2\sigma_3^2\right]^{\frac{1}{2}}\\&=\left[\frac{\mu_3^2}{(\mu_2+\mu_3)^2}\sigma_1^2+\frac{\mu_1^2\mu_3^2}{(\mu_2+\mu_3)^4}\sigma_2^2+\frac{\mu_1^2\mu_2^2}{(\mu_2+\mu_3)^4}\sigma_3^2\right]^{\frac{1}{2}}\end{aligned}$$

5.4.5　机械强度可靠性设计

本节以实例说明机械强度的计算方法。对于机械强度的计算，可按照上述的概率设

计法进行，但必须作如下假设：

(1) 假设零部件的设计参量(如载荷、尺寸、温度、应力集中系数等)均为随机变量，分别服从某一概率分布，通过计算可以求得合成的应力分布；

(2) 假设零部件的强度与材料的力学性能、尺寸因子、表面系数等因素有关，它们也分别服从某一概率分布，也可以求得合成的强度分布。

可靠性设计的基本方法是把合成的应力分布和合成的强度分布在概率的意义下结合起来，变成设计计算可靠性的一种依据。

1. 拉杆的可靠性设计

例 5-5 已知一受拉圆杆承受的载荷为 $P \sim N(\mu_p, \sigma_p)$，其中 $\mu_p = 60000$ N，$\sigma_p = 2000$ N，圆杆的材料为某低合金钢，抗拉强度为 $\delta \sim N(\mu_\delta, \sigma_\delta)$，其中 $\mu_\delta = 1076$ MPa，$\sigma_\delta = 42.2$ MPa，要求其可靠度达到 $R=0.999$，试设计此圆杆的半径。

解 载荷、材料强度和圆的半径 r 等参量均服从正态分布。

(1) 由材料力学的知识，列出工作应力的表达式为

$$S = \frac{P}{A}$$

式中：A 为圆杆的横截面积，$A = \pi r^2$。面积 A 的标准差 $\sigma_A = 2\pi\mu_r\sigma_r$，若考虑到制造的半径公差

$$r = \mu_r \pm 0.015\mu_r$$

则半径 r 的标准差

$$\sigma_r = \frac{1}{3} \times 0.015\mu_r = 0.005\mu_r$$

故有

$$\sigma_A = 2\pi\mu_r\sigma_r = 0.01\pi\mu_r^2$$

$$\mu_A = \pi\mu_r^2$$

(2) 计算工作应力。

工作应力均值

$$\mu_s = \frac{\mu_p}{\mu_A} = \frac{60000}{\pi\mu_r^2} = 19098.5\,\frac{1}{\mu_r^2}$$

工作应力标准差

$$\sigma_s = \frac{1}{(\pi\mu_r^2)^2}\sqrt{60000^2 \times (0.01\pi\mu_r^2)^2 + (\pi\mu_r^2)^2 \times (2000)^2} = 665.3\,\frac{1}{\mu_r^2}$$

(3) 求可靠性系数 z_0。

根据已知条件 $R=0.999$，由标准正态分布函数表(见附录 A)查得 $z_0 = 3.091$，再将应力和强度的相应数据代入联结方程，得

$$3.091=\frac{\mu_\delta-\mu_s}{\sqrt{\sigma_\delta^2+\sigma_s^2}}$$

即

$$3.091=\frac{1076-19098.5\frac{1}{\mu_r^2}}{\sqrt{42.2^2+(665.3\frac{1}{\mu_r^2})^2}}$$

将上式化简为

$$\mu_r^4-36.0285\mu_r^2+316.0352=0$$

解此方程得

$$\mu_r^2=20.926(\text{取正值}),\quad \mu_r=4.57\ \text{mm}$$

或

$$\mu_r^2=15.103,\quad \mu_r=3.89\ \text{mm}$$

将两个 μ_r 值代入联结方程，经验算，应舍去 $\mu_r=3.89$ mm 的解，而取 $\mu_r=4.57$ mm

则

$$\sigma_r=0.005\mu_r=0.023\ \text{mm}$$

故最后得

$$r=\mu_r\pm\Delta r=\mu_r\pm0.015\mu_r=4.57\pm0.069\ \text{mm}$$

因此，为保证设计的拉杆有 $R=0.999$ 的可靠度，其半径 r 应为 4.57±0.069 mm。

值得注意的是，只有在保证外载恒定和材料强度性能稳定的情况下，即在 μ_s、σ_s、μ_δ 和 σ_δ 不变的情况下，才能放心地采用可靠性设计的结果。否则，材料强度性能的变化和制造工艺的不稳定都将影响零部件的可靠性指标。因此，可靠性设计的先进性是要以材料制造工艺的稳定性和对载荷测定的准确性为前提条件的。

2. 梁的可靠性设计

例 5-6 图 5-11 所示为矩形截面简支梁，其断面宽度为 B，高为 $H=2B$，承受集中载荷 $F\sim N(\mu_F,\sigma_F)$，其中 $\mu_F=30000$ N，$\sigma_F=1500$ N；梁的跨度 $l\sim N(\mu_l,\sigma_l)$，其中 $\mu_l=3000$ mm，$\sigma_l=1.0$ mm；集中载荷至支座 A 的距离 $a\sim N(\mu_a,\sigma_a)$，其中 $\mu_a=1200$ mm，$\sigma_a=1.0$ mm；梁的材料用钼钢，其抗拉强度为 $\sigma_b\sim N(\mu_{\sigma_b},\sigma_{\sigma_b})$，其中 $\mu_{\sigma_b}=935$ MPa，$\sigma_{\sigma_b}=18.75$ MPa。今要求可靠度为 $R=0.99999$，试设计梁的断面尺寸。

解 已知参数均服从正态分布。假设断面尺寸 B 和 H 也服从正态分布，且令变异系数均为 $C=0.01$，则有 $\sigma_H=0.01\mu_H$，$\sigma_B=0.01\mu_B$。

(1) 求支反力。

对 A 点取矩有

$$R_2 l-Fa=0$$

因此可求得支座 D 的反作用力

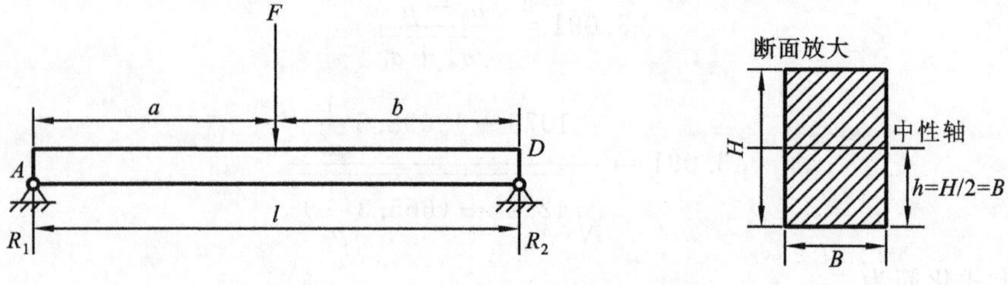

图 5-11　受集中载荷的简支梁

$$R_2=\frac{Fa}{l}$$

$$\mu_{R_2}=\frac{\mu_F\times\mu_a}{\mu_l}=\frac{30000\times1200}{3000}=12000$$

$$\sigma_{R_2}=\left[\left(\frac{\mu_a}{\mu_l}\right)^2\sigma_F^2+\left(\frac{\mu_F}{\mu_l}\right)^2\sigma_a^2+\left(\frac{-\mu_F\mu_a}{\mu_l^2}\right)^2\sigma_l^2\right]^{\frac{1}{2}}$$

$$=\left[\left(\frac{1200}{3000}\right)^2\times1500^2+\left(\frac{30000}{3000}\right)^2\times1^2+\left(\frac{30000\times1200}{3000^2}\right)^2\right]^{\frac{1}{2}}=600$$

（2）求最大弯曲应力。

集中力作用点所在断面的弯矩 M 最大，其值为

$$M=R_2\cdot C$$

$$\mu_M=\mu_{R_2}\cdot\mu_c=\mu_{R_2}(\mu_l-\mu_a)=2.16\times10^7$$

$$\sigma_M=\sqrt{\mu_C^2\cdot\sigma_{R_2}+\mu_{R_2}^2\cdot\sigma_C^2}=\sqrt{1800^2\times600^2+12000^2\times(1^2+1^2)}=1.08$$

该断面上，距中性轴最远处的弯曲应力 σ 最大，其值为

$$\sigma=\frac{M}{W}$$

式中：M 为弯矩；W 为抗弯截面系数。本例中 $W=\frac{BH^2}{6}$，且知 $H=2B$，故有

$$\sigma=\frac{M}{\frac{2B^3}{3}}=\frac{3M}{2B^3}$$

σ 为正态分布，则特征值

$$\mu_\sigma=\frac{3\mu_M}{2\mu_B^3}=\frac{3\times2.16\times10^7}{2\times\mu_B^3}=\frac{32.4\times10^6}{\mu_B^3}$$

$$\sigma_\sigma=\sqrt{\left(\frac{3}{2\mu_B^3}\right)^2\sigma_M^2+\left(\frac{3\times3}{2}\mu_B^{-4}\right)^2\sigma_B^2}=\frac{1.889\times10^6}{\mu_B^3}$$

（3）代入联结方程求梁的断面尺寸。

本题求可靠度为 $R=0.99999$，由标准正态分布函数表（见附录A）查得可靠度系数 $z_0=4.625$；已知材料强度为 $(\mu_{\sigma_b},\sigma_{\sigma_b})\sim N(935,18.75)$，一并代入联结方程有

$$z_0=\frac{\mu_{\sigma_b}-\mu_\sigma}{\sqrt{\sigma_{\sigma_b}^2+\sigma_\sigma^2}}$$

$$4.625=\frac{935-\dfrac{32.4\times10^5}{\mu_B^3}}{\sqrt{18.75^2+\left(\dfrac{1.889\times10^6}{\mu_B^3}\right)^2}}$$

展开上式得 $$\mu_B^6-6.981551\times10^4\mu_B^3+1.134838\times10^9=0$$

解得 $$\mu_B^3=44056.96\ \text{mm}^3$$

故 $$\mu_B=35.31\ \text{mm}$$

因此，梁的断面尺寸为

$$B=\mu_B\pm3\sigma_B=(35.31\pm3\times0.01\times35.31)\ \text{mm}=35.31\pm1.06\ \text{mm}$$

5.5 系统的可靠性设计

任何一个能实现某种功能的产品都是由相互间具有有机联系的若干独立单元组成的系统。这里所说的独立单元可以是零件、部件或子系统等。

由于系统是由零部件组成的，因此系统的可靠性与组成系统的零部件本身的可靠性以及它们之间的组合方式有关。系统的可靠性设计主要有以下两部分内容。

(1) 按已知零部件的可靠性数据计算系统的可靠性指标，这属于可靠性预测。可通过对系统的可靠性预测，找出系统可靠性方面的缺陷和不足，以便采取适当措施予以排除和弥补。

(2) 按规定的系统可靠性指标，对各组成零部件进行可靠性分配，这就是可靠性分配问题。

5.5.1 系统的可靠性预测

可靠性预测就是已知组成系统的各个元件的可靠度，计算系统的可靠度指标。

1. 系统结构模型的分类

1) 串联系统

串联系统由几个零部件串联而成，系统中的零部件相互独立，如果其中一个零件发生故障，就会引起整个系统的失效。在可靠性工程中，常用逻辑图表示系统各元件之间的功能关系，逻辑图包含一系列方框，每个方框代表系统的一个元件，方框之间用直线连接起

来，表示各元件功能之间的关系，所以也称为可靠性方框图，如图 5-12 所示。

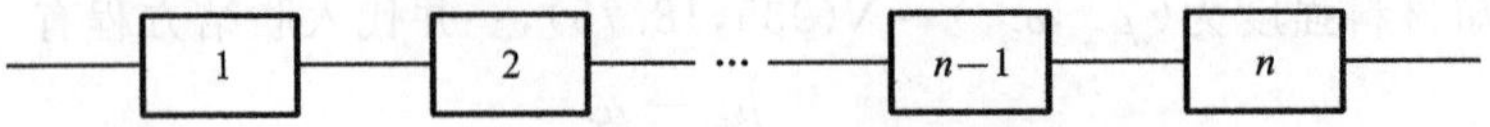

图 5-12　串联系统

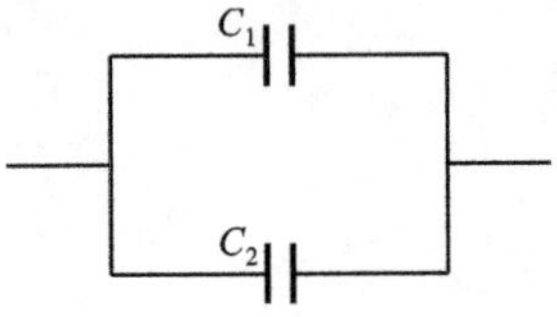

图 5-13　并联系统

在可靠性分析中所说的串联系统和实际的系统结构可能不同。例如，图 5-13 所示的两个电容 C_1 和 C_2 是并联的，但在可靠性分析中需要分两种情况考虑：若发生短路失效（击穿），则是串联系统；若发生开路失效，两只电容都是开路时才会失效，就是并联系统。

例如，齿轮减速机是由齿轮、轴承、箱体等组成的，从功能关系上看，它们中任何一部分失效都会造成减速机不能正常工作，因此，它们的逻辑图是串联的。又如，起重机的提升机构是由电动机、联轴器、制动器、减速器、卷筒、钢丝绳、滑轮组、吊钩装置等部件组成的，它们中的任何一部分失效都会使提升机构不能工作，因此是一个串联系统。

2）并联系统

为了使系统更保险、更可靠，在系统中对所需用的零部件都要有一定的储备。并联系统（又称并联冗余系统）就是为了完成某一工作目的所设置的储备，除了满足运行的需要外，还有一定的冗余。并联系统又分为工作储备系统和非工作储备系统。

工作储备系统也称为纯并联系统，是使用多个零件（部件）来完成同一任务的系统。而其中任一个零部件都能单独支持系统的运行，因此只要不是全部零件都失效，系统就能正常工作。有的工作储备系统要求构成系统的 n 个元件中只要任意 K 个不失效，系统就能正常工作，那么这个系统称为 n 中取 K 的表决系统（K-out-of-n），记为 K/n 系统。机械系统、电路系统、自动控制系统经常采用 2/3 系统。

在非工作储备系统中，通常某一个或某几个零部件处于工作状态，其他处于“待命”状态。当处于工作状态的某一个零部件发生故障时，则待命的零部件就立即进入工作状态。如飞机起落架的收放系统一般是由液压或气压装置和机械应急释放装置组成的非工作储备系统。非工作储备系统有更高的可靠度，但前提是转换开关必须理想。因此又可分为“理想开关”和“非理想开关”两种情况，应分别分析其可靠度。

2. 串联系统的可靠度计算

图 5-12 所示为由 n 个元件组成的串联系统。假定各元件的可靠度为 $R_1, R_2, \cdots, R_n$，整个系统的可靠度为 R_s，只有全部零件正常工作时系统才能正常工作。根据相互独立的事件同时发生的概率是这些事件各自发生的概率之积，所以有

$$R_s = R_1 R_2 \cdots R_n$$

或
$$R_s(t) = \prod_{i=1}^{n} R_i(t) \tag{5-49}$$

若零件的可靠度服从指数分布，在 $\lambda(t)=\lambda$ 的情况下

$$R_i(t) = e^{-\lambda_i t}$$

因此
$$R(t) = \prod_{i=1}^{n} R_i(t) = e^{(-\sum_{i=1}^{n}\lambda_i)t}$$

系统失效率

$$\lambda_s = \sum_{i=1}^{n}\lambda_i = \sum_{i=1}^{n}(1/\theta_i) \tag{5-50}$$

例如，由可靠度分别为 $R_A=0.9$，$R_B=0.8$，$R_C=0.7$，$R_D=0.6$ 的四个元件组成的串联系统的可靠度为

$$R(t) = \prod_{i=1}^{n} R_i(t) = 0.9\times0.8\times0.7\times0.6 = 0.3024$$

3. 并联系统的可靠度计算

1）工作储备系统

（1）纯并联系统。图 5-14 所示为一纯并联系统，只有 n 个元件全部失效后系统才会失效，所以它的不可靠度是各元件不可靠度的乘积。

$$F(t) = \prod_{i=1}^{n}[1-R_i(t)] \tag{5-51}$$

因此 $\quad R_s(t) = 1-F(t) = 1-\prod_{i=1}^{n}[1-R_i(t)]$

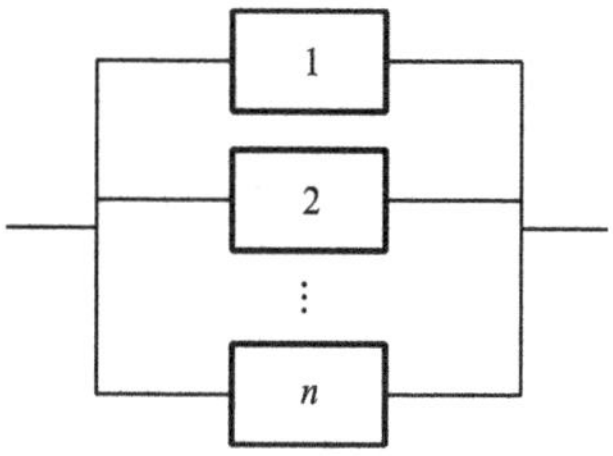

图 5-14 纯并联系统

例 5-7 设有由两个子系统组成的并联系统，已知子系统可靠度 $R_1=R_2=R$，且失效率 $\lambda_1=\lambda_2=\lambda$，服从指数分布。求该系统的可靠度。

解
$$R_s = 1-(1-R)^2 = 2R-R^2$$
$$R_s(t) = e^{-\lambda t}(2-e^{-\lambda t})$$

（2）表决系统。对于表决系统的可靠度问题，可根据概率加法定理来解决。

例 5-8 飞机引擎系统采用 2/3 系统，即称 3 取 2 系统，如图 5-15(a)所示，图 5-15(b)所示为其等效逻辑图，求可靠度 R_s。

解 设发动机 A_1、A_2、A_3 的可靠度分别为 R_1、R_2、R_3。假设部件相互独立，该系统正常工作的条件是，只要其中两台以上的发动机正常工作，则整个系统正常工作。

因此，在四种情况下系统可以正常工作，即：A_1、A_2、A_3 均正常工作；A_1、A_2 正常，A_3 失效；A_2、A_3 正常，A_1 失效；A_1、A_3 正常，A_2 失效。根据概率加法定理：互斥事件中，出现任何一方的概率等于各自发生的概率之和。由此可以算出：

$$R_s = R_1R_2R_3 + R_1R_2(1-R_3) + R_2R_3(1-R_1) + R_3R_1(1-R_2)$$

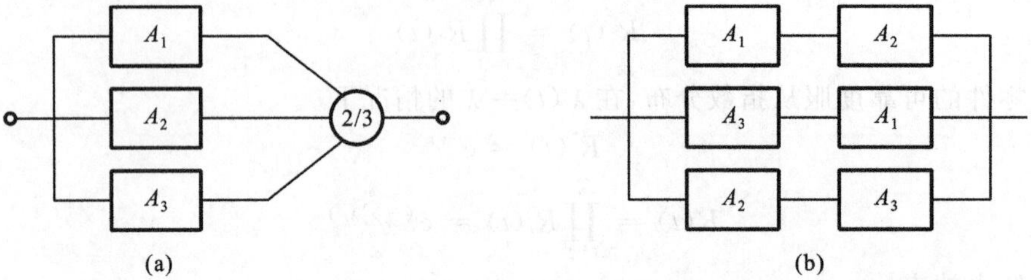

图 5-15　2/3 系统

当 $R_1=R_2=R_3=R$ 时，得

$$R_s = R^3 + (R^2 - R^3) + (R^2 - R^3) + (R^2 - R^3) = 3R^2 - 2R^3 \tag{5-52}$$

其实，前面讨论的串联系统就是 n/n 系统；而纯并联系统就是 $1/n$ 系统。

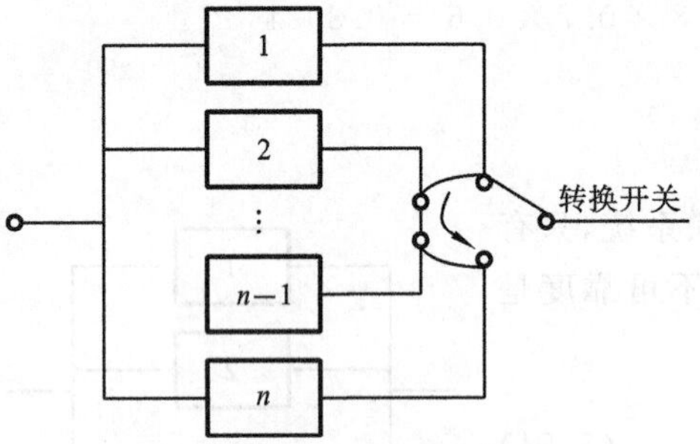

图 5-16　非工作储备系统逻辑图

(3) 非工作储备系统（开关系统）。当系统中只有一个单元工作时，其余单元不工作而处于“待命”状态，当工作单元出现故障后，处于“待命状态”的单元立即转入工作状态，使系统工作不致中断，这就是非工作储备系统，通常也称为冷储备。其逻辑图如图 5-16 所示。

当开关非常可靠时，非工作储备系统的寿命比工作储备系统的寿命高。这是因为在工作储备系统中虽然每个单元都处于不满负荷状态下运行，但它们总是在工作，设备的磨损总是存在的；非工作储备系统就不存在这个问题，只有当工作单元失效时，备用单元才接替工作。

对于由 n 个单元组成的非工作储备系统，若转换开关的可靠度为 1，且各单元的失效率都为常数 λ，系统的可靠度为

$$R_s(t) = e^{-\lambda t}\left[1 + \lambda t + \frac{(\lambda t)^2}{2!} + \cdots + \frac{(\lambda t)^{n-1}}{(n-1)!}\right] = e^{-\lambda t}\sum_{i=0}^{n-1}\frac{(\lambda t)^i}{i!} \tag{5-53}$$

当考虑开关的可靠度 $R_k \neq 1$ 时（设开关在不使用时失效率为零，而在需要使用时，可以认为其可靠度 R_k 为常数），两单元失效率 λ 为常数的非工作储备系统的可靠度

$$R_s(t) = e^{-\lambda t}(1 + R_k \lambda t) \tag{5-54}$$

5.5.2　系统可靠度的分配

可靠度的分配就是根据系统设计要求达到的可靠度，对组成系统的各个单元的可靠度进行合理分配的一种方法，其目的是合理地确定出每个单元的可靠度指标，以使整个系

统的可靠度能获得确切的保证。

在做可靠度分配时，其计算方法与可靠度预测时所用的方法相同，只是可靠度分配是已知系统的可靠度指标而求各组成单元应有的可靠度。由于系统的可靠度分配原则不同，因此就有不同的分配方案和方法。

1. 等分配法(equal apportionment technique)

这是最简单的一种分配方法。它是对系统中全部单元分配以相等的可靠度。

1) 串联系统

如果系统中 n 个单元的复杂程度与重要性以及制造成本都比较接近，当把它们串联起来工作时，系统的可靠度为 R_s，各单元分配的可靠度为 R。已知

$$R_s = \prod_{i=1}^{n} R_i = R^n$$

所以

$$R_i = R = (R_s)^{\frac{1}{n}} \quad (i=1,2,\cdots,n) \tag{5-55}$$

2) 并联系统

当系统可靠度要求很高(如 $R_s>0.99$)，而选用现有的元件又不能满足要求时，往往选用由 n 个相同元件并联而形成的系统，这时元件可靠度可大大低于系统的可靠度 R_s，即

$$R = 1-(1-R)^n$$

则单元分配的可靠度

$$R = 1-(1-R_s)^{\frac{1}{n}} \tag{5-56}$$

采用这种方法的不足之处是不能考虑单元的重要性、结构的复杂程度以及修理的难易程度。

例 5-9 由 3 个子系统组成的系统，设每个子系统分配的可靠度相等，系统的可靠度指标为 $R=0.84$，求每个子系统的可靠度。

解 对于串联系统，当子系统的可靠度相等时，有

$$R = R_i^n$$

所以

$$R_i = R^{1/n} = (0.84)^{1/3} = 0.9436$$

即

$$R_1 = R_2 = R_3 = 0.9436$$

对于并联系统，有

$$R = 1-(1-R_1)(1-R_2)(1-R_3) = 1-(1-R_i)^3$$

$$R_i = 1-(1-R)^{1/3} = 1-(1-0.84)^{1/3} = 0.457$$

2. 按相对失效率比分配

这种方法是根据现有的可靠度水平，使每个元件分配到的(容许)失效率和现有失效率成正比。

设有一串联系统，它的系统任务时间和子系统的任务时间都是 t。各子系统现有的

(或预计的)失效率为 λ_i，设对整个系统的可靠度要求为 R^*，与它对应的失效率为 λ^*。若按 λ_i 算出的系统可靠度 R 达不到 R^* 的值，则需要重新分配各子系统的失效率 λ^*。按相对失效率比分配的规则是

$$w_i = \lambda_i \Big/ \sum_{i=1}^{n} \lambda_i \quad (i = 1, \cdots, n) \tag{5-57}$$

$$\lambda_i^* = w_i \lambda^* \tag{5-58}$$

式中：w_i 为单元相对失效率比值。

3. AGREE 分配法

AGREE 分配法是根据各单元的复杂性、重要性以及工作时间的差别，并假定各单元具有不相关的恒定的失效率来进行分配的。它是一种较为完善的可靠性分配方法，适用于各单元工作期间的失效率为常数的串联系统。这种方法是美国电子设备可靠性顾问委员会(AGREE)于 1957 年 6 月提出的。

设系统由 k 个单元组成，n_i 为第 i 个单元的组件数，则系统的总组件数

$$N = \sum_{i=1}^{k} n_i \tag{5-59}$$

第 i 个单元的复杂程度就用 $\dfrac{n_i}{N}$ 来表征。

这种分配法的另一个思想是考虑到各单元在系统中的重要性不同而引进一个“重要度”加权因子。重要度 W_i 的定义为：因单元失效而引起系统失效的概率。如系统由 k 个单元组成，其中第 i 个单元出现故障，引起整个系统出现故障的概率为 W_i，就把 W_i 作为加权因子。

AGREE 分配法认为：单元的分配失效率 λ_i 应与重要度成反比，与复杂度成正比，与工作时间成反比，即

$$\lambda_i = \lambda_s \cdot \frac{1}{t_i/T} \cdot \frac{n_i/N}{W_i} = \frac{n_i(T\lambda_s)}{t_i W_i N} \tag{5-60}$$

若各子系统寿命服从指数分布，有

$$R_i(t_i) = \mathrm{e}^{-\lambda_i t_i}, \quad R_s(T) = \mathrm{e}^{-\lambda_s T}$$

则分配给单元 i 的失效率为

$$\lambda_i = \frac{n_i[-\ln R_s(T)]}{t_i W_i N} \quad (i = 1, 2, \cdots, k) \tag{5-61}$$

$$R_i(t_i) = 1 - \frac{1 - [R_s(T)]^{n_i/N}}{W_i} \quad (i = 1, 2, \cdots, k) \tag{5-62}$$

式中：T 及 t_i 分别为系统及系统要求第 i 个单元的工作时间，T 时间内第 i 个单元的工作时间用 $\dfrac{t_i}{T}$ 来表征。

例 5-10 某设备为由四个单元组成的可靠性串联系统，要求它连续工作 8640 h 的可靠度为 0.85。这台设备的各单元的有关数据如下表所示。试用 AGREE 法对各单元进行可靠度分配。

单元序号	单元的元件数 n_i	重要度 W_i	工作时间 t_i
1	20	1	8640
2	30	0.95	8240
3	100	1	8640
4	50	0.90	75000

解 系统的总元器件数

$$N=\sum_{i=1}^{n}n_i=20+30+100+50=200$$

根据式(5-61)求出分配给各单元的失效率分别为

$$\lambda_1=\frac{20(-\ln 0.85)}{200\times 1\times 8640}=1.8810\times 10^{-6}\ \text{h}^{-1}$$

$$\lambda_2=\frac{30(-\ln 0.85)}{200\times 0.95\times 8240}=2.9585\times 10^{-6}\ \text{h}^{-1}$$

$$\lambda_3=\frac{100(-\ln 0.85)}{200\times 1\times 8640}=9.4050\times 10^{-6}\ \text{h}^{-1}$$

$$\lambda_4=\frac{50(-\ln 0.85)}{200\times 0.90\times 7500}=5.4173\times 10^{-6}\ \text{h}^{-1}$$

分配给各单元的可靠度分别为

$$R_1=1-\frac{1-R_s^{\frac{n_i}{N}}}{W_i}=1-\frac{0.85^{0.1}}{1}=0.9839$$

$$R_2=1-\frac{1-R_s^{\frac{n_i}{N}}}{W_i}=1-\frac{0.85^{0.1}}{0.95}=0.9746$$

$$R_3=1-\frac{1-R_s^{\frac{n_i}{N}}}{W_i}=1-\frac{1-0.85^{0.5}}{1}=0.9220$$

$$R_4=1-\frac{1-R_s^{\frac{n_i}{N}}}{W_i}=1-\frac{1-0.85^{0.25}}{0.9}=0.9558$$

根据分配给各单元的可靠度可求出系统的可靠度，即

$$R=0.9839\times 0.9746\times 0.9220\times 0.9558=0.8450$$

略低于规定的系统可靠度(0.85)，这是由于公式的近似性造成的。

5.5.3 储备度的分配方法

如果系统的原有结构不能满足可靠度的要求，要考虑加储备件，即需设计冗余，因此怎样加储备件最节省又成为一个值得研究的问题。

例 5-11 一个系统由三个部件组成，如图 5-17 所示，三者互相独立，它们的可靠度分别为 $R_1=0.7$，$R_2=0.8$，$R_3=0.9$，因某种原因不宜再提高部件本身的可靠度，为此要设计储备件。试决定一种最佳设置方案。

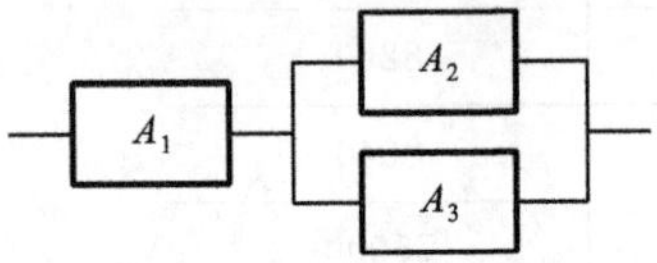

图 5-17 三个部件组成的一个系统

解 有两种设置储备的方案。图 5-18 所示为把整套系统并联的方案，图 5-19 所示为把各个部件并联的方案。

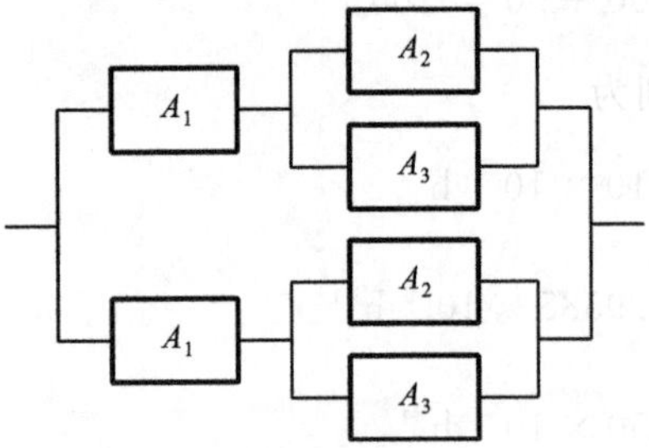

图 5-18 整套系统并联方案

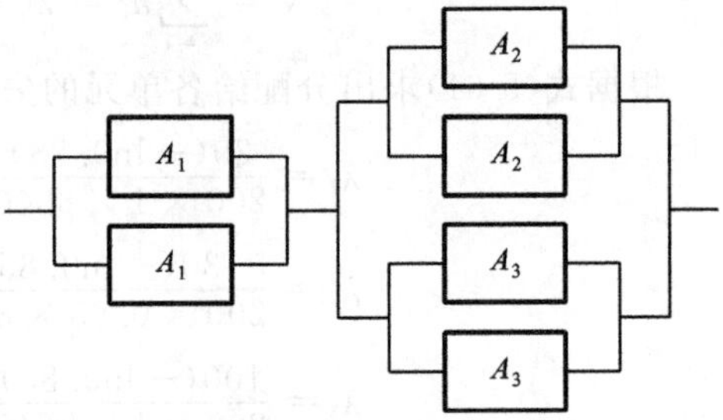

图 5-19 各部件并联方案

原系统的可靠度

$$R_s = 0.7\times[1-(1-0.8)(1-0.9)] = 0.686$$

把两套系统并联的可靠度

$$R_{s1} = 1-(1-0.686)^2 = 0.9014$$

把部件并联后组成系统的方案的可靠度

$$R_{s2} = [1-(1-0.7)^2\times[1-(1-0.8)^2\times(1-0.9)^2] = 0.909\ 6$$

例 5-12 串联系统由 $A_1,A_2,\cdots,A_N$ 组成，可靠度的预计值分别为 $R_1,R_2,\cdots,R_n$。系统的容许可靠度为 R，问在哪个部件上增加可靠度（指增加储备件）最有效？

解
$$R = R_1R_2\cdots R_n$$

设在 A_i 处增加一个冗余件，则

$$R^* = R_1R_2\cdots R_{i-1}[1-(1-R_i)^2]\times R_{i+1}\cdots R_n = (2-R_i)R_1R_2\cdots R_n$$

所以

$$R^* = (2-R_i)R$$

则

$$R^* / R = 2 - R_i$$

当 R_i 最小时，R^* / R 有最大值，可见在 R_i 最小的部件上加冗余最为有效。

本章重难点及知识拓展

本章重难点：理解可靠性设计原理、可靠性数值标准及常用指标（可靠度、累积失效概率、失效率、平均寿命、可靠寿命、维修度和有效度等）、应力-强度干涉模型，掌握可靠度的确定方法，机械强度可靠度设计、系统的可靠性设计及系统可靠度的分配。

可靠性设计是近几十年发展起来的一门新兴学科，当前各种产品竞争激烈，消费者选用时更关心可靠性、维修性、安全性，可靠性是产品市场竞争的重要指标，是影响产品价格的重要因素之一，是投标和验收的重要内容。而且在国外，产品可靠性的指标数据是生产厂商的技术保密内容之一。可靠性设计技术逐步会成为现代设计技术的一个重要组成部分。

思考与练习

5-1　何为机械产品的可靠性？研究可靠性有何意义？

5-2　何为可靠度？如何计算可靠度？

5-3　何为失效率？如何计算失效率？失效率与可靠度有何关系？

5-4　可靠性分布有哪几种常用分布函数？试写出它们的表达式。

5-5　试述浴盆曲线的失效规律和失效机理。如果产品的可靠性提高，那么，浴盆曲线将有何变化？

5-6　可靠性设计与常规静强度设计有何不同？可靠性设计的出发点是什么？

5-7　为什么按静强度设计法分析为安全的零件，按可靠性分析的结果为不安全？试举例说明。

5-8　已知零件受应力 $\sigma(s)$ 作用，零件强度为 $f(r)$，试计算该零件的强度安全可靠度。

5-9　零件的应力和强度均服从正态分布时，试用强度差推导该零件的可靠度表达式。

5-10　当强度和应力均为任意分布时，如何通过编程计算可靠度？试编写程序。

5-11　机械系统的可靠性与哪些因素有关？机械系统可靠性预测的目的是什么？

5-12　机械系统的逻辑图与结构图有什么区别？零件间的逻辑关系有几种？

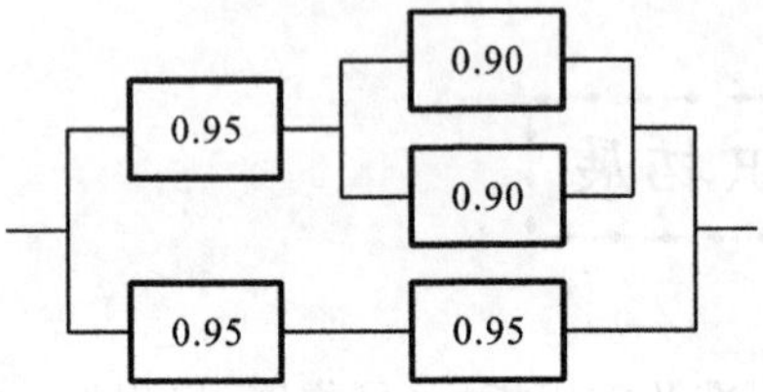

图 5-20　题 5-13 图

5-13　一个系统有五个元件组成，其联结方式和元件可靠度如图 5-20 所示，求该系统的可靠度。

5-14　某机械零件承受的应力为服从正态分布的随机变量，其均值为 196 MPa，标准差为 29.4 MPa，该零件的强度也服从正态分布，其均值为 392 MPa，标准差为 39.2 MPa，求该零件的可靠度。

5-15　有一方形截面的拉杆，它承受集中载荷 P 的均值为 150 kN，标准差为 1 kN。拉杆材料的拉伸强度的均值为 800 MPa，标准差为 20 MPa，试求保证可靠度为 0.999 时拉杆截面的最小边长（设公差为名义尺寸的 0.015 倍）。

第 6 章 现代设计方法前沿

案例 TRIZ 创造性设计理论和方法

自 1946 年开始，苏联进行发明创造方法学的研究——创造性设计理论和方法 TRIZ (Theory of Invention Problem Solving)，以 G. S. Altshuler 为首的研究机构分析了全世界近 250 万件高水平发明专利，并综合多学科领域的原理和法则后，建立了 TRIZ 理论体系。运用这一理论和方法，可大大加快人们创造发明的进程，从而得到高质量的创新产品。

现代设计方法是一门综合性学科，涉及的内容十分广泛，其中各学科群之间的相互交叉、渗透将日益频繁。随着科学技术的飞速发展，必将会有许多新的设计方法不断涌现。本章简要介绍几种处于发展前沿的现代设计方法。

6.1 创新设计技术

“创新”是指能为人类社会的文明与进步创造出有价值的、前所未有的全新物质产品或精神产品的活动。世界文明的发展已经充分证明，创新是人类文明进步的原动力，是技术进步、经济发展的源泉。创新是设计的本质，也是设计活动的最终目标。在现代设计方法中，强调创新设计是为了使设计者更充分地发挥创造力，更好地利用最新科技成果，设计出更具竞争力的新颖产品。创造性思维是创造发明的源泉和核心；创造原理是建立在创造性思维之上的人类从事创造活动的途径和方法的总结；创造技法则以创造原理为指导，是人们在实践的基础上总结出的从事发明创造的具体操作步骤和方法，是进行创造发明和创新设计的理论基础。为此，设计者需要对创造性思维的特点、形成过程及与其他类型思维的关系、创造原理与创造技法等有所掌握和认识。

6.1.1 创造性思维

创造性思维是设计者为满足社会客观需求而将内在驱使力与创新活动的外在动力相结合，在科学理论与设计方法的指导下，在创造活动中表现出来的一种从瞬间灵感和想象中产生、具有独创性的新成果的高级、复杂的思维活动。创造性思维是通过直觉、灵感（顿悟）、推理、实践而形成的高级思维过程，是智慧的升华，是智力、想象力的高级表现形态，也是思维本身的创新。创造性思维是一种积极的思维，其主要特点有：综合性、跳跃性、新颖性、潜意识的自觉性、顿悟性、流畅性、灵活性等。

1. 创造性思维的形式

创造性思维具有两种形式:直觉思维与逻辑思维。

直觉思维是人脑基于有限的信息,调动已有的知识积累,摆脱惯常的逻辑思维规律,对新事物、新现象、新问题进行的一种直接、迅速、敏锐的洞察和跳跃式的判断,是一种在潜意识状态下,对事物内在复杂关系突发式的领悟过程。

逻辑思维是人们根据所提出的创造目标,进行逻辑推理式的思维,把目标展开、分解和综合,寻求各层分目标的解,然后找出最终整体解,用主动的可按部就班的工作方式向目标逼近。

实际上,大量的创造过程都是这两种思维方式交叉和综合的结果:首先,提出一个创造目标,这个目标本身可能就是一个创造灵感;其次,为了实现这个目标,必须一步步地进行分析推理,在此过程中会出现一些技术难关,必须进行反复的实验,找到解决问题的方法。

2. 创造性思维的特点

创造性思维是具有新特质的思维方式,它具有与传统思维不同的特点,主要表现在:

(1) 思维的敏锐性。这主要体现在发现意识上。一个良好的设计者必须善于发现,发现是创造性思维的源泉。

(2) 思维的独创性。创新不是重复,它必须是与众人、与前人有所不同的观点与看法。

(3) 思维的多向性。即要着重从几个不同的角度思考问题。

(4) 思维的跨越性。思维具有跨越性,这是创造性思维往往不同凡响的关键。

(5) 思维的综合性。即思维体现整体综合品质,主要包括智慧杂交能力和思维统摄能力。

3. 创造性思维的过程

创造性思维过程一般包括储存准备、酝酿加工、顿悟三个阶段。

(1) 储存准备阶段。围绕问题搜索信息,使问题和信息在脑细胞及神经网络中留下印记。在这个阶段里,创造主体试图使信息概括化和系统化,形成自己的认识,了解问题的性质,澄清疑难与关键点等,同时开始尝试和寻找解决方案。

(2) 酝酿加工阶段。在围绕问题进行积极的思索时,大脑不断地进行能量积累,为产生新的信息而运作。这个阶段人脑能总体上根据各种感觉、知觉、表象提供的信息,超越动物脑只停留在反映事物的表面现象与外部联系的局限,认识事物的本质。

(3) 顿悟阶段。人脑有意无意地突然出现某些新的形象、新的思想,使一些长久未能解决的问题在突然之间得以解决。

6.1.2 创造原理

创造原理是建立在创造性思维之上的人类从事创造活动的途径和方法总结,下面予以简单介绍。

1. 综合创造原理

综合创造原理是指将研究对象的各个部分、各个方面和各种因素联系起来加以考虑，从整体上把握事物的本质和规律的一种思维法则。

例如，普通的X光机和计算机都无法对人的脑内病变作出诊断，豪斯菲尔德将二者综合，设计出CT扫描仪，解决了人脑病变诊断的难题。人们应用这一新仪器获得了许多前所未有的研究成果，由此推动了医学的发展。CT扫描仪的创新设计是20世纪医学领域的一项重大创新成果。

2. 分离创造原理

分离创造原理是把某一创造对象进行科学的分解或离散，使主要问题从复杂现象中暴露出来，从而理清创造者的思路，以便抓住主要矛盾或寻求某种设计特色。

例如，传统的电冰箱都是上冷下“热”，即冷冻室在上，冷藏室在下。而万宝电器集团公司在开发新产品时，对电冰箱进行分离创造，开发了冷藏室在上、冷冻室在下的上“热”下“冷”式电冰箱。这种电冰箱具有三方面的优点：其一，增加了用户使用的方便性。电冰箱在实际使用中更多的还是往冷藏室存储食物，冷藏室在下时存取食物要弯腰，令人不舒服；其二，冷冻室在下，化霜水不会对冷藏室的东西造成污染；其三，冷冻室下置方案利用冷气下沉的特点，使负载温度回升时间比传统电冰箱延长一倍，减少耗电量，节约能源。

3. 移植创造原理

移植创造是指吸取、借用某一领域的科学技术成果，引用或渗透到其他领域，以变革或改进已有事物或开发新产品。

例如，常见的机床导轨为滑动摩擦导轨，后来人们在摩擦面间放置滚子，设计出了滚动摩擦导轨。与普通滑动摩擦导轨相比，滚动摩擦导轨具有运动灵敏度高、定位精度高、牵引力小、润滑系统简单、维修方便(只需更换滚动体)等优点。从创新设计原理上看，可以认为这种新型导轨是推力滚子轴承结构的一种移植。

4. 物场分析原理

所谓物场是指物质与物质之间相互作用和相互影响的一种联系。世界上的物质本身是不能实现某种作用的，只有同某种“场”发生联系之后才会产生对另一物体的作用或承受相应的反作用。就科学领域来说，温度场、声场、引力场、磁场、电场等，都是物场的具体存在形式。构成一个物场需要三个要素：两个物质和一个场。物场分析的基本内容是使物场三要素之间的相互作用更为有效，功能更加完整和可靠。

例如，确定冷冻机密封检测方案的物场。家用电冰箱的冷冻机充满着氟利昂和润滑油，如果密封不良，氟利昂和润滑油都会外漏。根据物场形式进行分析，在其检测体系中，“润滑油”、“氟利昂”是物质，但二者没有与场一起构成完整的物场。因此，可将这个体系补充成非人工检测泄露的完全物场体系。具体方法是：将掺有荧光粉的润滑油注入冷冻机，在暗室里用紫外光照射冷冻机，密封不严处渗漏出的润滑油中的荧光粉会发光，由此可确定泄露部位。

5. 还原创造原理

还原创造原理是指创造者回到驱使人们创造的最基本的出发点或归宿，进行创新思考的一种创造模式。

例如，设计新型电风扇，无论是台扇、吊扇、壁扇，最基本的出发点都是使周围空气急速流动。有没有别的技术方案能实现这种功能或物理效应呢？有人想到了薄板振动的方案。该方案用压电陶瓷夹持一金属板，通电后金属薄板振荡，导致空气加速流动。按此思路设计的电风扇，没有扇叶，面貌全新，称为“无扇叶电风扇”，与传统的旋转式电风扇相比，具有体积小、重量轻、耗电少和噪声低等优点。

6. 价值优化原理

把价值看做某一功能与实现这一功能所需成本的比，提高产品价值就是用低成本实现产品的功能。在开发产品时注意从功能分析着手，实现必要功能，去除多余功能和过剩功能，既满足用户需要，又降低成本，将产品设计问题变为用最低成本向用户提供必要功能的问题，即创造具有高价值的产品，在此基础上，就形成了价值优化的创造原理。

例如，某公司的设计人员曾开发一种新型百叶窗，要求产品既能防止雨水溅入，又可使室内空气流通。设计者通过价值分析，改变了用料多、造价高的传统设计，而采用了允许雨水透过百叶窗，再在窗叶后面用凹槽收集，然后通过细管将雨水排出室外的新设计。新设计的百叶窗，不仅降低了成本，便于操作，而且能够延长使用寿命，功能得到很大的改善。

6.1.3 创造性思维法则

在认识创造性思维机理的基础上，创造学建立起促发创造性思维的一些法则。

作为外部因素的法则有以下几种。

1. 激发创造激情

在科学技术发展史中，凡是作出了重大创造发明的人，都是充满创造激情的人。在激情的支配下，人脑的智力活动才能被高度激发，形成突发灵感。这种创造激情可能由市场压力或诱惑等经济因素促成，也可能出自科学家的崇高事业心，也可能出自政治需要。创造激情的激励手段可以是精神鼓励、经济刺激、政治动员甚至民族感情。

2. 加快信息获取

创造建立在大量知识和信息的基础上，尤其是处在科学技术高度发达的年代，有关新技术的信息显得特别重要，往往一项新技术的发明会引发一连串的发明创造。在建立了信息高速公路的条件下，人们可以用最便捷的手段捕捉大量的信息，这无疑为创造发明提供了极好的条件。随之而来的创造发明的竞争，信息的快速获取已成为成败的关键因素。

3. 促进知识融合

科学技术发展到今天，学科界限越来越模糊，使得创造发明往往成为多学科知识融合的结果。一个发明者大脑中储存的知识不足以构成所求的解，很多创造灵感都是在学科交流中产生的，因此，创造各种条件让不同学科的人频繁交流，也是促进创新的重要手段。

了解创造性思维的特点，并在创造过程中主动加以运用，是促进创造性思维的重要内部因素。

6.1.4 创新技法

有人说20世纪的最大发明，是发明了指导人们进行创造发明的方法——创新技法，美国称之为创造力工程，日本称之为创造工作，俄国称之为创造力技术或发明技法，我国称之为创新技法或创造技法。创新技法是通过研究有关创造发明的心理过程，总结、提炼出人们在创造发明、科学研究或创造性地解决问题的实践活动中采用的有效方法和程序的总称。创新技法的本质特征就是开拓性和创新性，同时也具有可操作性、可思维性、技巧性、探索性和独创性等基本特点。由于创新技法的复杂性，其理论体系至今还不够成熟，然而创新技法的开发、普及和发展在近代还是十分迅速的，特别是自人机系统的开发和应用以来，创新技法的发展更为迅速。

创造过程既是一个客观的实践过程，又是一个微观的心理过程，其复杂程度很大，必须有正确的途径和良好的方法，尤其在现代科学技术发展突飞猛进，新领域问题不断增多、难度增大的情况下，掌握创新技法就更为重要了。

创新技法由于实用性、指导性较强，因而也是创造学研究的一个重点。据统计，迄今为止，创新技法已有近400余种。通过对市场上现有新产品的分类，从中找出与之相应的创新技法，是新产品设计的一个重要环节。

1. 与系列类新产品设计相对应的常用技法

系列类新产品是同类产品规格、样式、品种的扩展，设计者希望以产品的系列化来扩大其产品的市场占有率。此类新产品可利用原产品的销售网络与影响力，比较容易进入市场，所需投入的技术和设计开发费较少。此类新产品约占新产品总量的26%。常用技法有系统分析法和缺点列举法等。

1) 系统分析法

系统分析法是对已有系统的各种特征进行深入的分析，寻找出改善已有系统的一种方法。如将电灯开关由拉线式改进为触摸式、感应式、声控式等。

2) 缺点列举法

缺点列举法是通过寻找原设计或产品的缺点与不足，提出改进方案并进行创新设计的一种方法。如针对手表功能单一的缺点，设计出自动日历表、报时表等。

此外，系列类创新技法还有系统质疑法、反面求索法等。

2. 与模仿改进类新产品设计相对应的技法

模仿改进是对老产品的改进与提高，即通过改进结构、增加功能、扩大使用范围，来赢得市场和用户。此类新产品的设计开发费用也不大。它在市场的新产品总量中亦占26%左右。常用技法有相似类比法和设问法等。

1) 相似类比法

相似类比法是根据事物在构成、功能、组织、形态、本质等方面可能存在的程度不同的相似与相像，从异求同或从同求异，通过相似类比与联想而实现创新的一种方法。如根据齿轮啮合传动原理发明同步齿形带传动，根据螃蟹大爪抓物动作原理设计蟹爪装载机械等。

2) 设问法

设问法是针对原产品在设计、制造、销售等环节存在的不足，提出各种问题，从而找到改进产品的方向的一种方法。常用的有"奥斯本设问法"、"阿诺德提问法"、"5W2H 法"等。如阿诺德提问法就有以下这样几个方面的问题要求回答。

(1) 能在原有基础上增加新的功能吗？

(2) 能否使产品性能更完善并便于维修？

(3) 能否通过采用新材料、新工艺以及实现零部件的标准化来降低成本？

(4) 能否从产品设计、制造和营销等方面来增加产品的吸引力？

而 5W2H 法在产品设计时，要考虑如下几个问题：

(1) Why(为何设计该产品或采用该结构？)；

(2) What(产品有何功能？是否创新？)；

(3) Who(产品用户是谁？谁来设计？)；

(4) When(何时完成该设计？各阶段如何划分？)；

(5) Where(产品用于何处？在何处生产？)；

(6) How to do(结构如何设计？形状？材料？)；

(7) How much(单件还是批量生产？)。

此外，抽象类比法、模型技术法等也属于这一类型的创新技法。

3. 与组合类新产品设计相对应的技法

组合类新产品设计是将两种或多种产品的部分结构或技术进行组合，或给某产品增加新附件，使其成为新产品的方法。这是一种省时、省力、省费用的设计思路。这类产品约占新产品总量的20%。常用技法有组合创新法和形态矩阵法等。

1) 组合创新法

组合创新法是按照一定的技术需要将两个以上的技术因素组合起来，形成具有创新性技术的新产品的一种方法。其组合形式有以下几种。

(1) 性能组合，即通过对产品性能的优缺点进行分析，将若干产品的优良性能组合起来，如集中铁线、铜线的优点制成铁芯铜线电缆等。

(2) 原理组合，即将两种以上分别使用的技术原理或生产方法组合起来，成为新的复合技术，并由此设计出新的产品，如将电牵引原理与采煤技术结合，创制成电牵引采煤机等。

(3) 功能组合，即将具有不同功能的技术手段或产品组合起来，形成多功能技术系统，如具有车、钻、铣功能的多功能机床等。

2) 形态矩阵法

形态矩阵法，即把一个复杂的问题按影响它的若干独立因素进行分解，如按功能分解、按材料分解、按颜色分解等，并将此作为目标标记作为列，再将对应每个目标标记的原理作为行，这样便构成了形态学矩阵，再由形态学矩阵得到产品的许多不同的构造方案，从中找出最优组合，使产品设计达到最优化。

与组合类新产品设计相对应的创新技法还有利用法、借用法等。

4. 与高新技术类新产品设计相对应的技法

高新技术类即采用高新技术及新材料、新工艺，实现设计方案的创新与突破，以获得高附加值的产品(如网络通信产品、现代生物药品等)。对于这类产品往往要采用一定数量的最新专利技术，并需要投入较多的资金和其他技术，风险也较大。此类产品约占新产品总量的10%。常用技法有专利利用法、移植法和仿生法。

1) 专利利用法

专利利用法是将有用的专利技术设计到新产品中，使之成为高新技术产品的方法。

2) 移植法

移植法是将某一领域里成功的科学技术、发明成果或方法应用于另一领域的创新技法。如将光纤技术移植到医学上产生光纤胃镜，移植到现代通信上产生光纤传输电话等。

3) 仿生法

仿生法是通过对生物某些特性进行分析，应用仿生学原理设计出新产品的一种创新技法，如模仿苍蝇眼睛制成高分辨率摄影机等。仿生法往往是以生物原理为原型，需要通过创新思维的抽象与再塑造、再创新，由此达到预期的目的。

5. 与低成本类新产品设计相对应的技法

低成本类即在保持原产品功能不变的前提下，利用价值工程来分析并降低其生产成本，以提高产品的价值。这类产品约占新产品总量的11%。

最常用的方法是价值分析法，即从经济效益出发，分析和评判现有各种设计方案，以便使新产品在保持必备性能和功能的前提下制造成本尽可能低，如某机床厂在设计开发M7750磨床中采用价值分析法，减少了零部件的数量，使磨床的成本下降了13.8%。

此外，市场分析法等也属于这一类创新技法。

6.1.5 新产品构思方式

新产品的构思方式已从偶然发现方式发展到有计划地运用多种科学方法激发的方式。因此，有意识地运用科学方法，刺激新产品设想形成是十分必要的。多学科研究人才已集中研究产品设想艺术达50年之久,开发了一整套激发创造力的方法。目前,这些方法已超出100种。根据这些方法所依据的基本原理,可将这些方法分为以下5类。

(1) 品质分析。新的设想可以通过分析已有的产品而获得。品质分析包括:多维分析、功能分析、效益分析、用途分析、检查表、品质扩展、模拟产品实验、系统分析、独特性能分析、等级设计、弱点分析等。

(2) 需求分析。将注意力集中在需求上,可以通过研究长期使用某类产品的企业或个人获得启示。需求分析包括:综合列表、问题分析、缺口分析、市场细化、相关品牌归类等。

(3) 关联分析。强迫或刺激驱动大脑用新的或不寻常的方式去看待事物,寻找事物之间新的联系,而不是常规联系。关联分析包括:二维矩阵、强制关联、类推、自由联想等。

(4) 发展趋势分析。从对未来工作和生活环境的预测来刺激新产品的设想。发展趋势分析包括:自由遐想、起因趋向(趋势)预测、趋势区域、热门产品、假设方案等。

(5) 群体创造力。主要针对的是激发群体创造力。群体创造力法包括:头脑风暴法、多学科小组法、集思广益法、德尔菲法、集体笔记本法等。

其他一些产品构思方式还有:技术预测、倾向思考、创造性刺激、常规解答、交叉指示汇集、关键词监控、专利研究、竞争性分析、运用荒谬想法等。

6.1.6 TRIZ理论简介

TRIZ是俄文中"发明问题的解决理论"的字头。苏联自1946年开始进行发明创造方法学的研究,其主要目的是研究人类进行发明创造、解决技术难题过程中所遵循的科学原理和法则。在东西方冷战时期,TRIZ的研究一直被视为苏联的国家机密,西方国家知之甚少。苏联解体后,大批TRIZ研究者移居美国等西方国家,TRIZ的研究与实践得以迅速普及和发展。

在俄罗斯,TRIZ已广泛用于工程领域中。在瑞典,以瑞典皇家工科大学为中心,集中十几家企业开始了实施利用TRIZ进行创造性设计的研究计划。在日本,从1996年开始不断有杂志介绍TRIZ的理论方法及应用事例,东京大学的烟村洋太郎教授将TRIZ引入教学中,进行提高学生创造力的尝试,开设了"机械创造学"等课程,介绍TRIZ理论的文献也开始陆续发表。在美国,也有大学相继进行了TRIZ研究,有关TRIZ的研究咨询机构相继成立,根据TRIZ原理方法制作的软件也已面世,一些著名的公司如Ford、GM、GE、IBM等都已经开始使用TRIZ理论解决工程技术问题。TRIZ已成为国外企业、尖端技术领域解决技术难题、实现创新的有利工具。

TRIZ是由解决技术问题和实现创新开发的各种方法、算法组成的综合理论体系,其基本原理是:技术系统的进化遵循客观的法则群。其基本原理的形成基于以下观点。

(1) 任何领域的产品都遵循普遍的法则而进步,由此,可以预测已有产品和制造过程的未来的发展方向。

(2) 产品所面临的中心课题是不断解决已经过时的产品和市场需求之间的矛盾。发明并创造性地解决问题，意味着彻底消除产品内包含的矛盾，而不是用妥协的方式解决问题。

(3) 用创造性方法解决产品内在矛盾所使用原理的数量是有限的，但这些原理具有普遍性。

(4) 在搜索技术问题解决对策时，经常用到只有特定领域的技术人员才能掌握的科学原理和法则。这些科学原理和法则的有效运用需要建立其与具体技术所能实现机能之间的对应关系。例如，对于“处理固体表面”这样一个技术要求，“电晕放电”就是与之相对应的科学原理和法则。

在解决技术问题时，如果不明确应该使用哪些科学原理法则，则很难找到问题的解决对策。TRIZ 就是提供解决问题的科学原理并指明解决问题的搜索方向的有效工具。

6.2 快速响应设计技术

当前，由于生产力的高度发展，使得社会产品极大丰富，社会的总供给能力远大于需求量，因而普遍形成买方市场。市场竞争的加剧导致了市场竞争焦点的快速转移，在以快交货(T)、高质量(Q)、低成本(C)和重环保(E)等策略争取市场份额的市场竞争中，缩短交货期，乃至快速响应市场需求已经成为竞争的第一要素。快速响应设计技术(RDT, rapid design technology)正是为适应这一市场需求而产生和发展的。目前快速响应设计技术的内容正在不断扩展中，且呈现出多方位、多视角的发展趋势。采用快速响应设计技术以适应市场环境的变化和用户需求的转移，增强产品及企业的市场竞争力，已形成了所谓“快速响应工程”。

6.2.1 快速响应工程的含义

“快速响应工程”主要包括以下一些内容：

(1) 建立快速捕捉市场动态需求信息的决策机制；

(2) 实现产品的快速设计；

(3) 追求新产品的快速试制定型；

(4) 推行快速响应制造的生产体系等。

为了提高快速响应能力，企业首先应能迅速捕捉复杂多变的市场动态信息，并及时作出正确的预测和决策，以决定新产品的功能特性和上市时间。由于用户的要求越来越高，产品结构日益复杂，科技含量愈来愈高，产品的开发周期趋于延长。如何解决好产品市场寿命缩短和新产品开发周期延长的矛盾，已经成为决定企业成败兴衰的关键问题。产品开发周期包括设计、试制、试验和修改等一系列环节，明确了新产品的开发项目以后，采用快速响应设计技术，实现快速设计是非常重要的。在快速响应设计技术方面，人们提出了并行工程(CE,concurrent engineering),面向产品生命周期各环节的设计(DFX,design for X),计算机协同工作(CSCW,computer-supported cooperative work)支持环境和功能分解组合的设计思想,这是对现代设计方法和CAD发展的新探索。

产品开发周期中除了设计以外的后几个环节可以统称为试制定型阶段。在此阶段,为了加快产品的试制、试验和定型,以快速形成生产力,需要尽量利用制造自动化的各种新技术,如柔性制造系统(FMS,flexible manufacturing system)、快速成型(RP,rapid prototyping)和虚拟制造(VM,virtual manufacturing)。例如,采用快速成型技术能以最快的速度将CAD模型转换为产品原型或直接制造零件,从而使得在产品开发过程中可以进行快速测试、评价和改进,以完成设计定型,或快速形成精密铸件和模具等的批量生产能力;采用虚拟制造能充分利用计算机和信息技术的最新成果,通过计算机仿真和多媒体技术全面模拟现实制造系统中的物流、信息流、能量流和资料流,做到在产品制出之前就能由虚拟环境形成虚样品(soft prototype),以替代传统制造的实样品(hard prototype)进行实验和评价,从而大大缩短产品的开发周期。

另外,在快速响应工程中推行产品的快速响应制造,必然导致企业从组织形式到技术路线的一系列变革。首先,在企业内部,应改变传统的以注重规模和成本为基础建立起来的生产管理系统和组织形式,按照快速响应制造的战略思想,探索一套全新的组织生产方式,例如,将生产部门从以功能为基础的工序组合改变为以产品为对象的加工单元,并且尽量采用各种先进制造技术手段等等。其次,从面向全局的视野出发,以产品为纽带,以效益为中心,不分企业内外、地域差异,实行动态联盟,有效地组织产品的设计、制造和营销。企业在确定产品目标后,可以只先进行总体设计,即功能设计、方案设计和经济分析,然后通过公共信息网络,寻求最佳的零部件供应商和制造商,进行跨地区、跨行业的合作,实行生产资源的优化组合,即结构设计、详细设计和工艺设计、组织产品的快速响应制造,以保证产品及时上市,经由遍布各地的营销网络迅速抢占市场。

6.2.2 快速响应设计的关键技术

实现快速响应设计的关键,是有效利用各种信息资源。人类自有文明以来,任何产品和产品的制造系统均由物质、能量和信息三大要素组成。随着以信息技术为中心的科技革命和知识经济时代的到来,信息逐渐成为主宰社会生活和生产生活的决定因素。

产品中包括三个层次的信息。

(1) 产品本身即具有信息属性。在许多现代化产品(尤其是信息产品和机电一体化产品)中,凝聚着信息(知识)的软件已成为产品的重要组成部分,产品的智能化程度越高,这部分的比重就越大。

(2) 在产品制造过程附加的信息。在产品的制造过程中,也需要直接使用各种信息,包括产品信息和制造信息两大类。所谓产品信息,指的是为了正确设计产品和确切描述产品特征所需的信息,包括产品的几何形状、尺寸、精度、材质,以及各种规范和技术知识等;所谓制造信息,指的是为了进行某一步制造过程,以获得能满足预定要求的产品所需要的各种信息,包括工艺信息和管理信息。

(3) 包含在产品中的间接信息。此类信息是包含在产品硬件部分的材料(以及标准与外购零部件)中和制造过程中所需的能源中的信息。例如一块钢材,作为另一制造过程的产品,从矿石到轧制成材,也需要使用一定的产品信息和制造信息。依此类推,归根结底,人类一切制品都由自然物(如矿藏、野生动植物、阳光、空气和水等)通过注入各种信息加上一定的能源消耗而制成。

由此可见,随着科技水平和深加工层次的提高,产品的信息含量也越来越高。所谓高科技产品,也就是高信息含量的产品。产品的信息含量越高,信息对产品的交货期、质量和成本的影响也就越大。毫无疑问,高信息产品就意味着高性能、高质量和高价值的产品。可是,信息含量高并不意味着交货期能自动缩短,反而意味着交货时间可能延长。那么,如何有效利用产品的信息资源,以实现快速响应设计呢?

信息及载体(如图样、图像、文件、资料等)同以实物呈现的硬件(材料、能源)相比,具有明显的“虚”的特点,即能量级小、存储性能好(体积小、重量轻)、渗透力强(传播迅速)、处理方便(加工容易)等等。此外,信息还有一个非常重要的优点,就是共享性极佳。一项新的信息(如软件、知识、经验、资料),虽然需要投入相当的人力、资金,经历一定的时间进行开发、制作,但是这项信息成果一经造出(获得),它的复制(学习)却是极其便捷的,所以很快能被大量用户共享。根据这些特点,利用迅速发展的现代计算机和通信技术所提供的对信息的高效储存、传播和加工能力,主要可采取三项基本策略,以达到对产品设计需求的快速响应。

(1) 重用产品信息资源,进行变型设计。企业在长期的生产活动中,积累和蕴藏了大量的极其宝贵的产品信息,对这些信息进行充分挖掘和科学重组,使之资源化,成为有用和便于重复利用的产品信息资源,再将这些信息资源存储在庞大的数据仓库之中,加上在先期开发中的所积累的信息资源,才能有效支持对市场的快速响应。在新产品的设计、研制和制造过程中,应尽量重用已有的信息资源(尤其是机电产品中的成熟零部件),对于那些确实需要创新的样品信息(如新技术、新结构、新零件),也应尽量通过先期的开发活动加以创建,这样,自然能够实现快速响应,尤其是快速设计。

(2) 虚拟设计制造,利用数字技术加快设计过程。虚拟制造是将有关产品制造过程的信息从实际制造过程中抽取出来,依靠计算机的高速大规模信息处理能力,实行由计算机试验(仿真)、虚拟制造和智能优化组成的一个相对独立的软过程,以代替传统的样机(模型)制作、实物试验、反复修正的硬过程,达到在产品正式投产之前,就能通过在计算机上的试验、改进和优化,迅速完成对产品的性能预测和设计定型的目的。显然,虚拟制造过程可以比实际过程进展得更快捷、更灵便,同时也更省钱。概括起来,就是信息资源化,产品数字化,设计网络化。追求新产品的快速响应设计,加快产品的试制、试验和定型,以快速形成生产力。

(3) 远程协同,分布设计。

以下介绍几种在快速响应设计中用到的关键技术。

1. 变型设计

1) 变型设计的基本内容

变型设计是实现快速响应的一种方法,这种方法特别强调对企业产品信息的标准化、规范化重组。通过对企业现有成熟产品的变型设计,能使企业的宝贵信息资源得到尽可能多的重用,最大限度地控制新零件的种类和数量,在加快整个生产周期的同时,有效地控制成本和保证质量,从而实现快交货、高质量、低成本和重环保的快速响应,赢得市场竞争的胜利。对企业生产活动的大量调查表明,产品设计制约着包括技术准备(试制、工艺、工装、采购)在内的产品生产周期。在产品快速响应设计技术中采用变型设计的策略是快速响应市场的有效手段之一。

变型设计方法的要点可以概括为以下几点:

(1) 重组企业工作流程,将开拓未来市场的"慢动作"创新产品开发与面对当前需要的"快节奏"变型产品设计区别开来,用变型设计快速响应市场需求;

(2) 重组企业产品信息,将企业在设计开发领域中积累的丰富技术资料,转变为有用和好用的宝贵信息资源,以期尽量利用已有的成熟零部件设计新产品,即用尽量少的新设计零部件,组成尽可能多的变型系列新产品;

(3) 建立集成的关系型产品模型和跨功能的并行工作环境,并采用基于实例推理的智能技术,以期通过产品结构的重组,来支持快速变型设计。

简而言之,就是业务过程重组、信息资源重组和产品结构重组。

2) 变型设计与新型设计的区别

机械产品的设计,通常可分为新颖性设计和适应性设计,或新型设计和变型设计两大类。新型设计是基于全新的工作原理,采用基本新颖的结构方案,设计出创新的机械产品,这类设计需要经过从确定设计要求到完成全部技术文件的整个设计工作进程;变型设计是基于已有的工作原理,采用基本不变的结构方案,只按功能需求对具体结构进行局部调整,以产生具有适应性的变型产品。这类设计工作原理不变,仅对局部结构或零件进行更新设计。从企业的产品信息资源在设计活动中的可重用程度考察,创新设计涉及的可重用信息资源较少,它的实现过程需要可观的企业资源(人力、物力、财力和时间等)以验证与完整产品结构。

3) 进行变型设计时的注意事项

(1) 对数据进行规范化、标准化重组。变型设计是在原有产品的基础上,按市场需求进行结构重组,可以最大限度地重用企业已有的成熟产品资源,具有很强的灵活性和适应性。在机械制造企业中,创新设计毕竟很少,大量的都是变型设计。事实上,许多设计人员的确也经常使用变型设计去响应用户需要,但是这种传统的变型设计方法并不能自动保证产品的快速交货、高质量和低成本，有时甚至适得其反。主要表现在企业生产零件的多样性和缺乏可重用性，并导致新零件数目的失控——许多新的零件被源源不断地设计出来，接下来就需要运用过多的人力、物力和时间去支持后续的工艺、工装、试制和试验等一系列技术准备过程。引起这种失控现象的原因，在于企业产品信息资源的无序状态和设计者的随意性。要使无序的企业产品数据变成有效支持快速变型设计的宝贵资源，就需要对它们进行规范化、标准化重组。

(2) 重用企业产品信息资源，进行快速变型设计，应以产品资源的合理定义与表达为基础，这需要先进的产品建模理论和方法的指导。产品模型是一种数字化的信息模型，它以一定的数据抽象、定义和表达在产品生命周期中有关的信息，包括数据、结构和关系等。产品信息可分为显式和隐式两类。显式信息用图样、文档等描述产品设计最终结果的物化形式，如形状、尺寸、材料和加工方法等。但在产品开发过程中，即从抽象的概念到具体的结构的物化过程中，需要应用大量的知识和规范，需要进行许多计算和选择，需要对各种信息进行提取和加工，这些大量蕴含在物化过程中的信息，可称为隐式信息。对这些隐式信息进行抽象和归纳，可以得到多种关系，恰恰只有这些关系的存在和发展，才能保证变型设计的正确、快速和合理。

(3) 关系型产品模型以变型产品开发过程中的种种关系为核心，能够最大限度地利用企业已有的产品资源，因而成为能支持富有竞争力的快速响应产品设计策略的最有力工具。

(4) 以产品数据管理系统作为进行快速变型设计的数据平台。产品数据管理将所有与产品相关的信息和产品开发过程集成起来，创造出一种透明度很高的虚拟环境，能适应复杂多变的变型设计的需求，在保证整个产品生命周期中使产品数据具有一致性定义的条件下，进行产品设计的数据管理和过程控制，是集成计算机辅助工具(CAX)的重要武器，成为能支持基于关系型产品模型的快速变型设计的数据平台。

2. 反求工程

反求工程(RE，reverse engineering)是以设计方法学为指导，以现代设计理论、方法、技术为基础，运用各种专业人员的工程设计经验、知识和创新思维，对已有的产品进行解剖、分析、重构和再创造的设计管理过程。反求工程类似于反向推理，属于逆向思维体系。在工程设计领域，它具有独特的内涵，可以说它是对设计的设计。

反求工程技术是一门综合应用测量技术、数据处理技术、图形处理技术和加工技术的新技术。近年来，在新产品设计开发过程中，常需要以实物(样件)作为设计依据，参考模型或将模型作为最终验证依据，这时尤其需要应用这项技术。因此，类似汽车、摩托车的外形覆盖件和内装饰件的设计、家电产品外形设计、艺术品复制等，对反求工程技术的应用需求尤为迫切。

采用反求工程技术的具体做法是将数据采集设备获取的实物样件表面或表面及内腔数据，输入专门的数据处理软件，进行有数据处理能力的三维重构，在计算机上复现实物样机的几何形状,并在此基础上进行原样复制、修改或重设计。该方法主要用于对难以精确表达的曲面形状或未知设计方法的构件形状进行三维重构和再设计。其主要的流程如图 6-1 所示。

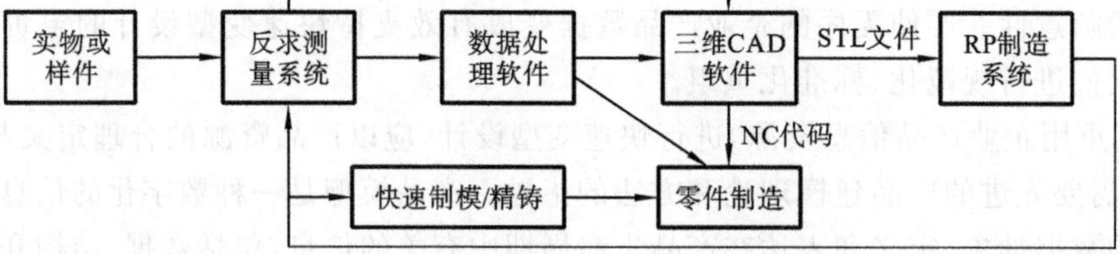

图 6-1　反求工程的一般流程

在设计新产品时,往往需要参考已有的产品,它或是老产品,或是市场上的同类产品。对于外观设计,有时会利用其他产品的某些外表曲面,或手工油泥模型。这些都需要利用反求工程技术获取其 CAD 数据供新产品设计参考。应用反求工程进行产品设计的一般流程如图 6-2 所示。

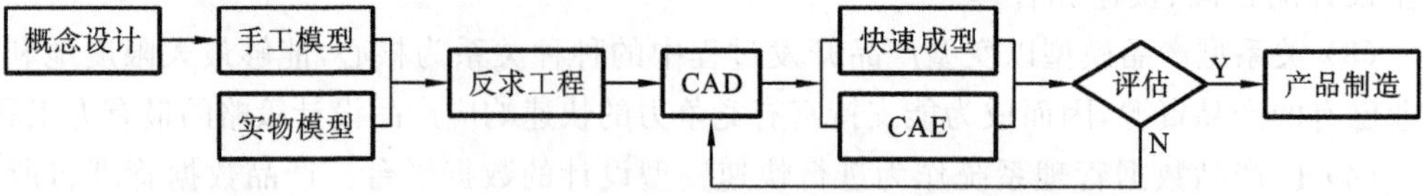

图 6-2　应用反求工程技术进行新产品设计的一般流程

反求工程技术不仅能实现传统技术所不能实现的功能,提供一种新产品设计的新方法,而且可以大大缩短产品设计时间,加快新产品上市的速度。据资料报道和实例验证,应用反求工程技术后,产品的设计周期可以从几个月缩短为几周。反求工程也是支持敏捷制造、计算机集成制造、并行工程等的有力工具,是企业缩短产品开发周期,降低设计生产成本、提高产品质量、增强产品的竞争力的关键技术之一,因而,这一技术已成为产品创新设计的强有力的支撑技术。

随着反求工程技术的不断发展,其应用的工业领域愈来愈广泛。除了在汽车、航空、家电等行业得到广泛的应用之外,在其他工程学科中,如医学领域,反求工程也得到了实际应用。例如,人工关节的设计和制造需要对骨骼周围的形状精确识别,然后生成数字化的 CAD 模型。目前主要使用 CT 技术,由 CT 图像获得骨骼结构的二维轮廓,然后重构出曲面模型供人工关节设计和制造。同样的方法已被用来分析化石中的原始人类和现代人的解剖学差异。反求工程还可以用来复制工艺品和修复已损坏的工艺品。电影和娱乐业还可以用反求工程帮助设计演员造型。在虚拟现实研究中,反求工程还可以用来构造虚拟环境,通过数字化和 CAD 建模可以得到物体的数字表示,以创造一个更真实而细腻的虚拟世界。

3. 快速成型技术

快速成型是近年来形成的一种全新加工技术，它完全摆脱了传统的“去除材料”加工方法，而是采用全新的“增加材料”加工法，将材料一层一层相叠加来完成零件的加工，其方法是将复杂的三维加工分解成简单的二维加工的组合。因此，它不必需要传统的加工机床和加工模具，也不受零件形状的复杂程度的影响，能直接按计算机设计的三维实体模型制造出产品样品。

快速成型技术的基本原理是：对计算机上完成的产品三维设计模型进行分层切片，得到各层截面的轮廓，按照这些轮廓，用激光束有选择性地切割一层层的纸或固化一层层光敏树脂或烧结一层层的粉末材料，或者用喷射头有选择性地喷射一层层热融材料或黏结剂，形成各截面轮廓并依次一层层地叠加成三维产品形状，最后进行表面处理。其过程如图 6-3 所示。

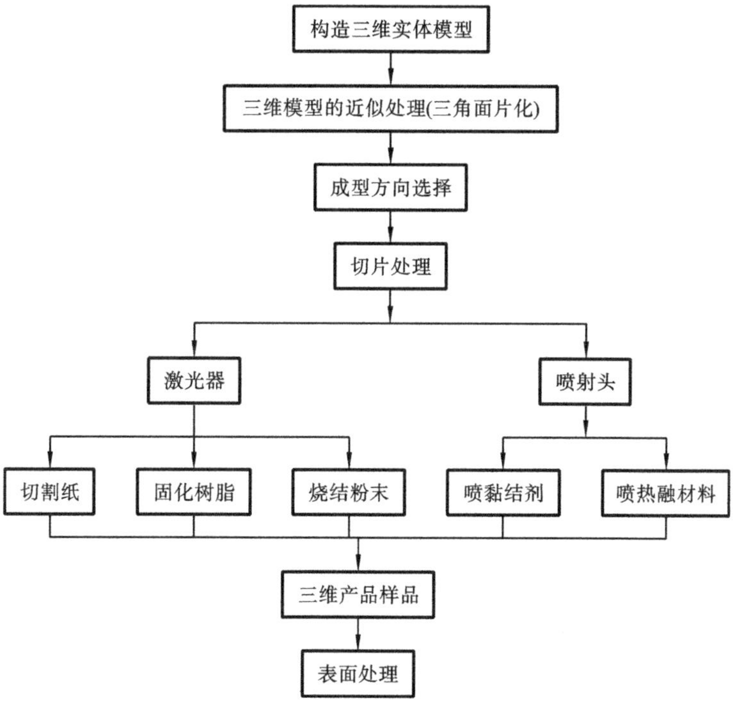

图 6-3　快速成型流程示意图

因为快速成型是按切层的截面形状来进行加工的，所以加工前必须将三维模型按选定的成型高度方向，每隔一定的间隔进行切片处理以便提取截面的形状，间隔的大小根据被成型件的精度和生产率的要求选定。间隔愈小，精度愈高，成型所花的时间愈长。商品化的各种快速成型系统均带有切片处理软件，具有自动提取每层截面的形状和编辑功能。

快速成型技术正处在不断完善与发展的过程中，新的成型方法也正在不断地被研究与开发出来。目前，金属直接成型技术是快速成型技术的重要研究方向；同时，寻找新的分层叠加成型原理及其使用材料已成为这一技术的研究热点。快速成型技术正在越来越多的领域被推广应用。

6.3 绿色产品设计技术

进入20世纪以来，随着全球经济的高速发展，人类在消耗自然资源、生产制造大量产品的同时，又在不断地加剧生态环境的恶化。地球日渐变暖、大气严重污染、陆地逐渐减少、水土大量流失、耕地逐渐沙化。人类共同面临的窘境，已引起世界上许多国家的高度重视，一股以保护环境、保护有限资源、保护人类自身健康为目标的绿色浪潮，正在全球兴起。20世纪90年代以后，各国的环保战略开始经历一场新的转折，全球性的产业结构调整呈现出新的趋势，即向资源利用合理化，废弃物产生少量化，对环境无污染或少污染的方向发展。在这种“绿色浪潮”的冲击下，绿色产品逐渐兴起，绿色产品设计方法随之成为目前的研究热点。工业发达国家在产品设计时努力追求小型化（少用料）、多功能化（一物多用，少占地）、可回收利用（减少废弃物数量和污染）；生产技术追求节能、省料、无废少废、闭路循环等，以有效实现绿色设计。

6.3.1 绿色产品的定义及内涵

绿色产品（GP，green product）或称为环境协调产品（ECP，environmental conscious product）是相对于传统产品而言的。由于绿色产品的描述和量化特征还不十分明确，因此，目前还没有公认的权威定义。不过分析对比现有的不同定义，仍可获得对绿色产品的基本认识。

1. 绿色产品的定义

以下即为绿色产品的几种主要定义方式。

(1) 绿色产品是指以环境和环境资源保护为核心概念而设计生产的，可以拆卸并分解的产品，其零部件经过翻新处理后，可以重新使用。

(2) 绿色产品是指将重点放在减少部件，使原材料合理化和使部件可以重新利用的产品。

(3) 一件产品在其使用寿命完结时，其部件可以翻新和重新利用，或能安全地把这些零部件处理掉，这样的产品被称为绿色产品。

(4) 从生产到使用，乃至回收的整个过程都符合特定的环境保护要求，对生态环境无害或危害极少，以及利用资源再生或回收循环再用的产品。

虽然上述这些定义描述的侧重点各不相同，但可以看出其实质基本一致，即绿色产品应有利于保护生态环境，不产生环境污染或使污染最小化，同时有利于节约资源和能源，且这一特点应贯穿于产品生命周期全程。因此，综合上述分析，可以给出绿色产品的下述定义：绿色产品就是在其生命周期全程中，符合特定的环境保护要求，对生态环境无害或危害极少，资源利用率最高，能源消耗最低的产品。

2. 绿色产品的内涵

绿色产品具有丰富的内涵，主要表现在以下几个方面。

(1) 优良的环境友好性，即产品从生产到使用乃至废弃、回收、处理处置的各个环节都对环境无害或危害甚小。这就要求企业在生产过程中选用清洁的原料，采用清洁的工艺过程，生产出清洁的产品；用户在使用产品时不产生或很少产生环境污染，并且不对使用者造成危害；报废产品在回收处理过程中很少产生废弃物。

(2) 最大限度地利用材料资源。绿色产品应尽量减少材料使用量，减少使用材料的种类，特别是稀有昂贵材料及有毒、有害材料。这就要求设计产品时，在满足产品基本功能的条件下，尽量简化产品结构，合理选用材料，并使产品中零件材料能最大限度地再利用。

(3) 最大限度地节约能源，绿色产品在其生命周期的各个环节所消耗的能源应最少。资源及能源的节约利用本身也是很好的环境保护手段。

3. 绿色产品的生命周期

分析绿色产品的定义可以看出，绿色产品的“绿色程度”应体现在其整个生命周期阶段，而不是产品的某一局部或某一阶段。这就存在另外一个问题，即什么是绿色产品生命周期。普通产品生命周期是指产品从“摇篮到坟墓”(cradle-to-grave)，即从产品设计、制造、销售、使用乃至废弃的所有阶段，而产品废弃后的一系列问题则一般很少考虑，其结果显然不能满足绿色产品的要求。绿色产品生命周期应将其扩展成从“摇篮到再现”(cradle-to-reincarnation)的过程，即除了普通产品寿命周期阶段外，还应包括废弃(或淘汰)产品的回收、重用及处理处置阶段。为了消除或减轻环境污染，产品制造企业不得不越来越多地思考如何通过再循环和重复利用来适当地处置产品，并把产品废弃问题，如回收与拆卸作为设计需求纳入其设计过程。产品生命周期阶段与环境的关系如图 6-4 所示。

因此由此可见，绿色产品生命周期包括以下五个过程，即：

(1) 原材料获取过程；

(2) 产品的规划、设计与生产制造过程；

(3) 产品的分配和使用过程；

(4) 产品维护和服务过程；

(5) 废弃淘汰产品的回收、重用及处理处置过程。

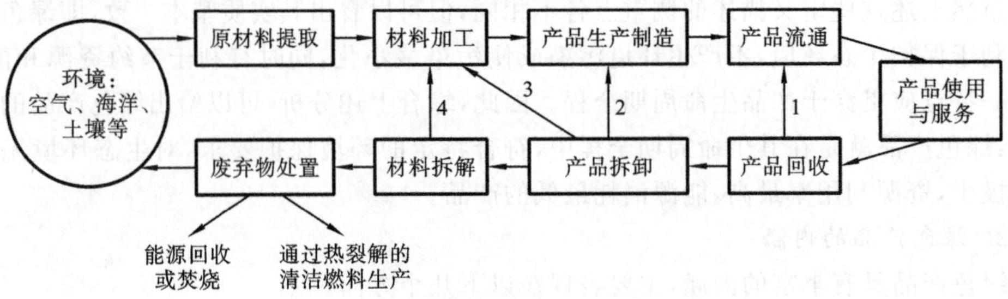

图 6-4 产品生命周期阶段与环境的关系

1—直接再循环或重复利用；2—可直接利用成分的再制造；

3—再循环材料的再加工；4—单体/原材料再生

6.3.2 绿色产品设计的含义和内容

绿色产品设计思想最早是在 20 世纪 60 年代提出的，美国设计理论家威克多·巴巴纳克(Victor Papanek)在他出版的《为真实世界而设计》(Design for the real world)中强调，设计应该认真考虑有限的地球资源的使用，为保护地球的环境而服务，当时这一观点还引起了很大的争议。后来，随着科技的发展以及人类物质文明和精神文明的不断提高，人类意识到生存的环境日益恶化，可利用的资源日趋枯竭，经济的进一步发展受到了严重制约，这些问题直接影响到人类的繁衍，从而提出了可持续发展的战略。20 世纪 80 年代末，"绿色消费"浪潮首先在美国掀起，继而席卷了全世界。绿色冰箱、环保彩电、绿色电脑等绿色产品不断涌现，广大消费者也越来越崇尚绿色产品。绿色产品设计在 20 世纪 90 年代成为现代设计技术研究的热点问题。

绿色产品设计是以环境资源保护为核心概念的设计过程，它要求在产品的整个寿命周期内把产品的基本属性和环境属性紧密结合起来，在进行设计决策时，除满足产品的物理目标外，还应满足环境目标，以达到优化设计要求。

绿色产品设计的内容很多，在产品的设计、经济分析、生产、管理等阶段都有不同的应用，这里着重对设计阶段的内容加以分析。

1. 绿色产品的描述与建模

准确、全面地描述绿色产品，建立系统的绿色产品评价模型是绿色设计的关键。例如针对冰箱产品，已提出了绿色产品的评价指标体系、评价标准制定原则，如可利用模糊评价法对冰箱的"绿色程度"进行评价。此外，还开发有相应的评价工具。

2. 材料绿色选择与管理

绿色设计要求产品设计人员改变传统的选材程序和步骤，选材时不仅要考虑产品的使用条件和性能，而且应考虑环境约束准则，同时必须了解材料对环境的影响，选用无毒、无污染材料及易回收、可重用、易降解材料。绿色设计对材料的要求也为材料科学的发展提出了新的挑战,即能提供或生产出适合绿色产品设计的绿色材料。除合理选材外,同时还应加强材料管理。绿色产品设计的材料管理包括两方面内容:一方面不能把含有有害成分与无害成分的材料混放在一起;另一方面,达到寿命周期的产品,有用部分要充分回收利用,不可用部分要采用一定的工艺方法进行处理,使其对环境的影响降低到最低限度。

3. 产品的可回收设计

可回收性设计是指在产品设计初期充分考虑其零件材料的回收可能性、回收价值大小、回收处理方法、回收处理结构工艺性等与回收性有关的一系列问题,最终达到零件材料资源、能源的最大利用,并对环境污染为最小的一种设计思想和方法。可回收性设计包括以下几方面的主要内容:①可回收材料及其标志;②可回收工艺与方法;③可回收性经济评价;④可回收性结构设计。可回收性设计就是在产品设计时要充分考虑到该产品报废后回收和再利用的问题,即它不仅应便于零部件的拆卸和分离,而且应使可重复利用的零件和材料在所设计的产品中得到充分的重视。资源回收和再利用是回收设计的主要目标,其途径一般有两种,即原材料的再循环和零部件的再利用。鉴于材料再循环困难和成本高昂,目前较为合理的资源回收方式是零部件的再利用。

4. 产品的装配与拆卸性设计

可拆卸性是绿色产品设计的主要内容之一,它在现代生产良性发展中起着重要的作用,已成为机械设计的重要内容。可拆卸性设计要求在产品设计的初级阶段就将可拆卸性作为结构设计的一个评价准则,使所设计的结构易于拆卸、维护方便,在产品报废后,可重用部分能充分有效地回收和重用,以达到节约资源和能源、保护环境的目的。同时,要求在产品结构设计时改变传统的连接方式,代之以易于拆卸的连接方式,且使拆卸部位的紧固件数量尽量少。可拆卸结构设计有两种类型:一种是基于成熟结构的"案例"法;另一种则是基于计算机的自动设计方法。为了降低产品的装配和拆卸成本,在满足功能要求和使用要求的前提下,要尽可能采用最简单的结构和外形,使组成产品的零部件材料种类尽可能少。

5. 绿色产品的成本分析

绿色产品的成本分析与传统产品的成本分析不同。由于在产品设计初期,就必须考虑产品的回收、再利用等性能,因此进行成本分析时,就必须考虑污染物的替代、产品拆卸、重复利用成本,特殊产品相应的环境成本等。对企业来说,是否支出环保费用,也会形成产品成本上的差异;同样的环境项目,在各国或地区间的实际费用,也会形成企业间成本的差异。因此,在作出每一设计决策时都应进行绿色产品成本分析,以使设计出的产品"绿色程度"高且总体成本低。

6. 绿色产品设计数据库

绿色产品设计数据库是一个庞大复杂的数据库。该数据库对绿色产品的设计过程起着举足轻重的作用。它应包括产品寿命周期中与环境、经济等有关的一切数据,如材料成分，各种材料对环境的影响值，材料自然降解周期，人工降解时间、费用，制造、装配、销售、使用过程中所产生的附加物数量及其对环境的影响值，环境评估准则所需的各种判断标准等。

6.3.3 绿色产品设计的原则

绿色产品设计的原则被称为"3R"(reduce，reuse，recycle)原则，即要求减少环境污染、减小能源消耗，实现产品和零部件的回收、再生循环或者重新利用。具体来说，绿色设计必须遵循以下原则。

(1) 产品全生命周期并行的闭环设计原则。这是因为产品的绿色程度体现在产品的整个生命周期的各个阶段。

(2) 资源最佳利用原则。一是选用资源时必须考虑其再生能力和跨时段配置问题，尽可能用可再生资源；二是尽可能保证所选用的资源在产品的整个生命周期中得到最大限度的利用；三是在保证产品功能质量的前提下，尽量简化产品结构并使产品的零部件具有最大限度的可拆卸性和可回收再利用性。

(3) 能源消耗最小原则。一是尽量使用清洁能源或二次能源；二是力求产品整个生命周期循环中能耗最少。

(4) 零污染原则。设计时实施"预防为主，治理为辅"的清洁生产等环保策略，充分考虑如何消除污染源，从根本上防止污染。

(5) 技术先进原则。为使设计体现绿色的特定效果，就必须采用最先进的技术，并加以创造性的应用，以获得最佳的生态经济效益。

6.3.4 绿色产品设计与传统设计的区别

产品能否达到绿色标准要求，其决定因素是该产品在设计时是否采用绿色设计。传统设计在设计过程中，设计人员通常主要是根据产品基本属性(功能、质量、寿命、成本)指标进行设计，只要求产品易于制造并满足所要求的功能、性能，而较少或基本没有考虑资源再生利用以及产品对生态环境的影响。这样设计生产制造出来的产品，在其使用寿命结束后回收利用率低，对资源、能源的浪费严重，特别是其中可能含有的有毒有害物质，会严重污染生态环境，影响生产发展的可持续性。

而绿色设计必须遵循一定的系统化设计程序，其中包括：环境规章评价，环境污染鉴别，环境问题的提出，减少污染、满足用户要求的替代方案，替代方案的技术与商业评估等。绿色设计人员应该考虑这样的问题：制造过程中可能产生的废弃物是什么，有毒成分的可能替代物是什么，报废产品如何管理，设计对产品回收性有什么影响，零件材料对环境有何影响，用户怎样使用产品等。

绿色设计所关心的目标除传统设计的基本目标外，还有两个：一是防止影响环境的废弃物产生；二是良好的材料管理。也就是说，避免废弃物产生，用再造加工技术或废弃物管理方法协调产品设计，使零件或材料在产品达到寿命周期时，能以最高的附加值被回收和重复利用。

绿色设计通常有三个主要阶段，即：

(1) 跟踪材料流，确定材料输入与输出之间的平衡；

(2) 对特殊产品或产品种类分配环境费用，并确定相应的产品价值；

(3) 对设计过程进行系统性研究，而不是将注意力集中在产品本身，即应从产品的整体质量考虑。设计人员不应只根据物理目标设计产品，而应以产品为用户提供的服务或损害为主要依据。

由此可见，绿色设计与传统设计的根本区别在于：绿色设计要求设计人员在设计构思阶段就要把降低能耗、易于拆卸、再生利用和保护生态环境与保证产品的性能、质量、寿命、成本的要求列为同等的设计目标，并保证在生产过程中能够顺利实施。

6.3.5 绿色产品设计的方法

由于在产品设计上可利用的生产设备、方法、技术、材料和加工方法等日渐繁多，工业社会组织与产品形态亦渐趋复杂，而产品的市场需求趋势随着人们生活水平的提高在不断变化，因此，绿色产品设计已不像从前的产品设计那么单纯，这就要求产品设计人员在产品开发设计过程中采用系统的观点，充分掌握设计的全盘性和相互联系及制约的细节问题，这样才能更好地控制各设计因素，以便有效地完成设计。绿色产品设计是多种现代设计方法的集成。例如，为了使产品具有良好的拆卸回收性能，产品应采用模块化结构，且具有简单的连接方式；为了使产品具有较长的使用寿命，以减缓资源消耗，产品零部件必须进行长寿命设计等。下面对绿色产品设计的系统思想与方法、模块化设计和长寿命设计作简单介绍。

1. 系统论设计思想与方法

系统论的设计思想，其核心是把绿色产品设计对象以及有关的设计问题，如设计过程与管理、设计信息资料的分类整理、设计目标的确定、人—机—环境的协调等视为系统，然后用系统分析方法处理和解决。系统的绿色产品设计要求产品的设计、生产、管理，产品的经济性、维护性、包装运输、回收处理、安全性等方面均从系统的高度加以具体分析，确定各自的地位，在有序和协调的状态下，使产品达到整体“绿色化”。系统论思想和方法是绿色设计的基础。

2. 模块化设计

模块化设计是产品结构设计的一种有效方法，也是绿色设计中确定产品结构方案的常用方法。模块化设计是在对一定范围内的不同功能或相同功能不同性能、不同规格的产品进行功能分析的基础上，划分并设计出一系列功能模块，通过模块的选择和组合可以构成不同的产品，以满足市场的不同需求。利用模块化设计可以很好地解决产品品种、规格与设计制造周期和生产成本之间的矛盾。模块化设计也为产品快速更新换代，提高产品质量，方便维修，产品废弃后的拆卸回收，增强产品的竞争力提供了条件。

模块化设计可根据绿色产品设计的不同目标要求来进行，如在模块化设计时，若以可重用性为主，则需要考虑两个主要因素：①期望的零部件寿命及其重用性，考虑零部件寿命时，可将长寿命的零部件集成在相同模块中，以便产品维护和回收后的重用；②当考虑可重用性时，应将具有相同重用性的零部件集成在同一模块中。

3. 长寿命设计

长寿命设计的目的是确保产品能够长期安全地使用，对于一些关键设备，特别是大型和重型机械，一旦出现事故，就会长时间停产，造成很大的损失，对这些设备进行长寿命设计就很有必要。长寿命设计的关键是要使工作应力小于零件的疲劳强度极限，一般方法是先用静强度设计出零件的尺寸，然后再进行疲劳强度校核。只要校核通过，则可认为零件具有长寿命。如果疲劳校核通不过，则应重新确定零件的形状和尺寸。

绿色产品设计被称为是“工业生产的又一次效率革命”，而且已经成为目前产品设计中的一个主流方向，在很长一段时间内，都会是产品设计中需要考虑和注重的设计原则。但是，到目前为止，绿色产品大都是在某一个技术方面可以做到“绿色”，而并非在产品的整个生命周期实现完全意义上的“绿色”。绿色设计不应该仅仅停留在技术层面上，更应该上升到设计理念和设计原则的高度。因此，要明确产品设计中绿色思维的真正含义以及如何应用绿色的思维进行设计，这样才会设计出更多更好的绿色产品，体现出绿色的含义。

6.4 并行设计技术

1988 年美国国家防御分析研究所(IDA，Institute of Defense Analysis)提出并行工程的概念，即“集成地、并行地设计产品及其相关过程(包括制造过程和支持过程)的系统方法”。这是一种新的产品生命周期设计管理方法，这种方法把时间作为关键因素，它以缩短产品上市时间为目标，在从产品设计到产品报废的整个产品生命周期，全方位地解决所用时间问题，这种设计管理过程就是并行工程。

6.4.1 并行设计的概念

并行设计(CD，concurrent design)是并行工程的主要组成部分，要求产品设计及其相关过程并行进行，是设计及相关过程并行、一体化、系统化的工作模式。它是现代机械设计与制造科学的研究热点，是一种对产品及其相关过程(包括制造过程和支持过程)进行并行和集成设计的系统化工作模式。并行设计是一种系统的设计方法，它以集成的、并行的方式设计产品及相关过程，包括对制造过程、后勤支援过程的设计。并行的含义是指对整个过程的自动调节控制，最优化是并行设计的主要目的。因此，要实现并行设计，必须解决的关键问题是设计过程集成化、设计过程最优化和设计过程自动化控制。

与传统的串行设计相比，并行设计更强调在产品开发的初级阶段就全面考虑产品寿命周期的后续活动对产品综合性能的影响因素，建立产品寿命周期中各阶段间性能的继承和约束关系及产品各方面属性之间的关系，以追求产品在寿命周期全过程中其综合性能最优。它借助于各阶段专家组成的多功能设计小组，能使设计过程更加协调、产品性能更加完善，因此能更好地满足用户对产品全寿命周期质量和性能的综合要求，并减少产品开发过程中的返工，进而大大缩短产品开发周期和降低产品的成本。

并行设计能够取得成功的根本原因在于它采用了协调全过程的技术，协调性决定并行设计的有效性。随着并行设计的发展和完善，它的协调能力也越来越强。在并行设计过程中，如何建立各任务之间的耦合关系模型直接决定着多功能小组的协调，因此这一问题是并行设计发展的关键问题之一。

并行设计希望产品开发的各项活动尽可能在时间上平行地进行，这就要求有较高的管理水平与之相适应；并行设计要求多功能小组更加接近和了解用户，更加灵活和注重实际，以开发出能更加满足用户要求的产品；并行设计当然还要提高产品质量，而这又与设计和生产的发展水平相互促进、相互制约。

6.4.2 并行设计模型

模型是人们分析问题、解决问题的基础。一个好的并行设计模型，首先应能反映设计系统的静态属性、设计环境、设计对象和设计工具等，其次还应能反映设计系统的动态属性。动态属性反映了系统及其内部的联系随时间而发生的变化。只有确定了动态模型，才有可能得到最佳的设计活动次序，也才有可能使设计的并行化得以实现。

工程设计本质上是一个顺序性、交互性和迭代性都很强的过程，后续的工程分析和详细设计活动必须有概念设计活动所提供的完整信息才能进行，而概念设计活动也需要有下游环节提供的修改设计的信息。并行设计则要求参与产品生命周期全过程人员之间的信息共享，使设计者从一开始就能考虑产品生命周期的所有因素，从而达到提高质量、缩短开发周期、降低成本和保护环境等综合优化的目的。因此，开发并行设计模型的着眼点就是要把工程设计固有的顺序性和并行设计要求的并行性协调起来，科学地描述并行设计的实质。

下面是两个关于并行设计的模型。

(1) 环节重叠和压缩模型。大多数关于并行设计的论述把并行设计的过程描述成一个活动环节重叠、压缩的过程，如图 6-5 所示。

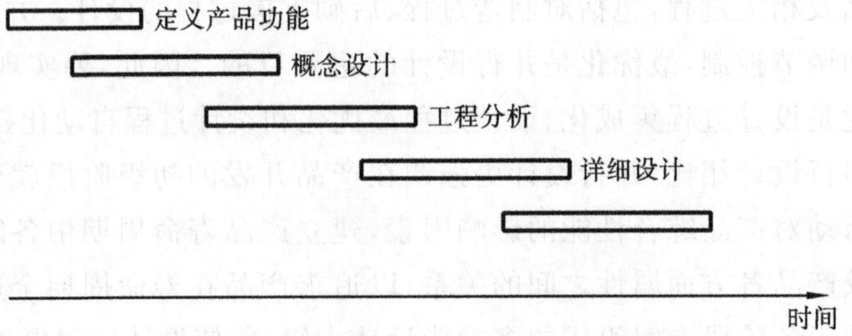

图 6-5 并行设计的重叠和压缩模型

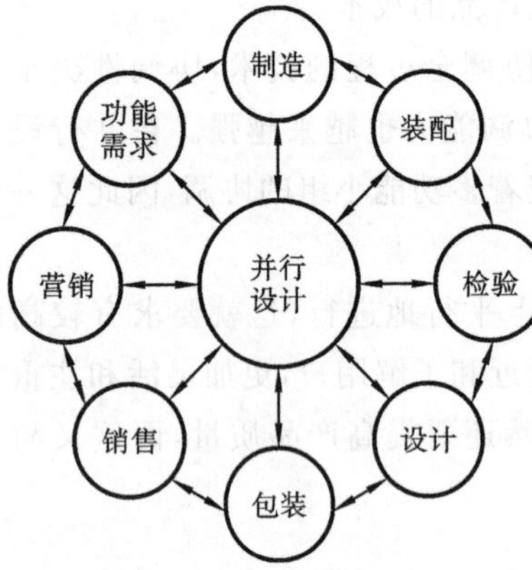

图 6-6 并行设计的圆桌模型

(2) 圆桌模型。正如圆桌会议的方式之所以被采用是因为参与者的座次无法排定,影响并行设计的诸多因素之间的关系很难确定,所以圆桌模型也常用来描述并行设计,如图 6-6 所示。

这两种模型基本属于描述性模型的范畴。对于具体组织实施并行设计活动来说,还需要有具备可操作性和可计算性的模型,从而使并行设计能在基于计算机的支持环境中被实现。并行设计过程模型建立以后,要使设计活动真正"并行"起来,还需要对设计进程进行有效的管理,使原本串行意义上的活动能够以并行的方式进行,这就是进程管理的作用。

6.4.3 并行设计进程管理

当采用并行设计使原本串行的活动以并行的方式进行时,其过程和计算机操作系统中的"进程"概念有很多相似的地方,因此可以用"设计进程"的概念来描述它,以区别于传统意义上的顺序的"设计过程"。计算机操作系统中的"进程"指分时执行的程序,其特点如下。

(1) 若干进程可以同时进行,但每个进程仍然是顺序进行的。

(2) 各进程共享计算机 CPU、内存、外设等资源。

(3) 操作系统按给定的管理策略安排进程间的执行顺序和对资源的使用。

(4) 每个进程有新生、就绪、运行、暂停或等待等状态,这些状态之间并不是一个顺序的关系,而是一个包括迭代、循环等在内的复杂关系,这种关系可以用状态转换图来描述。

(5) 操作系统按给定的管理策略安排每个进程在状态间转换,完成其执行过程。

(6) 一个进程还可以孵化出若干子进程。父进程和子进程之间的关系有两种:一种,父进程和子进程同时进行；另一种，父进程处于等待状态，直到所有子进程都执行完毕，它才恢复执行。

不难发现，并行设计过程和上述进程在概念上存在着许多相似的地方。概括起来，并行设计进程管理要解决的问题主要包括描述设计进程的序列、进程之间的时间依赖关系、数据依赖关系或控制依赖关系；进程之间的约束；进程之间的冲突；建立不同层次设计进程间的资源满足关系和同级设计子进程间的资源约束关系；建立各设计进程间的时序和逻辑关系，维护和记载设计进程中产生的过程数据，向产品生命周期中的相关人员提供信息，使各设计之间能够协同工作，保证产品设计过程的有序性、高效性和产品数据的有效性、完整性、一致性和安全性；开发进程管理的关键技术，开发、应用有效的管理工具；改进产品信息的管理以及小组成员之间的实时通信和协同。

进程管理的具体内容包括分解设计任务，定义完成任务、动作、和步骤的秩序，协调各子过程的相互关系，解决它们之间的冲突等。概括起来，就是使指定的任务在指定的时间内被指定的人采用指定的资源来完成。

6.4.4 并行设计方法

作为现代设计理论及方法，并行设计方法目前基本上可以分为两大类。

1. 基于人员协同集成的并行化

基本做法是组成包括各方面人员的、针对给定设计任务的专门的、综合性的设计团体（企业）。这就要求团队（企业）成员必须是跨领域的善于理解他人观点的能协同的人员，所有成员都需要有相互交流的愿望和能力。虽然这种方法得到了广泛的应用，但是它也有许多缺点，例如，有效管理这样的队伍困难且成本高，队伍成员尽管来自许多领域，但他们各自的知识都有局限性。

日益完善的电子通信手段和计算机辅助工具加强了人员协同的方法，使得并行工程的机制能够通过组织的运行逻辑得以实现，从而使设计评价和优化能针对产品生命周期的所有方面同时进行。

2. 基于知识协同和集成的并行化

基于知识协同和集成的并行化方法很多，其中又可分为两类。第一类是 DFX 方法，它侧重于作为先行环节的工程设计对下游环节，如制造、装配、环境保护等予以充分的考虑。属于这个范畴的包括面向装配的设计（DFA，design for assembly）、面向制造的设计（DFM，design for manufacturing）、面向质量的设计（QFD，quality function deployment）、面向环保的设计（DFE，design for environment）等。其他一些方法，如 Taguchi（田口）的稳健设计法是以综合优化设计性能、质量和成本三要素为目的的，也属于这一类。另一类方法则称为 CAX 技术，它注重把产品开发周期中的各活动环节，如产品设计、工程分析、工艺计划等活动集成起来。属于这个范畴的方法包括计算机辅助工艺设计、计算机辅助制造、计算机辅助工程分析等。

当然，这两种产品并行设计方法并不是相互独立的，在实际应用过程中，它们往往是紧密结合在一起的，以求发挥最大效果。人员协同和集成的目的是为了实现知识的及时共享和交换，而知识协同和集成也离不开人员协同，二者都需要计算机技术的支持。如现代企业所实行的 ERP，不仅集成了企业人员管理机制，还集成了 CAX、PDM 以及其他的相关技术，通过采用这样的方式来全面实现企业及企业间的并行工程。

6.4.5 并行设计中的关键技术

并行设计实质上是一种包括人机集成和系统功能集成在内的整机优化的工作方式。除了发展作为基础的基本设计理论和方法学以外，还需要发展各种实施并行设计的具体技术，其中主要包括与具体产品有关的设计技术和与领域无关的并行设计技术。

与产品有关的并行设计技术与特定专业领域有关。例如，如何在机械产品结构设计中实现并行设计，如何应用有限元法、失效分析法等早期预测设计性能等。

并行设计发展目标是围绕并行设计的自动化，建立集成化、智能化的支撑环境，使并行设计最终成为一种包括人机集成和系统功能集成在内的整体优化的集成工作方式。围绕这些内容的相关关键技术主要有以下几种。

1. 设计数据和知识的表达与处理

研究表明，大多数的设计工程师在真正的产品设计上要花费 25%的时间，在寻找设计所需的数据上却要花费 30%～50%的时间，重复劳动现象严重。为了有效地组织和管理产品数据，就要对产品数据等工程信息进行有效管理，包括组织、跟踪和存取控制等，并以此来促进设计小组的开发活动。除了要注意持续地、尽早地交换、协调关于产品制造、支持系统等过程的信息，还需要调动企业内部全体人员的各种智力因素，交换、关联和集成各类知识，把他们的设计思想统一在一个完整的产品开发过程中。

在并行设计中需要管理的信息主要包括以下三个方面。

(1) 设计对象的信息。概括起来，以下内容都可以被认为是工程设计所要处理的信息：企业的业务计划、市场分析数据、需求分析和产品定义、产品规格定义等。这些信息在设计活动中将被转换为设计要求，成本目标以及人力、时间、经费、设备等资源需求等。设计将会继续产生和处理的信息包括制造要求、设计的原型或模型、对制造资源的要求、产品使用说明、维护产品生命周期的技术支持、产品报废和回收措施等。

(2) 设计过程的信息。过程和过程信息是制造业的基础。制造过程信息是指形成产品所必需的制造操作信息，包括关于制造活动的高层次的描述、资源需求、过程之间的顺序关系、当前的约束等。许多应用程序都要使用过程信息，包括各种制造工程、操作和业务方面的应用软件，如生产流程计划、制造工艺计划、工作流、业务流程重组工程、系统模拟软件、过程建模软件、项目管理系统等。当制造业朝着提高其集成化程度方向发展的时候，对于共享过程信息的需求也日益增加。因此，互操作性对过程信息的重要性是不言而喻的。

(3) 设计知识的信息。开发设计知识处理技术的目的包括提供实施并行设计所需要的知识和设计策略，提供选择设计方案所需要的决策支持以减少昂贵的设计迭代过程，其研究内容包括知识库的建立和各种自动化设计系统的开发。

2. 设计信息和知识的技术与环境的共享

虽然在信息传递、转换、评价和记录过程中人仍然发挥着决定性的作用，但在改进信息的获取、交换方式和利用这些信息评价设计上，计算机技术正发挥着越来越重要的作用。例如，在人员协同和集成的并行设计方法中，组建团队是成员们彼此交换信息及将成员们的知识和技能结合起来的手段。然而，当团队的范围从公司或组织内部扩展到外部供应商、分包商、甚至客户时，团队成员之间通过某种计算机辅助的手段而不是进行面对面的直接交流就变得必不可少了。设计活动的界面技术(包括人-人界面和人-计算机界面)是设计理论和方法学的重要研究内容之一，并行设计中信息和知识的共享技术与环境就属于这一范畴。信息技术领域现在已有许多工具可以提供信息传递和共享环境，例如，改进单个媒体的信息交换的能力；把多媒体能力集成到一个交换环境中；改进信息交流界面；使信息传播媒体结构化以加强其支持任务执行的能力等。

并行设计以计算机作为主要技术手段，除了通常意义上的CAD、CAPP、CAM、产品数据管理系统(PDMS，product data management system)等单元技术的应用外，还要着重解决以下一些关键技术问题。

1) 产品并行开发过程建模及优化

并行设计的思想是在研究产品开发过程的基础上形成的，要实现产品的并行设计，首先要建立起产品并行开发的信息模型。

产品开发是一个十分复杂的过程，以什么样的理论、策略和方法建立产品开发过程的数学模型，一直是并行设计技术研究的重要课题。目前，这样一种观点已取得国内外学术界的认同，即：产品开发过程是一个基于约束的技术信息创成和细化的过程，这些约束包括：

(1) 目标约束，市场的需求，用户的要求，设计性能指标等；

(2) 环境约束，可选材料，加工设备，工艺条件等；

(3) 耦合约束，各子过程之间的约束。

在产品的并行设计中，工作群组从市场用户的需求(初始约束)出发开展设计工作，同时从不同专业的角度对设计活动提出约束，这些约束协调和优化后形成约束条件网络，对群组的设计工作施加影响，直至在设计空间中获得满足各种约束的最终设计结果。

2) 支持并行设计的计算机信息系统

信息交流对产品开发具有特别重要的意义。根据国外的调查资料，产品开发工程师的全部工作时间中有30%～40%用在了信息交流上。产品开发过程由串行转变为并行后，对信息交流的直接性、及时性、透明度提出了更高的要求。因此，计算机信息系统是支持并行设计的文本框架，计算机协同工作就是这种信息系统的范例。

通信和协调是并行设计计算机信息系统的两个主要功能。由于工作群组的成员不一定同处一地，也不一定同时工作，因此，并行设计要求计算机信息系统具有多种通信功能（同时同地、同时异地、异时同地、异时异地），并且能对产品开发中发生的冲突和分歧进行协调。例如，分处两地的群组成员可以通过计算机通信会商有关问题，共同处理同一电子文件，或绘制同一张图样。又如，工作群组的某个成员（或某个小组）根据强度校核计算的结果修改了某个尺寸，却没有意识到这一修改将对另一成员（或另一小组）的工作发生影响，约束条件网络可发现这一问题，并马上向双方发出警告信息，提醒双方进行协调。

6.5 虚拟设计

虚拟设计是随着科学技术的发展，特别是计算机辅助技术的发展而发展起来的新的设计方法。它是以虚拟现实（virtual reality）技术为基础，以产品为对象的设计手段。它能使产品设计实现更自然的人机交互，能系统考虑各种因素，把握新产品开发周期的全过程，提高产品设计的一次性成功率，缩短产品开发周期，降低生产成本，提高产品质量。它属于多学科交叉技术，涉及众多的学科和专业技术知识。如果把设计理解为在实物原型出现之前的产品开发过程，虚拟设计的基本构思则是用计算机来虚拟完成整个产品开发过程，设计者在调查研究的基础上，通过计算机建立产品的数字模型，用数字化形式来代替传统的实物原型进行产品的静态和动态性能分析，再对原设计进行集成改进。由于在虚拟开发环境中的产品实际上只是数字模型，设计者可随时对它进行观察、分析、修改及更新，同时对新产品的形象、结构、可制造性、可装配性、易维护性、运行适应性、易销售性等方面的分析都能相互配合地进行。虚拟设计可以使一个企业的各部门甚至是全球化合作的几个企业中的工作者同时在同一个产品模型上工作和获取信息，并实现并行连续工作，以减少互相等待的时间，避免或减少传统产品设计过程中在反复制作修改原型、反复对原型进行手工分析与实验等工作上浪费时间和费用。虚拟设计使人们能够在设计过程中发现和解决问题，按照规划的时间、成本和质量要求将新产品推向市场，并继续对顾客的需求变化作出快速灵活的响应。近年来，全世界范围内不少大公司对这项技术进行了卓有成效的研究，广泛地探索了虚拟设计技术在产品开发、制造以及市场推销等各个方面应用的可能性。

6.5.1 虚拟设计的概念

1. 虚拟产品

虚拟产品是虚拟环境中的产品模型，与一般的计算机仿真相比，虚拟环境中的产品分析不仅仅局限于对产品生命周期中各阶段分析评价的后处理或跟踪，而是能让用户从多通道中感受并驾驭产品的演变过程，因而虚拟环境下的产品模型远远不限于几何拓扑层次上建立的形体模型，也不是目前 CAD 软件提供的基于特征的参数化建模手段所能胜任的。

虚拟产品具有其物理原型的形体和表现，可以在计算机上逼真地展示产品性能。例如，当用户关注产品的曲面加工工艺时，虚拟产品可以提供完整的几何外形信息；当用户关注产品装配性能时，虚拟产品可以提供详尽的结构信息。虚拟产品是数字化的产品模型，且能以自然方式被人感受，如在产品外形方面，用户可触摸感觉产品的几何和表面特性；在产品结构中，用户可通过三维操作改变零部件的位置；在产品的运动过程中，用户可感知运动件的作用范围和作用量的大小。

2. 虚拟现实

虚拟现实是近 20 多年发展起来的一门新的计算机界面技术。它采用计算机技术和多媒体技术，营造出一个逼真的、具有视、听、触等多种感知的人工虚拟环境，使置身于该环境的人，可以通过各种多媒体传感交互设备与这一虚构的环境进行实时交互作用，产生身临其境的感觉。这种虚拟环境可以是对真实世界的模拟，也可以是虚构的世界。在虚拟现实技术的帮助下，设计人员可预先以连续的，更加直观的方式观察和探索新概念、新工程或新产品。这方面，目前还没有任何别的技术可以取而代之。

虚拟现实是一项综合技术，它来源于三维交互式图形学，目前已发展成为一门相对独立的学科。它需要一整套的工具和支持系统，如三维图形技术、模拟仿真工具以及实现用户在虚拟环境中以直观自然的方式与虚拟对象进行交互的各项技术。与传统的计算机图形学和计算机仿真技术相比，虚拟现实技术应有如下显著特性。

(1) 多感知性(multi-sensory)。人们在现实世界中是通过眼睛、耳朵、手指等器官来实现视觉、听觉，感知丰富多彩的世界，通过触觉了解物体的形状和特征的。总之，人们可通过多种渠道与客观世界进行交互作用，并沉浸在客观世界中。对于一般的仿真系统而言，用户所获得的主要是视觉感知，比较成熟的仿真系统则应实现听视觉感知、触觉感知、运动感知，甚至味觉感知、嗅觉感知等。理想的虚拟现实技术应该具有一切人所具有的感知功能。理想的虚拟现实应该包含人与自然交互方式的模拟，虚拟现实系统能提供给用户以视觉、听觉、触觉、嗅觉甚至味觉等多感知通道。

由于技术，特别是传感技术的限制，目前，虚拟现实技术所具有的感知功能仅限于视觉、听觉、触觉、运动等几种，从感知范围到感知的精确程度都还无法与真实环境相比。

(2) 存在感(presence)。存在感又称为临场，指用户感到作为主角存在于模拟环境的真实程度。理想的模拟环境应该达到使用户难以分辨真假的程度，如可视场景随视点的变化而变化，实现比现实更理想化的照明和音响效果等。对于一般的模拟系统而言，用户只是系统的观察者，而在虚拟现实的环境中，用户能感到自己成为了一个"发现者和行动者”。发现者和行动者利用他的视觉、触觉和操作来寻找数据的重要特性，而不是通过严密的思考来分析数据。通常思考可能既慢又吃力，而感觉则几乎可以无意识地、立即地表达结果，这更符合人们的自然思维习惯。

(3) 交互性(interaction)。交互性是模拟环境内物体的可操作程度和用户从环境得到反馈的自然程度。与目前基于二维菜单选项或命令输入等传统的交互方式不同，虚拟现实环境抛弃了鼠标的束缚，用户可以采用更为自然的三维操作或手势、语音等多通道信息来表达自已的意图。例如，用户可以用手去直接抓取模拟环境中的物体，这时手有握着东西的感觉，并可以感觉物体的重量，视场中被抓的物体也立刻随着手的移动而移动。

(4) 自主性(autonomy)。自主性指虚拟环境中物体依据物理定律动作的程度。例如，当受到推动时，物体会向力的方向移动、或从桌面落到地面等。虚拟现实环境的最终目标是模拟真实的物理世界，因此虚拟现实系统可以按用户当前的视点位置和视线方向，实时地改变呈现在用户眼前的虚拟环境画面，并在用户耳边和手上实时产生符合当前场景的听觉和其他各种感觉。

虚拟现实让用户可以沉浸在一种人工的虚拟环境里，通过虚拟现实软件及有关外部设备与计算机进行充分的交互，进行构思，完成所希望的任务。

3. 虚拟产品设计

虚拟产品设计是将虚拟现实技术引入CAD环境的一种产品设计方式，用于模拟新产品开发中产品的某些性能，以方便设计人员修改产品。在进行虚拟产品设计时，设计人员可以先利用现有的CAD系统建模，再转换到虚拟环境中，让设计人员或准客户来感知产品。设计人员也可以利用VR-CAD系统，直接在虚拟环境中进行设计与修改。在新产品开发设计时，可建立最初的数字物理实验模型即虚拟产品，以适应创造性设计过程所提出的直观要求，使所设计的产品得到精确的描述，并通过快速原型方法迅速地制作出物理模型。

4. 虚拟制造设计

新产品的数字原型经反复修改确认后，虚拟制造即可开始。虚拟制造或称数字化制造是在计算机上验证产品的制造过程，设计者在计算机上建立制造过程和设备模型，将其与产品的数字原型相结合，对制造过程进行全面的仿真，优化产品的制造过程、工艺参数、设备性能、车间布局等。虚拟制造可以预测制造过程中可能出现的问题，提高产品的可制造性和可装配性，优化制造工艺过程及其设备的运行工况及整个制造过程的计划调度，使产品及其制造过程更加合理和经济。

5. 虚拟装配设计

虚拟装配设计(virtual assembly design)是虚拟设计在新产品开发方面具有较大影响力的一个领域。虚拟装配采用计算机仿真与虚拟现实技术，利用仿真模型在计算机上进行仿真装配，实现产品的工艺规划、加工制造、装配和调试，它是实际装配的过程在计算机上的体现。现代设计要求设计人员在虚拟产品开发早期就应考虑装配问题，在进行虚拟装配的同时创建虚拟产品、分析装配精度，及时优化设计方案。虚拟装配的第一步是在CAD系统中创建虚拟产品模型，然后进入并利用虚拟装配设计环境系统，在虚拟环境中使用各种装配工具对设计的机构进行装配检验，以便全面掌握在虚拟制造中的装配过程，并尽可能早地发现新产品在设计、生产和装配工艺等方面的问题。利用这一虚拟环境，还可以评价产品的公差、选择零部件的装配顺序、确定装拆工艺，并可将结果进行可视化处理。

6. 虚拟人机工程学设计

虚拟设计在产品的人机工程学方面起着很重要的作用。它可将虚拟样机系统，引入一个虚拟人机工程学评价系统，通过精确研究产品的人机工程学参数，根据设计要求修改并重新设计产品，这就是虚拟人机工程学设计。英国航空实验室就研究出了这样一个虚拟人机工程评价系统。该系统由一个高分辨率头盔式显示器、一个数据手套、一个三维音响系统和SGI工作站组成，另外系统还为用户提供了一个真实的轿车坐舱。设计人员利用CAD系统创建了一辆Rover400轿车的驾驶室模型，经过一定的转换后将这个驾驶室模型引入虚拟人机工程学评价系统，通过确定人机工程学参数，修改虚拟部件的位置，重新构造整个轿车的内部结构。

7. 虚拟性能设计

虚拟性能设计，是以产品的最优性能为目标函数的新的设计思想。在以往的研究中，由于环境的限制和技术的局限，设计者在设计过程中无法对产品的最终性能进行估计和控制，而网络技术的出现，使得设计者在设计过程中能够突破环境、技术和材料等因素的限制，从而实现对所设计产品最终性能指标的估计和控制，完成真正意义上的产品性能设计。虚拟性能设计既是机械设计思想的重大变革，也是对传统机械工业模式的重大突破，它更接近机械设计的本质；它的实现和发展，将在很大的程度上推动机械设计的发展和机械产品性能的提高，对于未来的制造业将具有重要的指导意义。

6.5.2 虚拟设计的特点和优点

虚拟设计是指设计者在虚拟环境中进行设计。设计者可以在虚拟环境中用交互手段对在计算机内建立的模型进行修改。一个虚拟设计系统具备三个功能：3D用户界面、选择参数、数据表达与双向数据传输。

就“设计”而言，虚拟设计的所有设计工作都是围绕虚拟原型展开的，只要虚拟原型能达到设计要求，实际产品就必定能达到设计要求；而传统设计的所有设计工作都是针对物理原型（或概念模型）展开的。

就“虚拟”而言，虚拟设计的设计者可随时交互、实时、可视化地对原型在沉浸或非沉浸环境中进行反复改进，并能马上看到修改结果；而传统设计的设计者是面向图纸的，是在图纸上用线条、线框勾勒出概念设计的。

虚拟设计具有以下优点：

(1) 继承了虚拟现实技术的所有特点；

(2) 继承了CAD设计的优点，便于利用原有成果；

(3) 具备仿真技术的可视化特点，便于改进和修改原有设计；

(4) 支持协同工作和异地设计，利于资源共享和优势互补，从而可缩短产品开发周期；

(5) 便于利用和补充各种先进技术，以保持技术上的领先优势。

理想的虚拟设计系统的结构如图6-7所示，其中CAD/CAM系统、DFX软件、PDM软件、专家系统、智能设计系统、有限元软件等是比较成熟的部分。虚拟现实部分由数据源、数据接口、核心层、虚拟现实应用层、C/S层或者B/S层组成，通过网络与客户取得联系，开展协同工作。

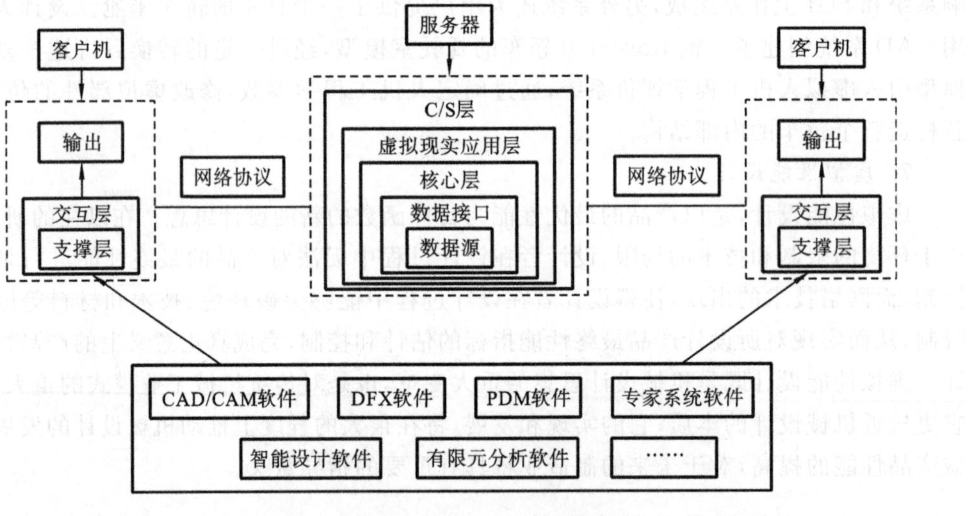

图6-7　理想的虚拟设计系统的结构

6.6 协同设计

随着世界工业市场竞争的不断加剧，用户对产品的需求日趋多样化和个性化，对设计提出了更高的要求，传统设计已无法跟上时代要求的步伐。各国制造商纷纷采用各种新概念、新思想、新方法来改进自己的产品设计开发模式，力求使其产品在市场上有较强的竞争力和生命力。计算机辅助设计、优化设计、有限元法等方法先后产生，新产品开发能力得到了进一步加强。伴随着这一形势，20世纪80年代前后出现了创新设计、绿色产品设计、并行设计、虚拟设计等一系列新概念设计方法。协同设计就是建立在这些新设计思想的基础上，对产品整个生命周期的各环节进行统筹考虑的设计方法。

6.6.1 协同设计的定义与设计方法

为了解决传统设计的缺陷，多年来，人们经过探索研究提出了很多新概念和新的设计方法，协同设计建立在上述研究成果的基础上，提出在计算机协同工作环境中，通过对复杂结构产品设计过程的重组、建模优化，建立产品协同设计开发流程；并利用现代 PDM、CAD/CAM/CAPP、虚拟设计等集成技术与工具，进行系统化的协同设计工作模式。

协同设计的定义：协同设计是一种系统化的方法，它要求设计者从一开始就考虑到用户需求直到质量、价格、计划安排等各种因素，在计算机网络环境下进行协同工作，对产品进行开发设计的方法。

协同工作的目标就是要缩短开发周期，改善产品质量，降低产品成本，增强竞争能力。计算机支持下的协同设计是一种包括有关人员集体共同进行某项设计工作的一种计算机工作环境，是一个多学科的综合体。它强调了以群体工作目标为核心，组织各类有关人员进行分工协作。计算机支持下的协同设计允许管理人员、设计人员、工程技术人员直至最终用户等各类有关人员可以分散在不同的工作场所；但要为这些不同部门的人员参与产品或工程项目的设计提供技术支持，使他们能密切合作，达到协同工作的目标。

协同设计的协作系统通常由成员角色、共享对象、协作活动和协作事件四个基本元素组成。成员角色描述了群体成员在协同工作过程中所起的作用，由于在协作系统中成员角色的差别较大，需合理对其进行划分。共享对象是在协作过程中各成员共同操作的对象。协作活动用来指示协作的进展和状态的变化，用于规范协调各成员的行为；协作事件指协作成员共同完成某一项工作。

计算机支持下的协同设计(computer supported cooperative design)是近年来新提出的一种产品开发模式，它受到了国内外众多研究单位与制造商的重视。协同设计是在计算机技术支持的环境中，由一个群体协同工作、共同完成一项设计任务，它的目标是要设计各种各样的协同工作的应用系统。协同设计不是简单的设计发明或创造，而是集成了现代设计中许多新方法、新技术、新思想、新模式，经过系统的抽象发展形成的，是一门综合的现代设计方法，它继承发展了并行设计的基本思想，借助于迅速发展的计算机技术和网络技术而构成。

协同设计要求设计者在设计时，不但要考虑设计本身的技术问题，而且还要考虑市场需求、用户要求、制造、装配、维护以及环境保护等问题，其目的是缩短新产品开发周期，压缩生产成本，向市场提供优质产品。协同设计方法归纳起来有以下几点：

(1) 建立基于协同理论的产品集成设计团队；

(2) 对复杂结构产品的设计过程进行重组，建立产品协同设计开发流程；

(3) 建立能支持协同设计的计算机协同工作环境；

(4) 通过对复杂结构产品的建模，优化产品设计过程与质量；

(5) 利用PDM、CAD/CAM/CAPP、Agent、虚拟设计等集成技术与工具，提高设计质量与速度。

6.6.2 协同设计的特点

协同设计强调的是在产品开发的设计阶段就考虑与制造和装配等下游活动有关的各种因素，支持小组间、跨地区间的设计与制造活动，进行相关问题的讨论与决策，协调产品开发，体现了产品开发过程中相互协作、相互信任、知识共享的团队工作价值。协同设计的基本特点表现为协同性、灵活性、安全与保密性、异地性等。

(1) 协同性。项目团队和项目组成一个产品设计与开发系统，任务小组与子任务组成产品设计与开发子系统。由此可知，产品设计与开发系统是由许多产品设计与开发子系统组成的，在协同设计过程中，子系统之间的相互配合和协调一致是保证产品设计与开发得以进行的前提。因此协同设计应具有一种协同各个设计专家完成共同设计目标的机制，包括通信协议、通信结构、冲突检测与仲裁等。

(2) 灵活性。在协同设计过程中，任务的分解和任务的分工都会发生变化。就对象而言，在设计过程中设计方案的局部变化是经常发生的；就人员而言，参与设计的专家的人数可能动态地增加或减少。这些变化表现为协同设计过程中的灵活性，即要求协同设计的体系结构要具有一定的灵活性、可变性。

(3) 安全与保密性。设计图纸等技术资料是企业最保密、最有价值的资源，各个企业都会采取各种措施保证这些技术资料不被非法外泄。数据的安全与保密有两个方面的含义，一个是项目团队内部的安全与保密。因为项目团队是根据项目而组建的，项目团队成员来自于不同的企业和部门，随着项目的结束，该项目团队解散。项目团队的成员之间既是合作者也是竞争对手。因此在协同设计过程中，应保证数据的安全，避免项目团队人员查看与自己设计任务无关的数据。另一方面的含义是项目团队外部的安全与保密。由于协同设计是在网络环境下进行的，因此保证网络的安全，防止非法用户的进入和病毒的入侵是非常必要的，也是非常重要的。安全和保密的保证是企业确定是否使用协同设计这种工作方式的前提。

(4) 多主体性。设计活动由两个或两个以上设计专家参与，而这些设计专家通常是相互独立的，并且各自具有各自的领域知识、经验和一定的求解问题的能力。在协同设计过程中，参与协同工作的除了企业的各级设计人员外，还包括客户、销售人员、采购人员、供应商和制造商等。主体是指组成项目团队的每一个成员，在整个设计过程中，他们作为不同的角色参与设计任务。

(5) 异地性(分布性)。协同设计的主体在地理位置上分布在不同的地域，他们之间不能随时地、方便地进行面对面的交流。这一特点强调主体之间不是通过面对面的交流，而是在异地通过通信工具进行交流。

从系统开发的角度分析，协同设计系统模型可分成四个层次。第一个层次为“协同设计开放互联环境”，用于保证协同设计过程中信息交流的可靠性。第二个层次为“协同设计支撑平台”，利用电子邮件、讨论系统和工作流程管理等工具，解决诸如信息共享、信息安全、成员角色管理等问题。第三个层次为“协同设计应用接口”，通过标准化的服务接口向应用系统提供第二层的功能。第四个层次为“各种协同设计应用系统”，通过群体各个角色完成相应的设计功能。

协同设计的特点是与CSCD群体工作方式密切相关的。协同设计的特点与CSCD群体工作方式的关系如图6-8所示。

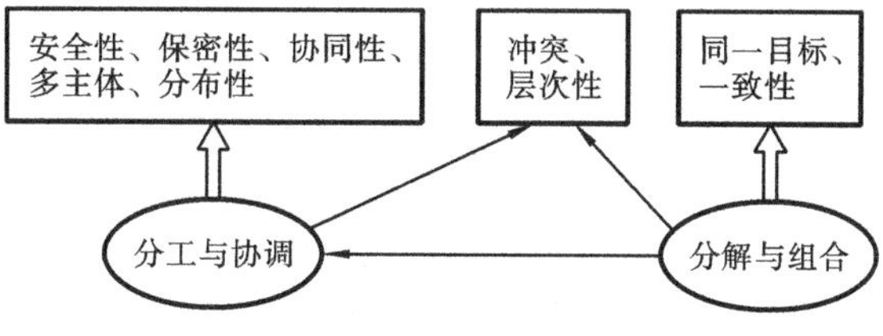

图6-8 协同设计的特点与CSCD群体工作方式的关系

在传统设计中可能出现的问题较多，有些问题之间甚至有着严重冲突。基于协同思想进行设计，可以通过结构重组，将以前不属于同时间段的问题，如后序的制造过程、安装过程、使用过程以及维修废弃可能出现的问题提前到设计阶段来考虑。这样，可以避免由于产品开发顺序、时间等问题而引起的后序问题。对于那些复杂交错、跨时域、多目标的问题，协同设计采用“协同决策”的方法进行处理。

协同设计的核心思想是产品的体系优化建模和开发过程集成，即从产品设计开始就考虑到产品开发后期可能出现的问题及对策。

在技术方面，协同设计在继承了许多优秀技术与方法，如CIMS、PDM多媒体技术等基础上提出了“计算机支持下的协同设计”和面向协同设计的CAD/CAM/CAPP集成等设计理念。在产品设计期间，协同设计能很好地处理产品生命周期中各环节的关系，充分地体现了互相合作、资源共享、协同决策的价值。

6.6.3 协同设计的关键技术

协同设计就是把现代先进技术和先进方法有机地结合起来，在计算机网络环境下进行协同工作，使设计者能以经济高效的协同工作模式进行产品开发设计。协同设计涉及的技术很多，下面简单介绍几种关键技术。

1. 协同设计过程重构技术

协同设计与传统产品开发方式的本质区别在于它把产品开发的各个活动视为一个集成的过程，从全局优化的角度出发对该集成过程进行管理和控制，并且对已有的产品开发过程进行不断的改进和提高。这种方法被称为产品开发重构(product development process reconfiguration)。

协同设计过程重构的思想是：根据需要可以对设计过程进行重新构思、重新设计，以用户需求为目标，进行面向用户、面向制造、面向装配的设计。因此，过程重构意味着对传统设计方式中一些不符合现代设计要求的部分的抛弃，是为满足当前过程需要的一种创新，并不是渐进式的改良。过程重构的核心有三点：

(1) 重新考虑(fundamental rethinking)意味着重构工作从零开始，组建一个新的过程模式组织；

(2) 重新设计(fundamental redesign)即从根本上对过程进行重新设计，而不是局部修改、局部设计；

(3) 用户需求目标(need object for user)是产品开发设计重组的重要问题，过程重构主要以此为中心。

协同设计产品开发的本质是过程重构。企业要实施协同设计，就要对现有的产品开发流程进行深入地分析，找到影响产品开发进展的根本原因，重新构造一个能为有关各方所接受的新模式。实现新的模式需要有两个条件：一是组织上的保证；二是计算机工具和环境的支持。产品开发过程重构的基础是过程模型，协同设计过程建模是协同设计实施的重要基础。

过程重构的基本原则有两点。

(1) 用户需求原则。产品是否能满足用户对产品质量、价格与服务的要求，是衡量产品开发设计过程各环节质量的主要标准，它贯穿于产品开发设计过程的各个阶段。协同设计要求设计者在产品开发设计时，首先要对产品全貌有清楚的认识，要考虑用户所有的需求及后续设计与生产的需求。

(2) 建立优化团队协同决策。协同设计过程重构的有效方法是形成一个高效的团队组织，通过团队协同决策的模式使设计产品具有高品质和较强竞争力，而且上市快、受用户欢迎。

2. 分布对象技术

为了在分布的、多种异构资源的基础上构造网络化协同设计系统，以有效地实现资源与信息的共享、人员的相互协调与合作，从而协同完成整体目标，因此系统集成就成为十分突出的问题。解决系统集成问题的有效途径就是遵循开放系统原则，采用标准化技术，建立集成软件环境。一种可分布的、可互操作的面向对象机制——分布式对象技术，对实现分布异构环境下对象之间的互操作和协同工作具有十分重要的作用和意义。其主要思想是，在分布式系统中引入一种可分布的、可互操作的对象机制，把分布于网络上可用的所有资源封装成各个公共可存取的对象集合。采用C/S模式能实现对象的管理和交互，使得不同的面向对象和非面向对象的应用可以集成在一起。

分布对象技术是分布计算技术和面向对象技术的新发展，它提供了在分布的异种平台之间进行协作计算的机制，能够满足协同设计系统中各实体的协调合作。目前在分布对象的定义和实现机制方面存在不同的标准，主要有国际对象管理组织OMG(object management group)发布的公共对象请求代理结构(CORBA，common object request broker architecture)；微软公司的分布式组件对象模型(DCOM，distributed component object management)和Sun公司的Java RMI分布对象技术。

3. 协同设计过程中的CAD/CAM/CAPP集成技术

自20世纪60年代开始，CAD、CAM、CAPP独立地，并且从生产过程的不同侧面分别发展起来，形成了自动化“孤岛”。由于它们各自的信息处理过程存在着特殊性，彼此间的模型定义、实现手段和存取方法均有差异，各自的信息处理过程都存在特殊性，信息难以交换，资源很难共享。20世纪80年代以后，由于生产发展的需要，CAD/CAM/CAPP集成技术的研究成为一个十分突出的问题，目前，这一技术在国内外均已取得了很大的进展，有些技术已达到了实用的水平。

CAD/CAM/CAPP集成技术发展至今，除了在技术上不断出现新的研究成果和研究方向外，各种功能强大的商品化CAD/CAM/CAPP集成系统也相继出现，并以难以想象的速度更新。但是CAD/CAM/CAPP系统的整体结构、各智能部门关系、分工协作、信息集成管理机制，仍然存在以下需要进一步解决的问题。

(1) 集成问题。由于CAD、CAM、CAPP是相互独立发展起来的，他们所依赖的数据模型互不相容，缺乏统一的通信约定，不同环节之间的数据不能完全实现共享与交换，需要专门约定或人工参与，不利于协同设计开发中的信息交流。

(2) 产品信息关联性差。产品信息在数据库中关联性差，需要进一步的识别与匹配，给CAD/CAM/CAPP集成尤其是协同开发环境中的CAD/CAM/CAPP集成带来了很大的不便。

(3) 信息表达不完备。现有的CAD、CAM、CAPP系统中，产品数据缺乏产品后续过程中的相关信息。在协同设计中，产品数据应包括产品生命周期的全部信息，因此，有待进一步研究产品设计的后续过程中的相关信息。

(4) 面向协同开发环境的集成系统要用到设计、制造方面的专业知识，这些专业知识在一定程度上超越了通用软件系统所能解决的范围，因此需要研究面向协同开发环境的知识管理技术。

4. 计算机网络通信技术

计算机网络指地域上分散的、具有独立自治功能的计算机系统通过通信设施互连的集合体,能完成信息交换、资源共享、远程操作、协调配合等功能,达到计算机系统的互联、互操作和协同工作等目的。计算机网络技术的出现和发展带来了计算机发展和应用领域的又一次飞跃。随着通信技术的发展,网络传播速度在不断提高,网络覆盖范围在不断扩大,计算机网络的应用也在迅速发展。计算机网络技术为人们提供了快速、性能稳定的信息服务。

网络化制造的发展,对计算机网络技术提出了更高的要求,计算机网络技术也继续向宽带、高速、服务增强和安全可靠的方向发展。计算机网络通信技术是保障协同设计效率与可靠性的重要因素。

5. *产品数据管理技术*

产品数据管理(PDM,product data management),是对工程数据管理、文档管理、产品信息管理、技术数据管理、技术信息管理、图像管理以及其他产品定义信息管理技术的扩展。它提供产品全生命周期的信息管理,不仅包含静态的数据信息,也包括动态的过程信息。PDM 虽然起步较晚,但发展迅速。目前已出现许多商业化系统。分布式的产品开发环境要求 PDM 模块能跨越地域、时间、领域的限制,对全生命周期的信息进行统一管理,这需要充分利用计算机网络技术,运用分布式数据库技术、分布对象技术和面向对象的方法进行系统设计。PDM 系统提供给各设计小组一个柔性的产品数据管理工具,是实现协同产品设计的基础。

6.6.4 协同设计与并行设计、CIMS、虚拟设计等现代设计方法的关系

协同设计是建立在并行设计的基础之上,较并行设计更先进的一种现代设计方法。从表面上看,协同设计与并行设计的区别不大,学术界对其方法学、理论和实施还不能统一。协同理论也不是一个新概念,但是,基于计算机支持环境下的现代产品开发协同设计却是一种新思维。协同设计不是对并行设计、CIMS、虚拟设计的否定,它是站在更高的层次上对设计组织结构的管理和协同。

众所周知,协同学研究的是复杂系统,这些复杂系统由许多元素组成,能够产生空间机构、时间机构或功能机构。实际上,解决组织合作行为的难题,仅靠研究各元素的行为是不够的,采用总体论的观点尤为重要。通过各部分之间的相互作用和整合,将会从复杂系统中涌现出全新的事物。协同设计就基于这种思想:通过协同性提高任务完成效率;通过资源共享扩展完成任务的范围;通过任务的优化分配增加任务完成的可能性;通过避免有害相互作用降低任务之间的干涉。因此,可以用"协同度(degree of cooperation)"来定性地描述主体之间的协同程度。协同设计的思想体现在产品生命周期各环节因素的综合平衡上。

协同设计和并行设计都提出在设计时要同时考虑制造过程中可能存在的问题,但是,协同设计更注意计算机在协同设计中的重要地位。计算机协同技术将带来人们协作方式

的变革，提高人们协同工作的效率。计算机协同技术的应用和发展，将会改变人们交流信息、进行协作的方式，进而使计算机与人们的工作融合到一起，形成新的计算机支持下的人类协作方式。协同设计是对并行设计、CIMS、虚拟设计等现代设计方法的继承、深化和发展。

本章重难点及知识拓展

本章重难点：理解现代设计方法的丰富内涵，掌握几种主要前沿设计方法与技术的基本思路，如创新设计、快速响应设计、绿色产品设计、并行设计、虚拟设计、协同设计等。

随着对客观世界认识的深入和生活水平的提高，人们对产品的要求也愈来愈高。所有这些使人们对设计的要求发展到了一个新的阶段，现代设计方法是一门种类繁多，知识面广的学科群，它所涉及的内容十分广泛，而且随着科学技术的飞速发展，必将还会有许多新的设计方法不断涌现，它的内容还会不断发展。

思考与练习

6-1 在产品设计过程中，创造性设计主要体现在哪些环节上？

6-2 简述快速响应工程的含义及关键技术。

6-3 绿色产品设计的内容是什么？绿色产品设计的意义何在？

6-4 并行设计的模型主要有哪些？关键技术有哪些？

6-5 虚拟的概念是什么？简述虚拟设计的主要特点。

6-6 协同设计的关键技术有哪些？过程重构的原则是什么？

6-7 简述协同设计与并行设计、CIMS、虚拟设计等现代设计方法的关系。

附录 A 标准正态分布表

$$\Phi(z)=\int_{-\infty}^{z_o}\frac{1}{\sqrt{2\pi}}e^{-z^2/2}dz=P\{z\leqslant z_o\}$$

z	0.00	0.01	0.02	0.03	0.04	0.05	0.06	0.07	0.08	0.09	z
−0.0	0.5000	0.4960	0.4920	0.4880	0.4840	0.4801	0.4761	0.4721	0.4681	0.4641	−0.0
−0.1	0.4602	0.4562	0.4522	0.4483	0.4443	0.4404	0.4364	0.4325	0.4286	0.4247	−0.1
−0.2	0.4207	0.4168	0.4129	0.4090	0.4052	0.4013	0.3974	0.3936	0.3897	0.3859	−0.2
−0.3	0.3821	0.3783	0.3745	0.3707	0.3669	0.3632	0.3594	0.3557	0.3520	0.3483	−0.3
−0.4	0.3446	0.3409	0.3372	0.3336	0.3300	0.3264	0.3228	0.3192	0.3156	0.3121	−0.4
−0.5	0.3085	0.3050	0.3015	0.2981	0.2946	0.2912	0.2877	0.2743	0.2810	0.2776	−0.5
−0.6	0.2743	0.2709	0.2676	0.2643	0.2611	0.2578	0.2546	0.2514	0.2483	0.2451	−0.6
−0.7	0.2420	0.2389	0.2358	0.2327	0.2297	0.2266	0.2236	0.2206	0.2177	0.2148	−0.7
−0.8	0.2119	0.2090	0.2061	0.2033	0.2005	0.1977	0.1949	0.1922	0.1894	0.1867	−0.8
−0.9	0.1841	0.1814	0.1788	0.1762	0.1736	0.1711	0.1685	0.1660	0.1635	0.1611	−0.9
−1.0	0.1587	0.1562	0.1539	0.1515	0.1492	0.1469	0.1446	0.1423	0.1401	0.1379	−1.0
−1.1	0.1357	0.1335	0.1314	0.1292	0.1271	0.1251	0.1230	0.1210	0.1190	0.1170	−1.1
−1.2	0.1151	0.1131	0.1112	0.1093	0.1075	0.1056	0.1038	0.1020	0.1003	0.09853	−1.2
−1.3	0.09680	0.09510	0.09342	0.09176	0.09012	0.03851	0.08691	0.08534	0.08379	0.08226	−1.3
−1.4	0.08076	0.07927	0.07780	0.07636	0.07493	0.07353	0.07215	0.07078	0.06944	0.06811	−1.4
−1.5	0.06681	0.06552	0.06426	0.06301	0.06178	0.06057	0.05938	0.05821	0.50705	0.05592	−1.5
−1.6	0.05480	0.05370	0.05262	0.05155	0.05050	0.04947	0.04846	0.04746	0.04648	0.04551	−1.6
−1.7	0.04457	0.04363	0.04272	0.04182	0.04093	0.04006	0.03920	0.03836	0.03754	0.03673	−1.7
−1.8	0.03593	0.03515	0.03438	0.03362	0.03288	0.03216	0.03144	0.03074	0.03005	0.02938	−1.8
−1.9	0.02872	0.02807	0.02743	0.02680	0.02619	0.02559	0.02500	0.02442	0.02385	0.02330	−1.9
−2.0	0.02275	0.02222	0.02169	0.02118	0.02068	0.02018	0.01970	0.01923	0.01876	0.01831	−2.0
−2.1	0.01786	0.01743	0.01700	0.01659	0.01618	0.01578	0.01539	0.01500	0.01463	0.01426	−2.1
−2.2	0.01390	0.01355	0.01321	0.01287	0.01255	0.01222	0.01191	0.01160	0.01130	0.01101	−2.2
−2.3	0.01072	0.01044	0.01017	$0.0^{2}9903$	$0.0^{2}9642$	$0.0^{2}9387$	$0.0^{2}9137$	$0.0^{2}8894$	$0.0^{2}8656$	$0.0^{2}8424$	−2.3
−2.4	$0.0^{2}8198$	$0.0^{2}7976$	$0.0^{2}7760$	$0.0^{2}7549$	$0.0^{2}7344$	$0.0^{2}7143$	$0.0^{2}6947$	$0.0^{2}6756$	$0.0^{2}6569$	$0.0^{2}6387$	−2.4
−2.5	$0.0^{2}6210$	$0.0^{2}6037$	$0.0^{2}5868$	$0.0^{2}5703$	$0.0^{2}5543$	$0.0^{2}5386$	$0.0^{2}5234$	$0.0^{2}5085$	$0.0^{2}4940$	$0.0^{2}4779$	−2.5
−2.6	$0.0^{2}4661$	$0.0^{2}4527$	$0.0^{2}4396$	$0.0^{2}4269$	$0.0^{2}4145$	$0.0^{2}4025$	$0.0^{2}3907$	$0.0^{2}3793$	$0.0^{2}3681$	$0.0^{2}3573$	−2.6
−2.7	$0.0^{2}3467$	$0.0^{2}3364$	$0.0^{2}3264$	$0.0^{2}3167$	$0.0^{2}3072$	$0.0^{2}2930$	$0.0^{2}2890$	$0.0^{2}2803$	$0.0^{2}2718$	$0.0^{2}2635$	−2.7
−2.8	$0.0^{2}2555$	$0.0^{2}2477$	$0.0^{2}2401$	$0.0^{2}2327$	$0.0^{2}2256$	$0.0^{2}2186$	$0.0^{2}2118$	$0.0^{2}2052$	$0.0^{2}1938$	$0.0^{2}1926$	−2.8
−2.9	$0.0^{2}1866$	$0.0^{2}1807$	$0.0^{2}1750$	$0.0^{2}1695$	$0.0^{2}1641$	$0.0^{2}1589$	$0.0^{2}1538$	$0.0^{2}1489$	$0.0^{2}1441$	$0.0^{2}1395$	−2.9
−3.0	$0.0^{2}1350$	$0.0^{2}1306$	$0.0^{2}1264$	$0.0^{2}1223$	$0.0^{2}1183$	$0.0^{2}1144$	$0.0^{2}1107$	$0.0^{2}1070$	$0.0^{2}1035$	$0.0^{2}1001$	−3.0
−3.1	$0.0^{3}9676$	$0.0^{3}9354$	$0.0^{3}9043$	$0.0^{3}8740$	$0.0^{3}8447$	$0.0^{3}8164$	$0.0^{3}7888$	$0.0^{3}7622$	$0.0^{3}7364$	$0.0^{3}7114$	−3.1
−3.2	$0.0^{3}6871$	$0.0^{3}6637$	$0.0^{3}6410$	$0.0^{3}6190$	$0.0^{3}5976$	$0.0^{3}5770$	$0.0^{3}5571$	$0.0^{3}5377$	$0.0^{3}5190$	$0.0^{3}5009$	−3.2
−3.3	$0.0^{3}4834$	$0.0^{3}4665$	$0.0^{3}4501$	$0.0^{3}4342$	$0.0^{3}4189$	$0.0^{3}4041$	$0.0^{3}3897$	$0.0^{3}3758$	$0.0^{3}3624$	$0.0^{3}3495$	−3.3

续表

z	0.00	0.01	0.02	0.03	0.04	0.05	0.06	0.07	0.08	0.09	z
−3.4	$0.0^{3}3369$	$0.0^{3}3248$	$0.0^{3}3131$	$0.0^{3}3018$	$0.0^{3}2909$	$0.0^{3}2803$	$0.0^{3}2701$	$0.0^{3}2602$	$0.0^{3}2507$	$0.0^{3}2415$	−3.4
−3.5	$0.0^{3}2326$	$0.0^{3}2241$	$0.0^{3}2158$	$0.0^{3}2078$	$0.0^{3}2001$	$0.0^{3}1926$	$0.0^{3}1854$	$0.0^{3}1785$	$0.0^{3}1718$	$0.0^{3}1653$	−3.5
−3.6	$0.0^{3}1591$	$0.0^{3}1513$	$0.0^{3}1473$	$0.0^{3}1417$	$0.0^{3}1363$	$0.0^{3}1311$	$0.0^{3}1261$	$0.0^{3}1213$	$0.0^{3}1166$	$0.0^{3}1121$	−3.6
−3.7	$0.0^{3}1078$	$0.0^{3}1036$	$0.0^{4}9961$	$0.0^{4}9574$	$0.0^{4}9201$	$0.0^{4}3842$	$0.0^{4}8496$	$0.0^{4}8162$	$0.0^{4}7841$	$0.0^{4}7532$	−3.7
−3.8	$0.0^{4}7235$	$0.0^{4}6948$	$0.0^{4}6673$	$0.0^{4}6407$	$0.0^{4}6152$	$0.0^{4}5906$	$0.0^{4}5669$	$0.0^{4}5442$	$0.0^{4}5223$	$0.0^{4}5012$	−3.8
−3.9	$0.0^{4}4810$	$0.0^{4}4615$	$0.0^{4}4427$	$0.0^{4}4247$	$0.0^{4}4074$	$0.0^{4}3908$	$0.0^{4}3747$	$0.0^{4}3594$	$0.0^{4}3446$	$0.0^{4}3304$	−3.9
−4.0	$0.0^{4}3167$	$0.0^{4}3036$	$0.0^{4}2910$	$0.0^{4}2789$	$0.0^{4}2673$	$0.0^{4}2561$	$0.0^{4}2454$	$0.0^{4}2351$	$0.0^{4}2252$	$0.0^{4}2157$	−4.0
−4.1	$0.0^{4}2066$	$0.0^{4}1978$	$0.0^{4}1894$	$0.0^{4}1814$	$0.0^{4}1737$	$0.0^{4}1662$	$0.0^{4}1591$	$0.0^{4}1523$	$0.0^{4}1458$	$0.0^{4}1395$	−4.1
−4.2	$0.0^{4}1335$	$0.0^{4}1277$	$0.0^{4}1222$	$0.0^{4}1168$	$0.0^{4}1118$	$0.0^{4}1069$	$0.0^{4}1022$	$0.0^{5}9774$	$0.0^{5}9345$	$0.0^{5}8934$	−4.2
−4.3	$0.0^{5}8540$	$0.0^{5}8163$	$0.0^{5}7801$	$0.0^{5}7455$	$0.0^{5}7124$	$0.0^{5}6807$	$0.0^{5}6503$	$0.0^{5}6212$	$0.0^{5}5934$	$0.0^{5}5668$	−4.3
−4.4	$0.0^{5}5413$	$0.0^{5}5169$	$0.0^{5}4935$	$0.0^{5}4712$	$0.0^{5}4498$	$0.0^{5}4294$	$0.0^{5}4098$	$0.0^{5}3911$	$0.0^{5}3732$	$0.0^{5}3561$	−4.4
−4.5	$0.0^{5}3398$	$0.0^{5}3241$	$0.0^{5}3092$	$0.0^{5}2949$	$0.0^{5}2813$	$0.0^{5}2682$	$0.0^{5}2558$	$0.0^{5}2439$	$0.0^{5}2325$	$0.0^{5}2216$	−4.5
−4.6	$0.0^{5}2112$	$0.0^{5}2013$	$0.0^{5}1919$	$0.0^{5}1828$	$0.0^{5}1742$	$0.0^{5}1660$	$0.0^{5}1581$	$0.0^{5}1506$	$0.0^{5}1434$	$0.0^{5}1366$	−4.6
−4.7	$0.0^{5}1301$	$0.0^{5}1239$	$0.0^{5}1179$	$0.0^{5}1123$	$0.0^{5}1069$	$0.0^{5}1017$	$0.0^{6}9680$	$0.0^{6}9211$	$0.0^{6}8765$	$0.0^{6}8339$	−4.7
−4.8	$0.0^{6}7933$	$0.0^{6}7547$	$0.0^{6}7178$	$0.0^{6}6827$	$0.0^{6}6492$	$0.0^{6}6173$	$0.0^{6}5869$	$0.0^{6}5580$	$0.0^{6}5304$	$0.0^{6}5042$	−4.8
−4.9	$0.0^{6}4792$	$0.0^{6}4554$	$0.0^{6}4327$	$0.0^{6}4111$	$0.0^{6}3906$	$0.0^{6}3711$	$0.0^{6}3525$	$0.0^{6}3348$	$0.0^{6}3179$	$0.0^{6}3019$	−4.9
0.0	0.5000	0.5040	0.5080	0.5120	0.5160	0.5199	0.5239	0.5279	0.5319	0.5359	0.0
0.1	0.5398	0.5438	0.5478	0.5517	0.5557	0.5596	0.5636	0.5675	0.5714	0.5753	0.1
0.2	0.5793	0.5832	0.5871	0.5910	0.5948	0.5987	0.6026	0.6064	0.6103	0.6141	0.2
0.3	0.6179	0.6217	0.6255	0.6293	0.6331	0.6368	0.6406	0.6443	0.6480	0.6517	0.3
0.4	0.6554	0.6591	0.6628	0.6664	0.6700	0.6736	0.6772	0.6808	0.6844	0.6879	0.4
0.5	0.6915	0.6950	0.6985	0.7019	0.7054	0.7088	0.7123	0.1757	0.7190	0.7224	0.5
0.6	0.7257	0.7291	0.7324	0.7357	0.7389	0.7422	0.7454	0.7486	0.7517	0.7549	0.6
0.7	0.7580	0.7611	0.7642	0.7663	0.7703	0.7734	0.7764	0.7794	0.7823	0.7852	0.7
0.8	0.7881	0.7901	0.7939	0.7967	0.7995	0.8023	0.8051	0.8078	0.8106	0.8133	0.8
0.9	0.8159	0.8186	0.8212	0.8238	0.8264	0.8289	0.8315	0.8340	0.8365	0.8389	0.9
1.0	0.8413	0.8438	0.8461	0.8485	0.8508	0.8531	0.8554	0.8577	0.8599	0.8621	1.0
1.1	0.8643	0.8665	0.8686	0.8708	0.8729	0.8749	0.8770	0.8790	0.8810	0.8830	1.1
1.2	0.8849	0.8869	0.8888	0.8907	0.8925	0.8944	0.8962	0.8980	0.8997	0.91047	1.2
1.3	0.90320	0.90490	0.90658	0.90824	0.90988	0.91149	0.91309	0.91466	0.91621	0.91774	1.3
1.4	0.91924	0.92073	0.92220	0.92364	0.92507	0.92647	0.92785	0.92922	0.93056	0.93189	1.4
1.5	0.93319	0.93448	0.93574	0.93699	0.93822	0.93943	0.94062	0.94179	0.94295	0.94408	1.5
1.6	0.94520	0.94630	0.94738	0.94845	0.94950	0.95053	0.95154	0.95254	0.95352	0.95449	1.6
1.7	0.96407	0.95637	0.95728	0.95818	0.95907	0.95994	0.96080	0.96164	0.96246	0.96327	1.7
1.8	0.96407	0.96485	0.96562	0.96638	0.96712	0.96784	0.96856	0.96926	0.96995	0.97062	1.8
1.9	0.97128	0.97193	0.97257	0.97320	0.97381	0.97441	0.97500	0.97558	0.97615	0.97670	1.9
2.0	0.97725	0.97778	0.97831	0.97882	0.97932	0.97982	0.98030	0.98077	0.98124	0.98169	2.0
2.1	0.98214	0.98257	0.98300	0.98341	0.98382	0.98422	0.98461	0.98500	0.98537	0.98574	2.1
2.2	0.98610	0.98645	0.98679	0.98713	0.98745	0.98778	0.98809	0.98840	0.98870	0.98899	2.2

续表

z	0.00	0.01	0.02	0.03	0.04	0.05	0.06	0.07	0.08	0.09	z
2.3	0.98928	0.98956	0.98983	$0.9^{2}0097$	$0.9^{2}0358$	$0.9^{2}0613$	$0.9^{2}0863$	$0.9^{2}1106$	$0.9^{2}1344$	$0.9^{2}1576$	2.3
2.4	$0.9^{2}1802$	$0.9^{2}2024$	$0.9^{2}2240$	$0.9^{2}2451$	$0.9^{2}2656$	$0.9^{2}2857$	$0.9^{2}3053$	$0.9^{2}3244$	$0.9^{2}3431$	$0.9^{2}3613$	2.4
2.5	$0.9^{2}3790$	$0.9^{2}3963$	$0.9^{2}4132$	$0.9^{2}4297$	$0.9^{2}4457$	$0.9^{2}4614$	$0.9^{2}4766$	$0.9^{2}4915$	$0.9^{2}5060$	$0.9^{2}5201$	2.5
2.6	$0.9^{2}5339$	$0.9^{2}5473$	$0.9^{2}5604$	$0.9^{2}5731$	$0.9^{2}5855$	$0.9^{2}5975$	$0.9^{2}6093$	$0.9^{2}6207$	$0.9^{2}6319$	$0.9^{2}6427$	2.6
2.7	$0.9^{2}6533$	$0.9^{2}6636$	$0.9^{2}6736$	$0.9^{2}6833$	$0.9^{2}6928$	$0.9^{2}7020$	$0.9^{2}7110$	$0.9^{2}7197$	$0.9^{2}7282$	$0.9^{2}7365$	2.7
2.8	$0.9^{2}7445$	$0.9^{2}7523$	$0.9^{2}7599$	$0.9^{2}7673$	$0.9^{2}7744$	$0.9^{2}7814$	$0.9^{2}7882$	$0.9^{2}7948$	$0.9^{2}8012$	$0.9^{2}8074$	2.8
2.9	$0.9^{2}8134$	$0.9^{2}8193$	$0.9^{2}8250$	$0.9^{2}8305$	$0.9^{2}8359$	$0.9^{2}8411$	$0.9^{2}8462$	$0.9^{2}8511$	$0.9^{2}8559$	$0.9^{2}8605$	2.9
3.0	$0.9^{2}8650$	$0.9^{2}8694$	$0.9^{2}8736$	$0.9^{2}8777$	$0.9^{2}8817$	$0.9^{2}8856$	$0.9^{2}8893$	$0.9^{2}8930$	$0.9^{2}8965$	$0.9^{2}8999$	3.0
3.1	$0.9^{3}0324$	$0.9^{3}0646$	$0.9^{3}0957$	$0.9^{3}1260$	$0.9^{3}1553$	$0.9^{3}1836$	$0.9^{3}2112$	$0.9^{3}2378$	$0.9^{3}2636$	$0.9^{3}2886$	3.1
3.2	$0.9^{3}3129$	$0.9^{3}3363$	$0.9^{3}3590$	$0.9^{3}3810$	$0.9^{3}4024$	$0.9^{3}4230$	$0.9^{3}4429$	$0.9^{3}4623$	$0.9^{3}4810$	$0.9^{3}4991$	3.2
3.3	$0.9^{3}5166$	$0.9^{3}5335$	$0.9^{3}5499$	$0.9^{3}5658$	$0.9^{3}5811$	$0.9^{3}5959$	$0.9^{3}6103$	$0.9^{3}6242$	$0.9^{3}6376$	$0.9^{3}6505$	3.3
3.4	$0.9^{3}6631$	$0.9^{3}6752$	$0.9^{3}6869$	$0.9^{3}6982$	$0.9^{3}7091$	$0.9^{3}7197$	$0.9^{3}7299$	$0.9^{3}7398$	$0.9^{3}7493$	$0.9^{3}7585$	3.4
3.5	$0.9^{3}7674$	$0.9^{3}7759$	$0.9^{3}7842$	$0.9^{3}7922$	$0.9^{3}7999$	$0.9^{3}8074$	$0.9^{3}8146$	$0.9^{3}8215$	$0.9^{3}8282$	$0.9^{3}8347$	3.5
3.6	$0.9^{3}8409$	$0.9^{3}8469$	$0.9^{3}8527$	$0.9^{3}8583$	$0.9^{3}8637$	$0.9^{3}8689$	$0.9^{3}8739$	$0.9^{3}8787$	$0.9^{3}8834$	$0.9^{3}8879$	3.6
3.7	$0.9^{3}8922$	$0.9^{3}8964$	$0.9^{4}0039$	$0.9^{4}0426$	$0.9^{4}0799$	$0.9^{4}1158$	$0.9^{4}1504$	$0.9^{4}1838$	$0.9^{4}2159$	$0.9^{4}2468$	3.7
3.8	$0.9^{4}2765$	$0.9^{4}3052$	$0.9^{4}3327$	$0.9^{4}3593$	$0.9^{4}3848$	$0.9^{4}4094$	$0.9^{4}4331$	$0.9^{4}4558$	$0.9^{4}4777$	$0.9^{4}4988$	3.8
3.9	$0.9^{4}5190$	$0.9^{4}5385$	$0.9^{4}5573$	$0.9^{4}5753$	$0.9^{4}5926$	$0.9^{4}6092$	$0.9^{4}6253$	$0.9^{4}6406$	$0.9^{4}6554$	$0.9^{4}6696$	3.9
4.0	$0.9^{4}6833$	$0.9^{4}6964$	$0.9^{4}7090$	$0.9^{4}7211$	$0.9^{4}7327$	$0.9^{4}7439$	$0.9^{4}7546$	$0.9^{4}7649$	$0.9^{4}7748$	$0.9^{4}7843$	4.0
4.1	$0.9^{4}7934$	$0.9^{4}8022$	$0.9^{4}8106$	$0.9^{4}8186$	$0.9^{4}8263$	$0.9^{4}8338$	$0.9^{4}8409$	$0.9^{4}8477$	$0.9^{4}8542$	$0.9^{4}8605$	4.1
4.2	$0.9^{4}8665$	$0.9^{4}8723$	$0.9^{4}8778$	$0.9^{4}8832$	$0.9^{4}8882$	$0.9^{4}8931$	$0.9^{4}8978$	$0.9^{5}0226$	$0.9^{5}0655$	$0.9^{5}1066$	4.2
4.3	$0.9^{5}1460$	$0.9^{5}1837$	$0.9^{5}2199$	$0.9^{5}2545$	$0.9^{5}2876$	$0.9^{5}3193$	$0.9^{5}3497$	$0.9^{5}3788$	$0.9^{5}4066$	$0.9^{5}4332$	4.3
4.4	$0.9^{5}4587$	$0.9^{5}4831$	$0.9^{5}5065$	$0.9^{5}5288$	$0.9^{5}5502$	$0.9^{5}5706$	$0.9^{5}5902$	$0.9^{5}6089$	$0.9^{5}6268$	$0.9^{5}6439$	4.4
4.5	$0.9^{5}6602$	$0.9^{5}6759$	$0.9^{5}6908$	$0.9^{5}7051$	$0.9^{5}7187$	$0.9^{5}7318$	$0.9^{5}7442$	$0.9^{5}7561$	$0.9^{5}7675$	$0.9^{5}7784$	4.5
4.6	$0.9^{5}7888$	$0.9^{5}7987$	$0.9^{5}8081$	$0.9^{5}8172$	$0.9^{5}8258$	$0.9^{5}8340$	$0.9^{5}8419$	$0.9^{5}8494$	$0.9^{5}8566$	$0.9^{5}8634$	4.6
4.7	$0.9^{5}8699$	$0.9^{5}8761$	$0.9^{5}8821$	$0.9^{5}8877$	$0.9^{5}8931$	$0.9^{5}8983$	$0.9^{6}0320$	$0.9^{6}6789$	$0.9^{6}1235$	$0.9^{6}1661$	4.7
4.8	$0.9^{6}2067$	$0.9^{6}2453$	$0.9^{6}2822$	$0.9^{6}3173$	$0.9^{6}3508$	$0.9^{6}3827$	$0.9^{6}4131$	$0.9^{6}4420$	$0.9^{6}4696$	$0.9^{6}4958$	4.8
4.9	$0.9^{6}5208$	$0.9^{6}5446$	$0.9^{6}5673$	$0.9^{6}5889$	$0.9^{6}6094$	$0.9^{6}6289$	$0.9^{6}6475$	$0.9^{6}6652$	$0.9^{6}6821$	$0.9^{6}6981$	4.9

参考文献

[1] 闻邦椿,张国忠,柳洪义.面向产品广义质量的综合设计理论与方法[M].北京:科学出版社,2007.

[2] 王凤岐,张连洪,邵宏宇.现代设计方法[M].天津:天津大学出版社,2004.

[3] 钟志华,周彦伟.现代设计方法[M].武汉:武汉理工大学出版社,2001.

[4] 芮延年.现代设计方法及其应用[M].苏州:苏州大学出版社,2005.

[5] 廖林清,郑光泽,刘玉霞,等.现代设计法[M].重庆:重庆大学出版社,2000.

[6] 孙新民.现代设计方法实用教程[M].北京:人民邮电出版社,1999.

[7] 孙靖民,梁迎春,陈时锦.机械结构优化设计[M].哈尔滨:哈尔滨工业大学出版社,2004.

[8] 刘惟信.机械最优化设计[M].北京:清华大学出版社,1994.

[9] 徐锦康.机械优化设计[M].北京:机械工业出版社,1996.

[10] 孙靖民.机械优化设计[M].北京:机械工业出版社,1990.

[11] 孙正国.优化设计及应用[M].2 版.北京:人民交通出版社,2000.

[12] 李玉龙,李志华,顾广华.基于 SUMT 技术的汽车油泵优化设计[J].四川工业学院学报,2003,22(2):44-46.

[13] 李玉龙,王勇.UG 下外啮合齿轮泵齿轮 3D 设计和分析[J].机床与液压,2004(9):21-23.

[14] 王学军,李玉龙.CAD/CAM 应用软件——UG 训练教程[M].高等教育出版社,2003.

[15] 余俊.现代设计方法及应用[M].中国标准出版社,2002.

[16] Ramskumar R. Engineering Reliability: Fundamentals and Applications [M]. New Jersey: Prentiee Hall, 1993.

[17] 周昌玉,贺小华.有限元分析的基本方法及工程应用[M].北京:化学工业出版社,2006.

[18] 曾攀.有限元分析及应用[M].北京:清华大学出版社,2004.

[19] R. D. 库克.有限元分析的概念和应用[M].程耿东,译.北京:科学出版社,1991.

[20] 李景湧.有限元法[M].北京:北京邮电大学出版社,1999.

[21] 杜平安.结构有限元分析建模方法[M].北京:机械工业出版社,1998.

[22] 陆廷孝,郑鹏洲.可靠性设计与分析[M].北京:国防工业出版社,1999.

[23] 姜兴渭,宋政吉,王晓晨.可靠性工程技术[M].哈尔滨:哈尔滨工业大学出版社,2005.

[24] Relex Software Co. & Intellect.可靠性实用指南 Reliability: A Practitioner's Guide[M].陈晓彤,赵廷弟,王云飞,等译.北京:北京航空航天大学出版社,2005.

[25] 陈屹,谢华.现代设计方法及其应用[M].北京:国防工业出版社,2004.

[26] 赵松年,佟杰新,卢秀春.现代设计方法[M].北京:机械工业出版社,1996.

图书在版编目(CIP)数据

现代设计方法/梅顺齐,何雪明主编.—武汉:华中科技大学出版社,2009.8(2025.1 重印)
ISBN 978-7-5609-5479-0

Ⅰ.①现… Ⅱ.①梅… ②何… Ⅲ.①机械设计-高等学校-教材 Ⅳ.①TH122

中国版本图书馆 CIP 数据核字(2009)第 104567 号

现代设计方法 **梅顺齐 何雪明 主编**

策划编辑:刘 锦 封面设计:潘 群
责任编辑:刘 锦 责任监印:朱 玢
责任校对:朱 霞

出版发行:华中科技大学出版社(中国·武汉) 电话:(027)81321913
武汉市东湖新技术开发区华工科技园 邮编:430223

录 排:华中科技大学惠友文印中心
印 刷:武汉邮科印务有限公司
开 本:787mm×960mm 1/16
印 张:16 插页:2
字 数:322 千字
版 次:2025 年 1 月第 1 版第 19 次印刷
定 价:36.00 元

本书若有印装质量问题,请向出版社营销中心调换
全国免费服务热线:400-6679-118 竭诚为您服务

华中出版